住房和城乡建设部“十四五”规划教材

高等职业教育建筑设备类专业群“互联网+”活页式创新系列教材

# 建筑供电与照明

李梅芳　王宏玉　主　编

侯文宝　孟亚俐　韩群勇　副主编

邵春林　主　审

中国建筑工业出版社

**图书在版编目（CIP）数据**

建筑供电与照明/李梅芳，王宏玉主编；侯文宝，孟亚俐，韩群勇副主编. —北京：中国建筑工业出版社，2022.9
住房和城乡建设部“十四五”规划教材　高等职业教育建筑设备类专业群“互联网+”活页式创新系列教材
ISBN 978-7-112-27746-9

Ⅰ.①建… Ⅱ.①李…②王…③侯…④孟…⑤韩… Ⅲ.①房屋建筑设备-供电系统-高等职业教育-教材②建筑照明-高等职业教育-教材 Ⅳ.①TU852②TU113.6

中国版本图书馆CIP数据核字（2022）第142893号

本教材是基于工学结合项目化课程改革的基础上而编写的新型活页教材，教材针对建筑供电与照明工程中典型工作任务，共设置5个项目、20个任务。项目主要包括建筑供配电工程设计与识图、室内照明工程设计与识图、建筑用电负荷计算、建筑电气设备选择与安装、建筑物防雷系统设计与识图。

每个项目提供一个工程载体，并提供较为完整的工程案例资料，教材任务设计紧贴岗位需求，突出技能培养，每个任务设计1个思维导图和1个学生任务单，学生任务单引导学生自主学习、问题思考、协作式学习等，锻炼文案编写能力。

本教材配置线上资源二维码近两百个，资源分类包括：基本学习资源、拓展学习资源和在线测试资源。资源类型包括：PPT课件、视频、动画、图片、工程图纸、文本、习题等，其中，在线测试需要登录课程平台注册后进行。丰富的线上资源，使学习由线下课堂引至线上网络空间，方便学生完成指定任务。教材内容以知识点和技能点为单位展开，易于学生查询浏览及链接资源。在每个任务后还设计了拓展学习内容，助推学生的综合技能提升。

本教材适用于高职高专院校建筑设备类相关专业教学，同时也适用于应用型本科、成人教育、继续教育教学及企业岗位培训等，亦可作为建筑行业工程技术人员学习的参考书。

更多讨论可加QQ群：622178184。

为了更好地支持相应课程的教学，我们向采用本书作为教材的教师提供课件，有需要者可与出版社联系。

建工书院：http://edu.cabplink.com

邮箱：jckj@cabp.com.cn　　电话：(010)58337285

在线测试操作方法

责任编辑：胡欣蕊
责任校对：李美娜

住房和城乡建设部“十四五”规划教材
高等职业教育建筑设备类专业群“互联网+”活页式创新系列教材

**建筑供电与照明**

李梅芳　王宏玉　主　编
侯文宝　孟亚俐　韩群勇　副主编
邵春林　主　审

*

中国建筑工业出版社出版、发行（北京海淀三里河路9号）
各地新华书店、建筑书店经销
霸州市顺浩图文科技发展有限公司制版
北京市密东印刷有限公司印刷

*

开本：787毫米×1092毫米　1/16　印张：16½　字数：409千字
2024年2月第一版　2024年2月第一次印刷
定价：**58.00**元（赠教师课件）
ISBN 978-7-112-27746-9
（39688）

# 出版说明

党和国家高度重视教材建设。2016 年，中办国办印发了《关于加强和改进新形势下大中小学教材建设的意见》，提出要健全国家教材制度。2019 年 12 月，教育部牵头制定了《普通高等学校教材管理办法》和《职业院校教材管理办法》，旨在全面加强党的领导，切实提高教材建设的科学化水平，打造精品教材。住房和城乡建设部历来重视土建类学科专业教材建设，从“九五”开始组织部级规划教材立项工作，经过近 30 年的不断建设，规划教材提升了住房和城乡建设行业教材质量和认可度，出版了一系列精品教材，有效促进了行业部门引导专业教育，推动了行业高质量发展。

为进一步加强高等教育、职业教育住房和城乡建设领域学科专业教材建设工作，提高住房和城乡建设行业人才培养质量，2020 年 12 月，住房和城乡建设部办公厅印发《关于申报高等教育职业教育住房和城乡建设领域学科专业“十四五”规划教材的通知》（建办人函〔2020〕656 号)，开展了住房和城乡建设部“十四五”规划教材选题的申报工作。经过专家评审和部人事司审核，512 项选题列入住房和城乡建设领域学科专业“十四五”规划教材（简称规划教材)。2021 年 9 月，住房和城乡建设部印发了《高等教育职业教育住房和城乡建设领域学科专业“十四五”规划教材选题的通知》（建人函〔2021〕36 号）（简称《通知》)。为做好“十四五”规划教材的编写、审核、出版等工作，《通知》要求：(1) 规划教材的编著者应依据《住房和城乡建设领域学科专业“十四五”规划教材申请书》（简称《申请书》）中的立项目标、申报依据、工作安排及进度，按时编写出高质量的教材；(2) 规划教材编著者所在单位应履行《申请书》中的学校保证计划实施的主要条件，支持编著者按计划完成书稿编写工作；(3) 高等学校土建类专业课程教材与教学资源专家委员会、全国住房和城乡建设职业教育教学指导委员会、住房和城乡建设部中等职业教育专业指导委员会应做好规划教材的指导、协调和审稿等工作，保证编写质量；(4) 规划教材出版单位应积极配合，做好编辑、出版、发行等工作；(5) 规划教材封面和书脊应标注“住房和城乡建设部‘十四五’规划教材”字样和统一标识；(6) 规划教材应在“十四五”期间完成出版，逾期不能完成的，不再作为《住房和城乡建设领域学科专业“十四五”规划教材》。

住房和城乡建设领域学科专业“十四五”规划教材的特点，一是重点以修订教育部、住房和城乡建设部“十二五”“十三五”规划教材为主；二是严格按照专业标准规范要求编写，体现新发展理念；三是系列教材具有明显特点，满足不同层次和类型的学校专业教学要求；四是配备了数字资源，适应现代化教学的要求。规划教材的出版凝聚了作者、主审及编辑的心血，得到了有关院校、出版单位的大力支持，教材建设管理过程有严格保障。希望广大院校及各专业师生在选用、使用过程中，对规划教材的编写、出版质量进行反馈，以促进规划教材建设质量不断提高。

住房和城乡建设部“十四五”规划教材办公室<br>2021年11月

# 前　言

本教材是在全面贯彻落实《国家职业教育改革实施方案》要求，逐项推进“三教”改革实施的背景下而编写的新型活页式教材，同时，教材也是建筑智能化工程技术专业国家教学资源库中标准课程《建筑供电与照明》的配套教材。

本教材的编写是基于项目化课程改革的基础上完成的，在编写过程中体现“三依托三突出”理念。一是，依托建筑电气行业真实工程设置项目，突出项目对岗位必需的知识点和技能点的覆盖面；二是，依托典型工作过程设置任务，任务排序突出实际工作的流程；三是，教材辅助资源依托国家级教学资源库平台（主编为资源库中对应课程负责人），配有PPT课件、习题详解、教学视频、动画、在线作业测试等丰富的线上数字化资源，教材资源依托课程平台实现灵活应用、数据管理、在线服务，使教材应用突出易教易学特色。

本教材结构为项目导向任务驱动，每个项目提供一个工程载体，并提供较为完整的工程案例资料。每个任务设计1个思维导图和1个学生任务单。思维导图助教导学，学生任务单引导学生自主学习、问题思考、协作式学习等，锻炼文案编写能力。全书配置线上资源二维码，使学习由线下课堂引至线上网络空间，方便学生完成指定任务。教材内容以知识点和技能点为单位展开，易于学生查询浏览及链接资源。在教材的每个任务后还设计了拓展学习内容，助推学生的综合技能提升。

本教材不但融入了教材思政元素，还融进了建筑电气行业的“四新”技术，教材所涉及的内容均符合现行国家标准和行业标准，体现了教材为培养服务社会、服务产业发展、拥有爱国情怀、具有爱岗敬业品质、具备岗位技术技能的实用型人才的功能。

本教材建议讲授90学时，可以分两学期进行，教材设置5个项目共计20个任务，其中，任务1.1、任务1.2、任务3.1、任务3.2和任务3.3由黑龙江建筑职业技术学院李梅芳编写；任务4.5、任务5.1、任务5.2和任务5.3由黑龙江建筑职业技术学院王宏玉和王兆霞编写；任务1.4、任务2.1、任务2.2和任务2.3由江苏建筑职业技术学院侯文宝编写；任务 2.4 和任务 2.5 由江苏城乡建设职业学院孟亚俐编写；任务 4.1、任务 4.2 和任务 4.3 由漳州职业技术学院韩群勇编写；任务 1.3 和任务 4.4 由黑龙江建筑职业技术学院李梅芳、王欣、景艳凤共同编写；教材思政内容由黑龙江建筑职业技术学院马莉编写。同时，在教材编写过程中，还得到了相关校企合作企业的鼎力支持，北京中建润通机电工程有限公司张红杰和黑龙江省寒地建筑科学研究院隋雪娇在教材编写过程中负责提供工程案例、技术支持等，黑龙江省建设集团建筑设计研究院有限公司邵春林担任教材主审。

由于新型活页式教材研究及编写尚处于实践阶段，并且参加编写人员能力和水平有限，难免出现错误和不足，敬请各位读者批评指正。

# 目　录

# 项目 1
# 建筑供配电工程设计与识图

建筑供电与配电，主要是解决建筑物内用电设备电源的问题，供配电设计是建筑电气设计的重要内容。建筑供配电系统包括从电源进户起到用电设备的输入端止的整个电路，主要功能是完成在建筑内接收电能、变换电压、分配电能、输送电能的任务。

供配电系统的设计应根据民用建筑工程的建筑分类、耐火等级、负荷性质、用电容量、系统规模和发展规划以及当地供电条件，合理确定设计方案。供配电系统的设计应简单可靠，减少电能损耗，便于维护管理，并在满足现有使用要求的同时，适度兼顾未来发展的需要。

建筑供配电工程设计的重要成果之一是电气施工图，快速准确识读电气施工图是从事建筑电气施工、造价、设计、监理等岗位以及从事工程管理工作的必备技能。

本项目以某住宅小区建筑供配电工程为载体，介绍民用建筑供电与配电系统的组成、设计要求、技术参数选取等，借助案例和系统图分析，介绍民用建筑供配电系统方案设计方法。

【教学载体】 某住宅小区供配电工程

工程概况：该工程为普通住宅小区，共有 6 栋住宅建筑，其中 2 栋多层、 4 栋高层。小区供电电源取自 10kV 城市公共电网，经小区 10kV/0.4kV 预装式变电所降压后为住宅建筑供电。

1 高层住宅项目施工图

所提供的工程案例施工图为其中的一个二类高层住宅建筑，共 18 层，其中，第 2 层为标准层，第 18 层为设备层（机房设备）。该高层住宅建筑共三个单元，一梯三户，分两个户型，分别按 8kW/户和 6kW/户预留用电容量。

【建议学时】 22～24 学时

【相关规范】

《民用建筑电气设计标准》 GB 51348—2019

《供配电系统设计规范》 GB 50052—2009

《建筑设计防火规范（2018 年版）》 GB 50016—2014

《住宅建筑电气设计规范》 JGJ 242—2011

《20kV 及以下变电所设计规范》 GB 50053—2013

# 任务 1.1 建筑供电要求分析

建筑供电系统的确定对建筑功能的发挥起着至关重要的作用，不但直接影响着建筑物中电气设备及其使用者的安全，还与建筑电气系统电能利用率、电气设备运行效率、电气设备使用寿命等密切相关。对建筑供电系统的设计，要从供电系统的形式、供电电源的电压等级、供电电源的质量等方面综合考虑。

【教学目标】

| 知识目标 | 能力目标 | 素养目标 | 思政目标 |
| --- | --- | --- | --- |
| 1. 掌握电力系统的组成及其与建筑供电系统的关系；<br>2. 熟悉供电系统接地形式及其应用；<br>3. 熟悉描述供电电源质量的参数及要求；<br>4. 熟悉民用建筑电压等级的条款规定。 | 1. 能针对实际情况正确选择供电系统形式；<br>2. 能准确绘制 TN 系统中设备接线示意图；<br>3. 会计算电压偏差和电压波动；<br>4. 能根据实际情况正确选择建筑供电电压等级；<br>5. 能看懂供电方案。 | 1. 持有自主学习方法；<br>2. 养成依据规范设计的习惯；<br>3. 具备将“四新”应用于设计的意识；<br>4. 培养可靠、安全、经济、高效的职业素养。 | 1. 了解智能电网方向，关注行业相关政策；<br>2. 熟悉智能化新技术产品，关注先进技术应用；<br>3. 提升先进技术应用对推动社会进步的认可度，从而固化成创新行动。 |

思维导图 1.1　建筑供电要求分析

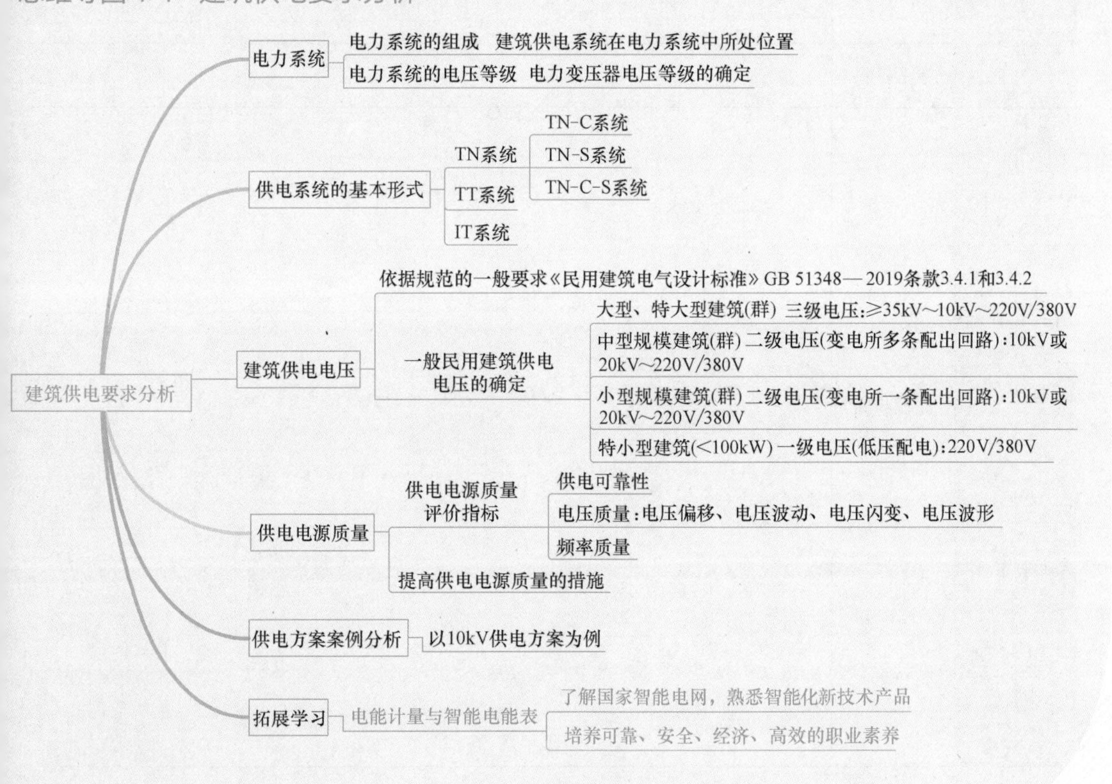

# 学生任务单 1.1 建筑供电要求分析

<table>
<tr><td>任务名称</td><td colspan="3">建筑供电要求分析</td></tr>
<tr><td>学生姓名</td><td></td><td>班级学号</td><td></td></tr>
<tr><td>同组成员</td><td colspan="3"></td></tr>
<tr><td>负责任务</td><td colspan="3"></td></tr>
<tr><td>完成日期</td><td></td><td>完成效果</td><td></td></tr>
</table>

<table>
<tr><td colspan="2">任务描述</td><td colspan="4">针对项目1的高层住宅项目施工图中的18层高层住宅建筑，进行供电方案的分析，分析内容包括：①该高层住宅建筑总进线、单元干线及末端用户进线回路的供电形式；②该高层住宅建筑供电电压等级及供电质量要求；③分析该高层住宅建筑设有几级配电箱以及每级配电箱的作用；④绘制该高层住宅建筑的供电方案框图。</td></tr>
<tr><td rowspan="7">课前</td><td rowspan="7">自主探学</td><td rowspan="6">任务分工</td><td colspan="3">☐ 合作完成　　☐ 独立完成</td></tr>
<tr><td>任务明细</td><td>完成人</td><td>完成时间</td></tr>
<tr><td></td><td></td><td></td></tr>
<tr><td></td><td></td><td></td></tr>
<tr><td></td><td></td><td></td></tr>
<tr><td></td><td></td><td></td></tr>
<tr><td>参考资料</td><td colspan="3"></td></tr>
<tr><td>课中</td><td>互动研学</td><td>完成步骤（用流程图表达）</td><td colspan="3"></td></tr>
</table>

<table>
<tr><td rowspan="14">课中</td><td colspan="2">本人任务</td><td colspan="6"></td></tr>
<tr><td colspan="2">角色扮演</td><td colspan="6">□有角色 ________　□无角色</td></tr>
<tr><td colspan="2">岗位职责</td><td colspan="6"></td></tr>
<tr><td colspan="2">提交成果</td><td colspan="6"></td></tr>
<tr><td rowspan="8">任务实施</td><td rowspan="5">完成步骤</td><td>第1步</td><td colspan="5"></td></tr>
<tr><td>第2步</td><td colspan="5"></td></tr>
<tr><td>第3步</td><td colspan="5"></td></tr>
<tr><td>第4步</td><td colspan="5"></td></tr>
<tr><td>第5步</td><td colspan="5"></td></tr>
<tr><td>问题求助</td><td colspan="6"></td></tr>
<tr><td>难点解决</td><td colspan="6"></td></tr>
<tr><td>重点记录</td><td colspan="6"></td></tr>
<tr><td rowspan="2">学习反思</td><td>不足之处</td><td colspan="6"></td></tr>
<tr><td>待解问题</td><td colspan="6"></td></tr>
<tr><td>课后</td><td>拓展学习</td><td>能力进阶</td><td colspan="6">在学习“知识拓展”的基础上，完成以下任务：<br>(1)本住宅建筑属于哪种计量方式？<br>(2)住宅建筑计量箱安装有什么要求？说明依据的规范及条款。<br>(3)网络查找资料，选择一款适合本高层住宅建筑末端用户使用的电能表，并说明选择电能表规格时考虑什么因素？<br>(4)住宅建筑的商服用户电能计量有什么要求？</td></tr>
<tr><td colspan="2" rowspan="5">过程评价</td><td rowspan="2">自我评价<br>(5分)</td><td>课前学习</td><td>时间观念</td><td>实施方法</td><td>职业素养</td><td>成果质量</td><td>分值</td></tr>
<tr><td></td><td></td><td></td><td></td><td></td><td></td></tr>
<tr><td rowspan="2">小组评价<br>(5分)</td><td>任务承担</td><td>时间观念</td><td>团队合作</td><td>能力素养</td><td>成果质量</td><td>分值</td></tr>
<tr><td></td><td></td><td></td><td></td><td></td><td></td></tr>
<tr><td>综合打分</td><td colspan="6">自我评价分值＋小组评价分值：</td></tr>
</table>

# 知识与技能 1.1 建筑供电要求分析

1.1-1 任务课件

## 1.1.1 知识点—电力系统

### 1. 电力系统基本概念

1.1-2 高压配电所供电系统分析

电力系统是由发电厂、电力网和用电户组成的，集发电、输电、变电、配电和用电为一体的系统，如图 1.1-1 和图 1.1-2 所示。

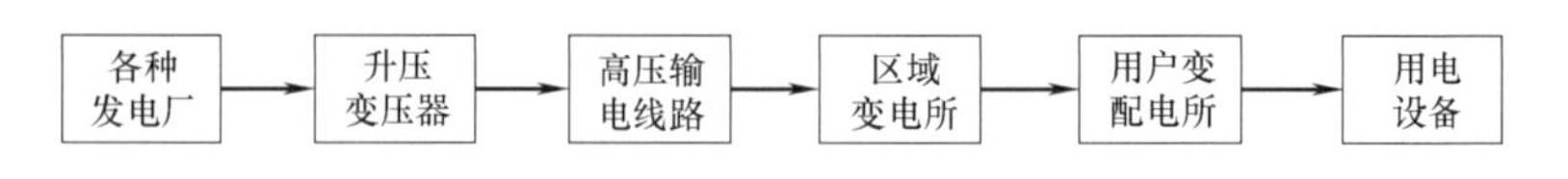


图 1.1-1 电力系统构成方框图

发电厂有不同的发电方式，分为水力发电、火力发电、核能发电、地热发电、太阳能发电、光伏发电等。电力网由各级电压的电力线路及变电所组成，包括输电网和配电网，是连接发电厂和用户的中间环节，电力网的变电所是变换电压和分配电能的场所，由变压器、配电装置和保护装置组成，变电所有升压变电所和降压变电所之分。用电户又称电力负荷，指所有用电设备或用电单位。

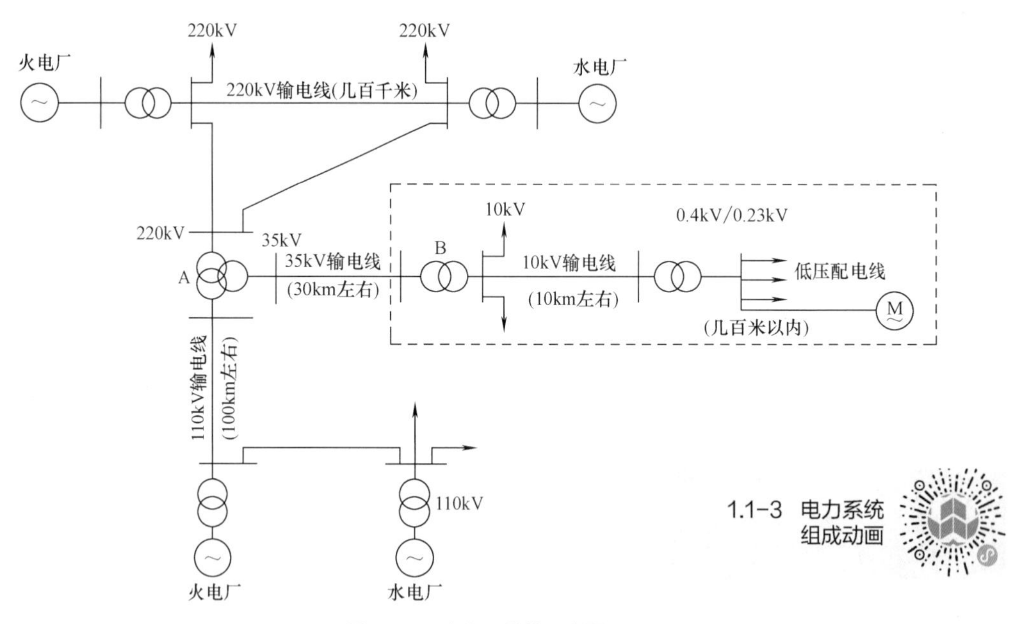


1.1-3 电力系统组成动画

图 1.1-2 电力系统的示意图

### 2. 电力系统的电压等级

(1) 电力网的电压等级

电力系统电压等级有 220V/380V（0.4kV）、3kV、6kV、10kV、20kV、35kV、66kV、110kV、220kV、330kV、500kV 等，我国最高交流电压等级是 1000kV。为了节能，我国采用不低于 35kV 的电压等级进行电能输送，输电距离越远，输电电压越高。

为了实现标准化、系列化生产和管理，各种电气设备都规定有额定电压。电气设备在额定电压下运行时的技术、经济效益最好。我国规定的三相交流电网和电力设备的额定电压如表 1.1-1 所示。

我国三相交流电网和电力设备的额定电压　　表 1.1-1

| 分类 | 电网和用电设备额定电压(kV) | 发电机额定电压(kV) | 电力变压器额定电压(kV) | |
|---|---|---|---|---|
| | | | 一次绕组 | 二次绕组 |
| 低压 | 0.38 | 0.4 | 0.38 | 0.4 |
| | 0.66 | 0.69 | 0.66 | 0.69 |
| 高压 | 3 | — | 3,3.15 | 3.15,3.3 |
| | 6 | — | 6,6.3 | 6.3,6.6 |
| | 10 | — | 10,10.5 | 10.5,11 |
| | 35 | — | 35 | 38.5 |
| | 66 | — | 66 | 72.5 |
| | 110 | — | 110 | 121 |
| | 220 | — | 220 | 242 |
| | 330 | — | 330 | 363 |
| | 500 | — | 500 | 550 |

(2) 发电机的额定电压

由于同一电压的线路一般允许的电压偏差是±5%，即整个线路允许有 10%的电压损耗。因此，为了维持线路首端与末端的平均电压在额定值内，线路首端电压应较电网额定电压高 5%，如图 1.1-3 所示。而发电机是接在线路首端的，所以规定发电机额定电压高于所供电网额定电压 5%。

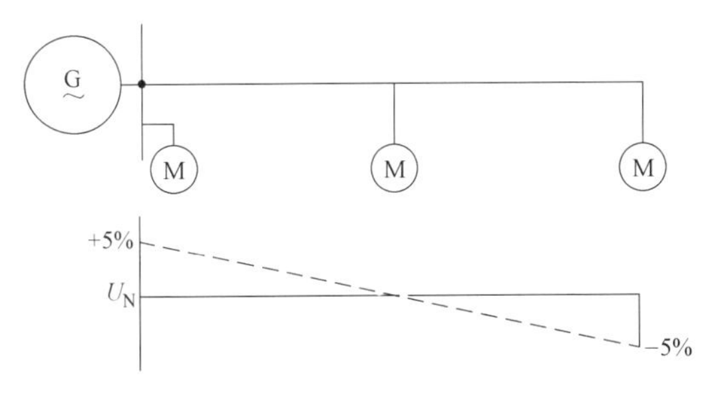


图 1.1-3　用电设备和发动机的额定电压

1.1-4 电力系统电压等级及其计算

(3) 电力变压器的额定电压

电力变压器的额定电压，包括一次绕组额定电压和二次绕组额定电压。

对于电力变压器一次绕组的额定电压，若变压器直接与发电机相连，如图 1.1-4 中的变压器 T1，则其一次绕组额定电压应与发电机额定电压相同，即高于电网额定电压 5%，若变压器一次绕组直接连接电力线路，则应将变压器看作是线路上的用电设备，因此，变压器的一次绕组额定电压应与供电电网额定电压相同，如图 1.1-4 中的变压器 T2。

电力变压器二次绕组的额定电压是指变压器在一次绕组加上额定电压时的二次绕组空

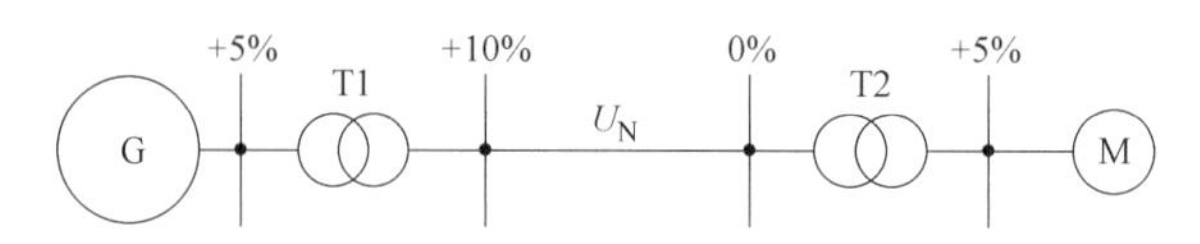

图 1.1-4 电力变压器的额定电压

载电压。而变压器在满载运行时，绕组内有大约 5%的阻抗压降。因此，当变压器二次绕组供电线路较长时，变压器二次绕组额定电压应高于二次绕组电网额定电压的 10%，这是考虑变压器自身的 5%的电压损失和较长线路上 5%的电压损失，如图 1.1-4 中 T1。当变压器二次绕组的供电线路不长时，变压器二次绕组额定电压只需高于电网额定电压的 5%，如图 1.1-4 中 T2。

## 1.1.2 知识点—TN 系统

### 1. 供电系统基本形式

根据国际电工委员会（IEC）规定，电力供电系统大致可分为 TT、TN 和 IT 三种，如表 1.1-2 所示。

供电系统的三种基本形式对比分析表　　表 1.1-2

| 供电系统 | 工作接地形式 | 保护接地形式 | 适用范围 | 注意事项 |
|---|---|---|---|---|
| TT 系统属于“三相四线制” | 电源中性点直接接地 | 所有设备的外露可导电部分均经各自的保护线 PE 分别直接接地 | 适用于对电压敏感的数据处理设备及精密电子设备的供电系统(如医院手术室等)，其可靠性高，安全性好 | 采用 TT 系统必须装设漏电保护装置或过电流保护装置 |
| TN 系统属于“三相四线制” | 电源中性点直接接地 | 所有电气设备的外露可导电部分均接到保护线上，并与电源的接地点相连 | TN-C 适合三相负荷较平衡的用电系统(如工业厂房)，TN-S 适合安全要求较高的用电系统(如智能建筑、施工现场临时用电)，TN-C-S 适合一般性的民用建筑 | 专用保护线 PE 不许断线，也不许进入漏电开关 |
| IT 系统属于“三相三线制” | 电源中性点不接地 | 所有设备的外露可导电部分均经各自的保护线 PE 分别直接接地 | 适用于 10kV 及以上的高压系统以及环境条件不良、易发生一相接地或火灾爆炸的场所(如矿山、井下的某些低压供电系统) | IT 系统不宜配出中性(N)线 |

注：第一个字母：表示电源中性点的接地形式，“T” 直接接地；“I” 不接地或经高阻抗接地。
　　第二个字母：表示设备金属外壳接地形式，“T” 直接接地；“N” 接电源的中性线即零电位的保护线。

### 2. TN 系统的三种接线形式

低压供电系统直接关系到用电设备及用电人员的安全，在建筑供电系统中普遍采用 TN 系统，即电源的中性点直接接地、设备外露可导电部分与电源中性点直接连接的系统。

TN 系统又分为 TN-S、TN-C、TN-C-S 三种表现形式，如图 1.1-5 所示。

(1) TN-S 系统

TN-S 系统的三种接线形式如图 1.1-5（a）所示，电源中性点直接接地，并由中性点引出两根线，其中一根为中性线（N 线），另一根为保护线（PE 线）。中性线的作用是传

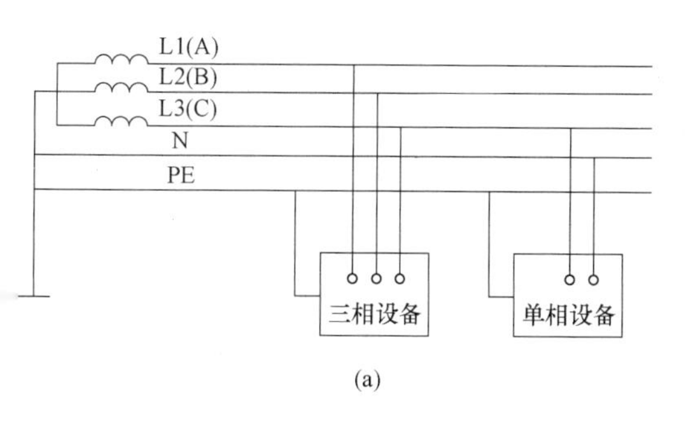

(a)

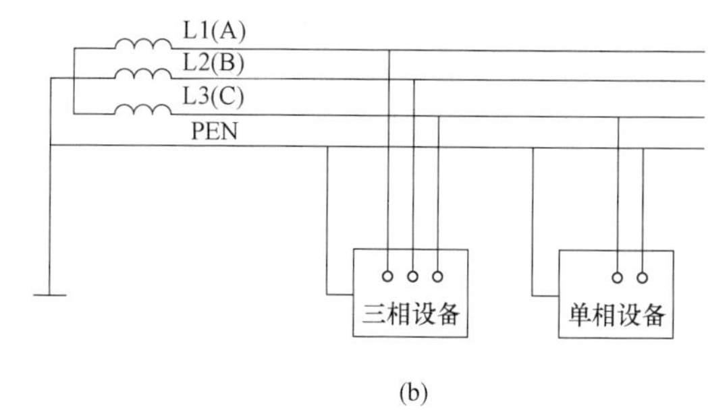

(b)

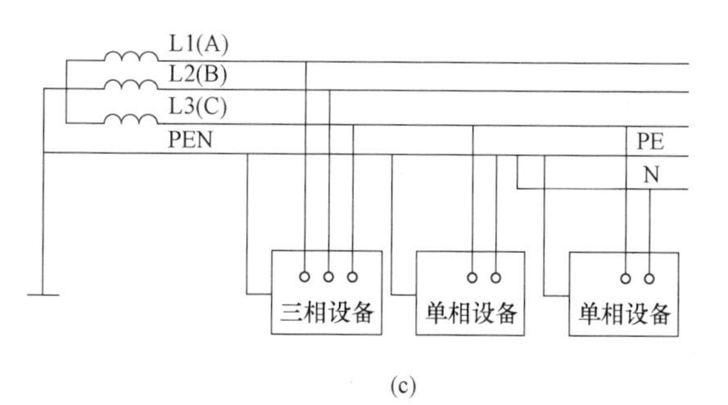

(c)

图 1.1-5　TN 系统的三种接线形式

(a) TN-S 系统；(b) TN-C 系统；(c) TN-C-S 系统

输三相系统中的不平衡电流，以减少中性点的偏移，使系统正常工作，同时也用来连接单相用电设备，保护线的作用是防止发生触电事故，保证人身安全。

(2) TN-C 系统

TN-C 系统如图 1.1-5 (b) 所示，它将 N 线与 PE 线合二为一，用 PEN 线来承担两者的功能。

(3) TN-C-S 系统

TN-C-S 系统如图 1.1-5 (c) 所示，它是 TN-C 系统和 TN-S 系统的结合形式。

三种系统的使用应根据负荷的等级、负荷的性质、负荷的使用场合等几个方面的因素来确定。通常情况下供电系统的形式可以参照下列条件：

对于采用三相供电的三相对称负荷（动力负荷），如果这些设备在使用时操作人员与之接触的机会很少，可以采用 TN-C 系统；

对于采用三相供电的不对称负荷（照明负荷及其他单相用电负荷），而且这些用电设备对电源的要求较高，同时由于操作人员与这些用电设备接触的机会较多，为保证电源的可靠和用电人员的人身安全，应采用 TN-S 系统，该系统的保护线是专用的，故安全性较高；

对于采用三相供电的不对称负荷（照明负荷及其他单相用电负荷），如果这些用电设备对电源的要求不是很高（如一般民用建筑中的住宅建筑），同时由于操作人员与这些用电设备接触的机会较多，为了减少投资和保证操作人员的人身安全，应采用 TN-C-S 系统。

### 3. TN 系统在施工图中的呈现

图 1.1-6 为某住宅建筑总配电箱系统图，取自该项目工程载体的施工图。

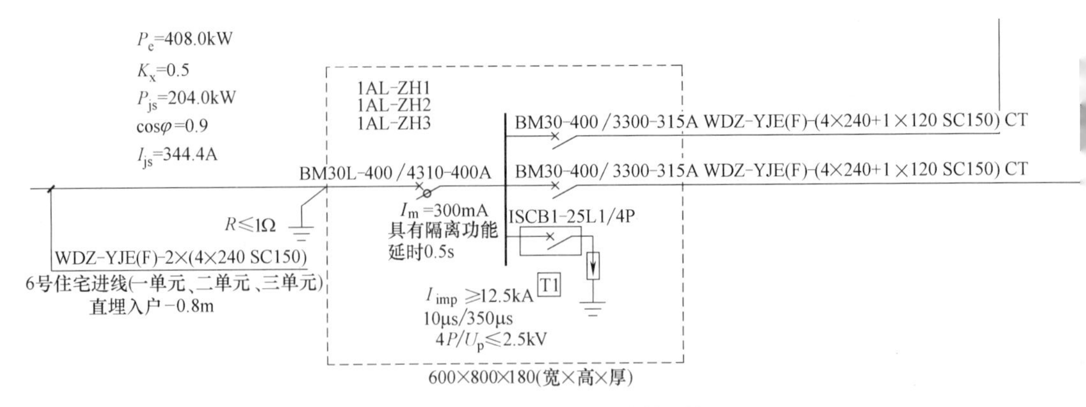


图 1.1-6 某住宅建筑总配电箱系统图

看进线：在上述施工图中，从进线回路的导线标注“4×240”中可以看出总配电箱进线为 4 根线，即 3 根相线和 1 根 PEN 线，因此供电采用 TN-C 形式。

看出线：有两条配出回路，从每条出线回路的导线标注“4×240+1×120”可以看出，每回路配出为 5 根线，即 3 根相线 1 根 N 线 1 根 PE 线，因此采用 TN-S 形式。

看整体：从上面分析可以得知，整个系统采用 TN-C-S 中性点接地形式。

## 1.1.3 技能点—建筑供配电系统电压等级的确定

建筑供配电系统就是解决建筑物所需要电能的供应和分配的系统，是电力系统中靠近末端的一部分。建筑供电系统由高压及低压配电线路、变电所（包括配电所）和用电设备组成，如图 1.1-2 中虚线部分所示。

### 1. 民用建筑供电电压选择一般要求

出于节能的设计考虑，《民用建筑电气设计标准》GB 51348—2019 对民用建筑供电电压等级提出具体要求。当用电设备的安装容量在 250kW 及以上或变压器安装容量在 160kVA 及以上时，宜以 20kV 或 10kV 供电；当用电设备总容量在 250kW 以下或变压器安装容量在 160kVA 以下时，可由低压 380V/220V 供电。可以看出，用电户用电量越大，其供电电源电压就越高。

对于住宅建筑，一般建筑高度为 100m 或 35 层及以上时，宜设置柴油发电机组作为自备电源，柴油发电机组额定电压的确定要与用电设备的电压等级相适应，一般为 230V/400V，但当供电距离超过 300m 且采取增大线路截面积经济性较差时，柴油发电机组宜采用 10kV 及以上电压等级，当发电机组作为应急电源和备用电源时，需校验供电线路的电压损失和保护灵敏度，当线路较长，保护灵敏度、电压损失等不能满足要求时，需提高柴油发电机组的供电电压等级。

### 2. 一般民用建筑供电电压等级的确定

1.1-6 三种类型建筑供电系统案例

在供电系统中额定电压等级的确定应视用电量大小、供电距离的长短等条件来确定。此外，供电系统额定电压的大小还与用电设备的特性、供电线路的回路数、用电单位的远景规划、当地已有电网现状和它的发展规划，以及经济合理等因素有关。

一些大型、特大型民用建筑群，设有总降压变电所，一般采用三级电压，即由区域变电所（总降压变电所）将110kV（220kV）或35kV电压降为10～20kV，向各楼宇小变电所（如箱式变电亭）供电，楼宇变电所再把10～20kV降为220V/380V电压，对低压用电设备供电。

中型工业企业或民用建筑群，一般采用两级电压，一般电源进线为10kV，经过高压配电所，再由高压配电所分出几路高压配电线，将电能分别送到各建筑物变电所，降为220V/380V低压，供给用电设备。

小型建筑设施的供电，一般只需一个10kV降为220V/380V的变电所。对于100kW以下用电负荷的建筑，一般不设变电所，直接采用220V/380V通过低压配电室向设备供电。

### 1.1.4 技能点—提高供电电源质量

#### 1. 评价供电电源质量的基本指标

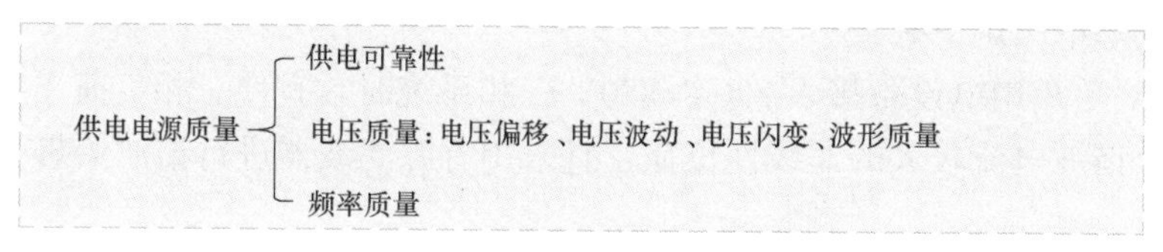


图1.1-7 供电电源质量评价指标

如图1.1-7所示，对于工业与民用建筑供电系统来说，提高电源质量主要是提高电压质量和供电可靠性等。供电电源质量的评价主要有以下几个方面。

（1）供电可靠性

供电可靠性即供电的不间断性，供电可靠性指标是根据用电负荷的等级要求制定的，对于不同的用电负荷，分别采用相应的供电方式以达到对供电可靠性的要求。

（2）频率质量

我国采用的工业频率（简称“工频”）标准统一规定为50Hz。所有电力用户的用电设备都是按照50Hz设计的，如果电网频率过高或过低，将影响设备运行的经济性和安全性。所以规定频率允许偏差一般为±0.2Hz。系统容量较小时频率偏差可放宽到±0.5Hz。频率的调整主要依靠发电厂。

（3）电压质量

1）电压偏差

用电设备端子处的电压偏差，是以实际电压与额定电压之差的百分数表示的，即

$$\Delta U\% = \frac{U-U_N}{U_N} \times 100\% \tag{1.1-1}$$

式中 $U_N$——用电设备的额定电压，kV；

$U$——用电设备的实际电压，kV。

产生电压偏差的主要原因是系统内存在滞后的无功负荷所引起的系统电压损失。

《民用建筑电气设计标准》GB 51348—2019中规定：正常运行情况下，用电设备端子处的电压偏差允许值，宜符合下列要求：对于照明线路，室内场所为±5%；对于远离变电所的小面积一般工作场所，难以满足上述要求时，可为+5%，−10%；应急照明、景

观照明、道路照明和警卫照明宜为+5%，-10%；一般用途电动机宜为±5%，电梯电动机宜为±7%，其他用电设备，当无特殊规定时宜为±5%。

2）电压波动

电压波动是由于负荷的大幅度变化引起的。如电动机的满载启动等造成负荷电压急剧变化，大型混凝土搅拌机、轧钢机等冲击性负荷的工作引起电网电压的明显波动等。

2. 提高供电质量的措施

（1）当35kV、20kV或10kV电源电压偏差不能满足用电单位对电压质量的要求，且单独设置调压装置技术经济不合理时，可采用35kV、20kV或10kV的有载调压变压器。

（2）为了限制电压波动在合理的范围内，对冲击性低压负荷宜采取下列措施：采用专线供电，与其他负荷共用配电线路时，宜降低配电线路阻抗，较大功率的冲击性负荷、冲击性负荷群与对电压波动敏感的负荷，宜由不同变压器供电，采用动态无功补偿装置或动态电压调节装置。

1.1-8 变压器调压

（3）220V单相用电设备接入220V/380V三相系统时，宜使三相负荷平衡。

（4）对于谐波电流较大的非线性负荷，宜采用有源滤波器进行谐波治理。

### 1.1.5 技能点—供电方案案例分析

对于民用建筑群，一般从城市电力网引入三相三线制10kV高压电源，经变电所变为220V/380V的三相四线制低压电源，提供给各个建筑，如果建筑群规模较大，或建筑为超高层，可以考虑将10kV的供电电压提高到20kV或35kV。

图1.1-8为采用10kV高压供电方案图，图中将系统按照功能分为五部分。

（1）由电业部门管理的电力网和区域变电所，它将上一级提供的同等级电压的电源进行分配，以三相三线制IT形式通过架空电力线路为不同的用电户提供10kV高压供电电源。

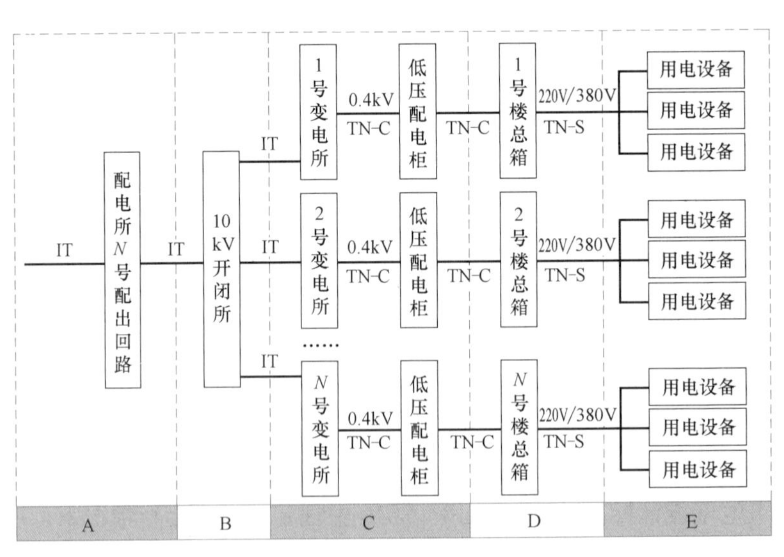


图1.1-8 采用10kV高压供电方案图

（2）用户10kV开闭所，电业管理部门提供的供电回路数量有限，开闭所则起到一进多出的电能分配作用，配出回路以三相三线制IT形式通过电缆线为后面的变电所提供电源，同时，开闭所一般还承担着电能计量等作用。

（3）建筑群内设置的10kV/0.4kV变电所，对于一个建筑群，变电所的数量不止一个，设置的数量与用电容量、负荷等级、供电距离等多个因素有关。变电所的低压配电室配出若干条220V/380V三相四线制TN-C形式线路为建筑供电，一个变电所可以为一个建筑供电，也可以为几个建筑供电，具体根据建筑的用电大小和变压器的容量决定。

（4）低压220V/380V配电线路，如：建筑的总配电箱、单元配电箱等，属建筑物配电系统的组成部分。

（5）建筑物内的不同用电设备。

## 问题思考

1. 电力系统由____________、____________和____________组成。

2. ____________供电电压等级，可以实现电气节能，民用建筑供电电压一般为____________。

3. 《民用建筑电气设计标准》GB 51348—2019中规定：当用电设备的安装容量在______ kW及以上或变压器安装容量在______ kVA及以上时，宜以20kV或10kV供电。

4. 电源中性点接地方式有____________、____________和____________，我国民用建筑通常采用______方式。

5. 电源中性点接地主要解决什么问题？

6. 试比较TN-C和TN-S系统的优缺点。

7. 一般从哪些方面评价供电电源的质量？

8. 以额定电压为220V为例，分析一般情况下供电电压偏差不超过多少？

9. 画图说明，单相电动机设备如何接在TN-C和TN-S系统当中？

## 知识拓展

电能表是用于电能计量的设备。电能计量分为有功电能计量和无功电能计量。电能计量方式分为三种：高供高计、高供低计、低供低计，单位用户一般采用高供高计方式，住宅用户一般采用高供低计方式。常见的电能计量装置包括电能表、电流互感器、电压互感器及二次导线、电能计量柜（箱）等。

随着我国“国家智能电网”的提出，智能电表开始备受关注。智能电表除了具备传统电能表基本用电量的计量功能以外，为了适应智能电网和新能源的使用，它还具有双向多种费率计量功能、用户端控制功能、多种数据传输模式的双向数据通信功能、防窃电功能等智能化的功能，智能电表代表着未来节能型智能电网最终用户智能化终端的发展方向。

在民用建筑中，为了实现电能计量收费的数字化和信息化，完成远程抄表等功能，同时保证用电安全和管理方便，目前基本采用集中计量安装的方式，即将用户的电能表集中装设在一个固定位置的电表箱内，单元公共用电和商户用电均应单独设置电能表进行计量，如图1.1-9所示。

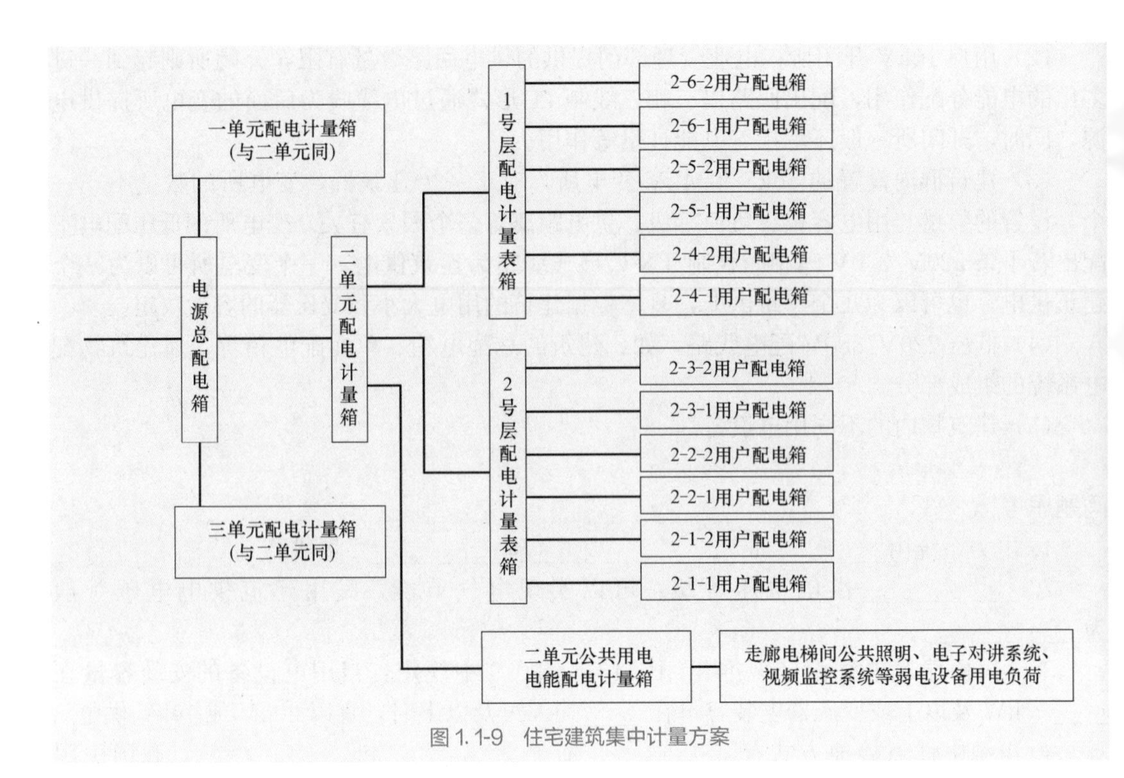

图 1.1-9 住宅建筑集中计量方案

## 拓展学习资源

1.1-9 智能电能表

1.1-10 电能表设置与安装

1.1-11 计量柜图集

# 任务 1.2 建筑供电电源的确定

建筑供电是建筑电气系统中非常重要的组成部分，供电系统设计应按照负荷性质、用电容量、工程特点和地区供电条件，统筹兼顾，合理确定供电方案，并应采用符合国家现行有关标准的高效节能、环保、安全、性能先进的电气产品。

【教学目标】

| 知识目标 | 能力目标 | 素养目标 | 思政目标 |
|---|---|---|---|
| 1. 理解备用电源、应急电源、双重电源含义；<br>2. 熟悉建筑物常见用电负荷的种类及分级；<br>3. 掌握不同级别负荷对供电的要求；<br>4. 熟悉常见建筑类型的供电要求。 | 1. 能正确选择电源设备；<br>2. 能准确判断常见建筑主要用电负荷分级；<br>3. 能根据建筑负荷等级确定供电方案；<br>4. 能根据工程情况合理确定供电电压等级。 | 1. 持有自主学习方法；<br>2. 养成依据规范设计的习惯；<br>3. 具备将“四新”应用于设计的意识；<br>4. 具备节能设计理念；<br>5. 体现将安全、发展等融入供电系统的设计。 | 1. 培养电气安全意识，提升社会责任感；<br>2. 培养电气节能意识，助创节约型社会，增强职业荣誉感；<br>3. 激发求知欲望，提升服务社会本领。 |

思维导图 1.2　建筑供电电源的确定

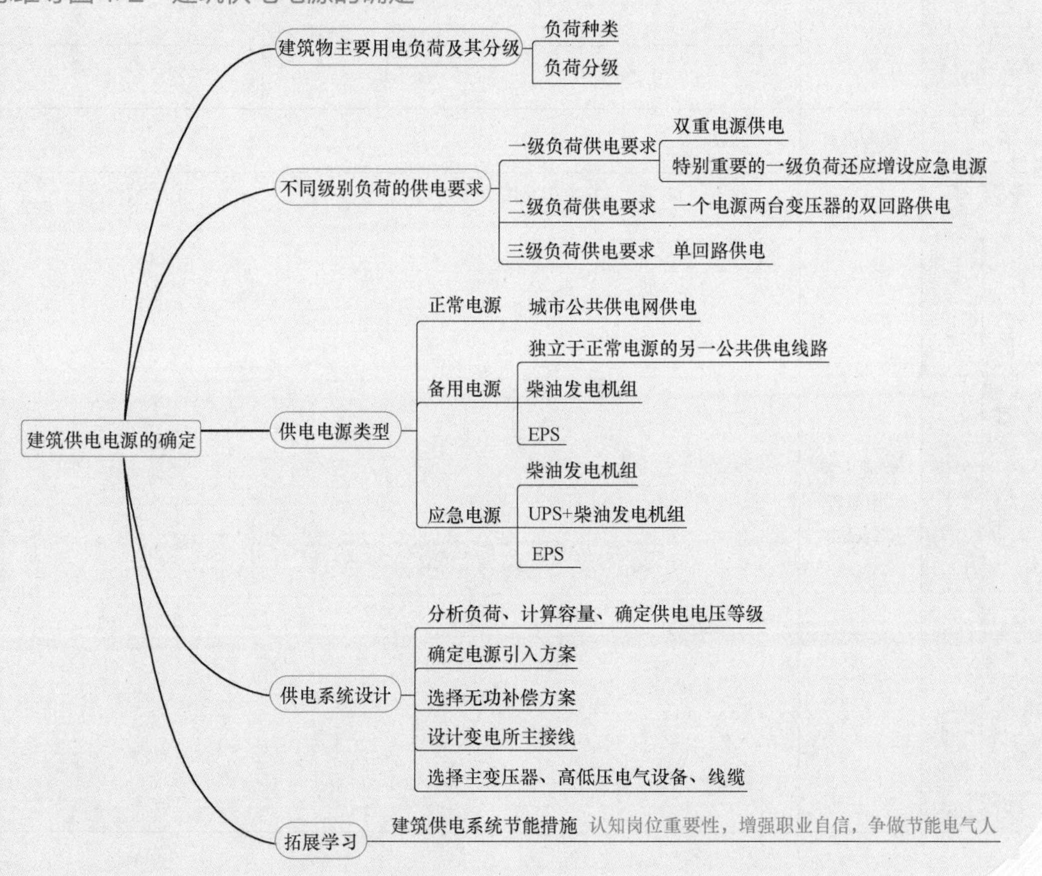

# 学生任务单 1.2 建筑供电电源的确定

| 任务名称 | 建筑供电电源的确定 | | |
|---|---|---|---|
| 学生姓名 | | 班级学号 | |
| 同组成员 | | | |
| 负责任务 | | | |
| 完成日期 | | 完成效果 | |

<table>
<tr><td colspan="2">任务描述</td><td colspan="4">针对项目 1 的高层住宅项目施工图中的 18 层高层住宅建筑，进行供电电源的设计，设计内容包括：①分析该高层住宅建筑的负荷种类及负荷等级；②说明该高层住宅建筑属于几级负荷？说明依据的规范及其条款；③对该高层住宅建筑供电方案进行设计，用文字说明设计想法；④绘制该高层住宅建筑的供电方案主接线图。</td></tr>
<tr><td rowspan="7">课前</td><td rowspan="7">自主探学</td><td rowspan="6">任务分工</td><td colspan="3">□ 合作完成　　□ 独立完成</td></tr>
<tr><td>任务明细</td><td>完成人</td><td>完成时间</td></tr>
<tr><td></td><td></td><td></td></tr>
<tr><td></td><td></td><td></td></tr>
<tr><td></td><td></td><td></td></tr>
<tr><td></td><td></td><td></td></tr>
<tr><td>参考资料</td><td colspan="3"></td></tr>
<tr><td>课中</td><td>互动研学</td><td>完成步骤（用流程图表达）</td><td colspan="3"></td></tr>
</table>

<table>
<tr><td rowspan="14">课中</td><td colspan="2">本人任务</td><td colspan="6"></td></tr>
<tr><td colspan="2">角色扮演</td><td colspan="6">□有角色 ________ □无角色</td></tr>
<tr><td colspan="2">岗位职责</td><td colspan="6"></td></tr>
<tr><td colspan="2">提交成果</td><td colspan="6"></td></tr>
<tr><td rowspan="8">任务实施</td><td rowspan="5">完成步骤</td><td>第1步</td><td colspan="5"></td></tr>
<tr><td>第2步</td><td colspan="5"></td></tr>
<tr><td>第3步</td><td colspan="5"></td></tr>
<tr><td>第4步</td><td colspan="5"></td></tr>
<tr><td>第5步</td><td colspan="5"></td></tr>
<tr><td>问题求助</td><td colspan="6"></td></tr>
<tr><td>难点解决</td><td colspan="6"></td></tr>
<tr><td>重点记录</td><td colspan="6"></td></tr>
<tr><td rowspan="2">学习反思</td><td>不足之处</td><td colspan="6"></td></tr>
<tr><td>待解问题</td><td colspan="6"></td></tr>
<tr><td>课后</td><td>拓展学习</td><td>能力进阶</td><td colspan="6">在学习“知识拓展”的基础上，分析回答以下问题：<br>(1)针对高层住宅建筑，供电变压器如何选择更节能？<br>(2)从节能角度出发，在建筑供电方案设计时选择供配电系统设备方面，需要有哪些考虑？<br>(3)查找资料，选择一款适合本高层住宅建筑的供电变压器的产品，说明其产品优势。</td></tr>
<tr><td colspan="2" rowspan="5">过程评价</td><td rowspan="2">自我评价<br>(5分)</td><td>课前学习</td><td>时间观念</td><td>实施方法</td><td>职业素养</td><td>成果质量</td><td>分值</td></tr>
<tr><td></td><td></td><td></td><td></td><td></td><td></td></tr>
<tr><td rowspan="2">小组评价<br>(5分)</td><td>任务承担</td><td>时间观念</td><td>团队合作</td><td>能力素养</td><td>成果质量</td><td>分值</td></tr>
<tr><td></td><td></td><td></td><td></td><td></td><td></td></tr>
<tr><td>综合打分</td><td colspan="6">自我评价分值＋小组评价分值：</td></tr>
</table>

# 知识与技能 1.2 建筑供电电源的确定

1.2-1 任务课件

## 1.2.1 知识点—建筑用电负荷种类

1.2-2 供电电源与供电系统

在一般民用建筑中，常见建筑用电负荷按其使用功能划分，可分为以下三类：

### 1. 维持正常工作和生活的用电负荷

这一类是住宅、写字楼和商业建筑满足一般的工作和生活照明设备、生活水泵、供暖设备、非消防使用的普通电梯等的用电负荷。这类负荷一旦不能供电，会影响到居民的生活、商场的营业和办公室的正常工作，给人们的生活和工作带来不便。

### 2. 保障舒适性的用电负荷

这一类是住宅和办公室的空调设备、通风设备，娱乐活动场所用电设备等的用电负荷。如果不能供电，会在一定程度上降低建筑使用的舒适度。

### 3. 保证建筑及人员安全的用电负荷

这一类是各种场所防火用的排烟风机、楼梯加压送风机、消防电梯、消防水泵及消防应急照明和疏散照明设备等的用电负荷。如果不能保证供电，会形成极大安全隐患，甚至直接引发事故，威胁到建筑和人员的安全。

建筑负荷种类不同，重要程度就不同，也决定了其供电要求不同。

## 1.2.2 知识点—用电负荷分级

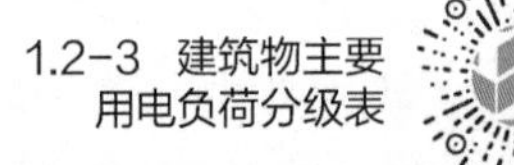
1.2-3 建筑物主要用电负荷分级表

用电负荷分级是根据电力负荷因故中断供电造成的损失和影响程度而划分的，主要从安全和经济损失两个方面来确定。《民用建筑电气设计标准》GB 51348—2019 中规定：根据对供电可靠性的要求及中断供电所造成的损失或影响程度，用电负荷分为三级：一级负荷、二级负荷和三级负荷。

### 1. 一级负荷

指若中断供电将造成人身伤害，或造成重大损失或重大影响，或影响重要用电单位的正常工作，或造成人员密集的公共场所秩序严重混乱的用电负荷，如：重要的交通枢纽及通信枢纽、国宾馆、大型体育场馆、医院手术室等。特别重要的场所不允许中断供电的负荷应定为一级负荷中的特别重要负荷，如：数据中心、大型金融中心的关键电子计算机系统和防盗报警系统、大型国际比赛场馆的计时记分系统等，以及中断供电时将发生中毒、爆炸和火灾等情况的用电负荷等。

### 2. 二级负荷

指若中断供电将造成较大损失或较大影响，或将影响较重要用电单位的正常工作或造成人员密集的公共场所秩序混乱的用电负荷，如：重要的生产流水线、省级体育场馆、高层住宅走廊照明、大型超市等。

### 3. 三级负荷

不属于一级和二级的用电负荷应定为三级负荷，如：非连续性生产的中小型企业用电设备、住宅用户用电设备、普通办公用电设备等。

用电负荷分级不同对供电可靠性的要求也不同，级别越高对供电可靠性的要求就越高（表 1.2-1）。

住宅及高层民用建筑负荷分级表　　　　表 1.2-1

| 建筑物名称 | 用电负荷名称 | 负荷级别 |
|---|---|---|
| 住宅建筑 | 建筑高度大于 54m 的一类高层住宅的航空障碍照明、走道照明、值班照明、安防系统、电子信息设备机房、客梯、排污泵、生活水泵用电 | 一级 |
| | 建筑高度大于 27m 但不大于 54m 的二类高层住宅的走道照明、值班照明、安防系统、客梯、排污泵、生活水泵用电 | 二级 |
| 一类高层民用建筑 | 消防用电，值班照明、警卫照明、障碍照明用电，主要业务和计算机系统用电，安防系统用电，电子信息设备机房用电，客梯用电，排污泵、生活水泵用电 | 一级 |
| | 主要通道及楼梯间照明用电 | 二级 |
| 二类高层民用建筑 | 消防用电，主要通道及楼梯间照明用电，客梯用电，排污泵、生活水泵用电 | 二级 |
| 建筑高度大于 150m 的超高层公共建筑 | 消防用电 | 一级 * |

注："一级 * "为一级负荷中特别重要的负荷；其他各类建筑物的主要用电负荷的分级可扫码学习。

## 1.2.3 知识点—不同级别负荷供电要求

### 1. 一级负荷的供电要求

一级负荷应由双重电源供电，当一个电源发生故障时，另一个电源不应同时受到损坏。双重电源可以同时工作互为备用，也可以一用一备。双重电源可以是来自不同电网的电源，如图 1.2-1（a）所示；或者来自同一电网但在运行时电路相互之间联系很弱或者电气距离较远，如图 1.2-1（b）所示，能保证当一个电源系统任意一处出现异常运行或发生短路故障时，另一个电源仍能不中断供电。在供配电系统设计中，应根据当地电网的实际情况确定供电系统设计方案，当市政电网提供的电源不能满足双重电源的要求时，应设置自备电源或应急电源，如图 1.2-1（c）所示。

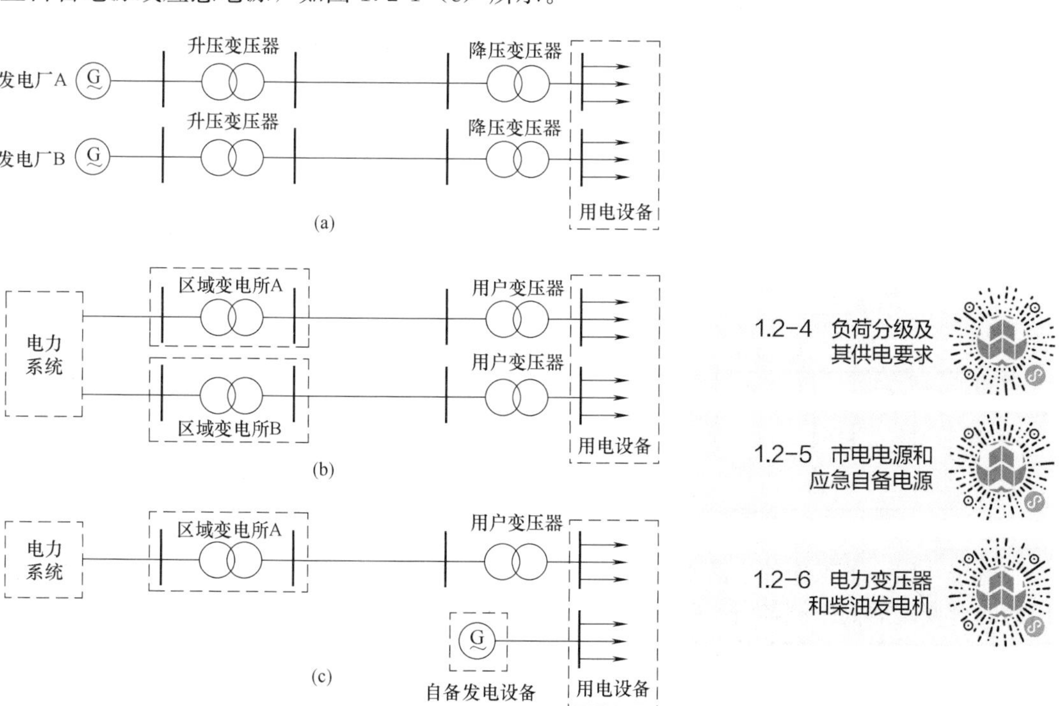


图 1.2-1　双重电源的常见形式

一级负荷中特别重要的负荷，除上述要求的双重电源外，还必须增设应急电源供电（图 1.2-2）。为保证对特别重要负荷的供电，应急电源应自成系统，严禁将其他负荷接入应急供电系统，且应急电源的切换时间，应满足设备允许中断供电的要求；应急电源的供电时间，应满足用电设备最长持续运行的时间要求。应急电源一般包括独立于正常电源的发电机组、干电池、蓄电池。

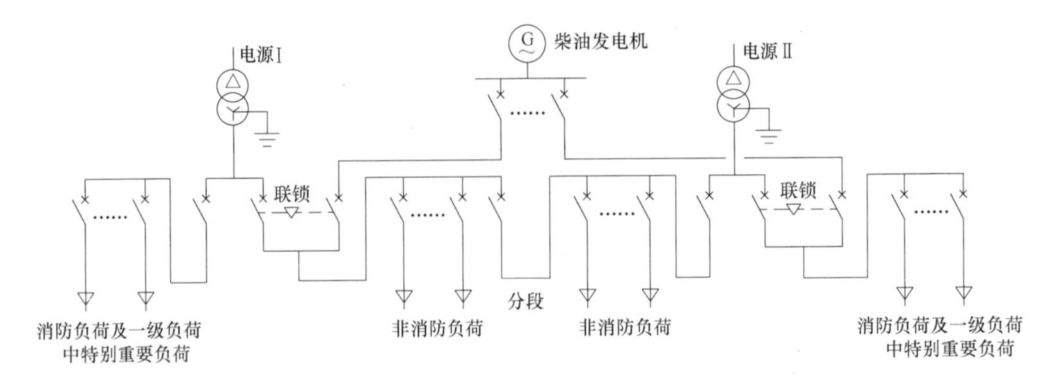


图 1.2-2　柴油发电机组与市电切换供电方案

2. 二级负荷的供电要求

二级负荷的外部电源进线宜由 35kV、20kV 或 10kV 双回线路供电，即由一个城网变电所引来的两个配出回路供电，配电变压器亦应有两台（两台变压器不一定在同一变电所），做到当电力变压器发生故障或电力线路发生常见故障时，不致中断或中断后能迅速恢复供电。但当负荷较小或地区供电条件困难时，允许由一回 10kV 及以上的专用架空线或电缆供电。当线路自上一级变电所用电缆引出时必须采用两根电缆组成的电缆线路，其每根电缆应能承受二级负荷的 100%，且互为热备用。在图 1.2-3 二级负荷的双电源切换箱供电方案中，二级负荷若是消防负荷，则双电源切换箱应实现自动切换，否则，可根据工程具体情况自动切换或手动切换。

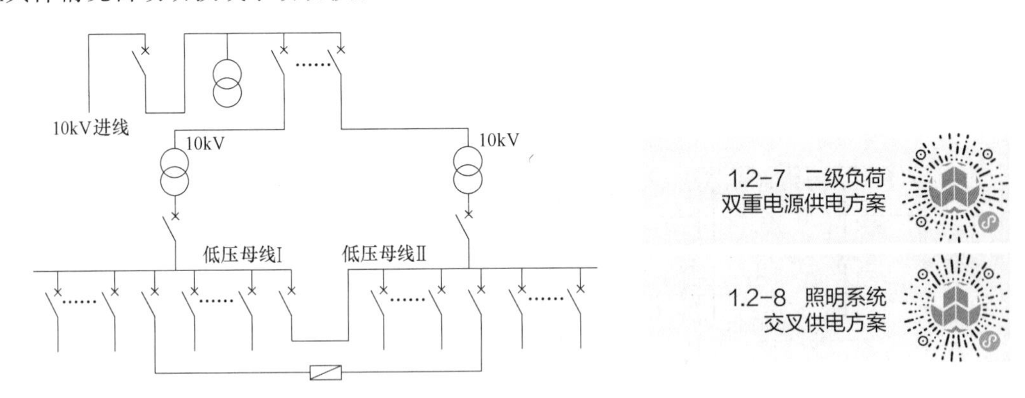


图 1.2-3　二级负荷的双电源切换箱供电方案

1.2-7　二级负荷
双重电源供电方案

1.2-8　照明系统
交叉供电方案

对于一用一备工作的生活水泵、排污泵等非消防负荷的一级、二级负荷，采用配对使用的两台变压器低压侧各引一路电源分别为工作泵和备用泵供电，可减少双电源切换开关的使用，并不影响其供电的可靠性。

3. 三级负荷的供电要求

三级负荷供电没有特殊要求，可采用单电源单回路供电。

### 1.2.4　技能点—设计供电系统

供电系统设计原则是：供电可靠，操作方便、运行安全灵活，经济合理，具有发展的可能性。

1. 供电系统设计的内容

建筑供电系统设计是建筑电气设计的重要组成部分。建筑供电系统设计内容包括确定供电电源及供电电压、确定高压电气主接线及低压电气主接线、选择变配电设备等。具体设计内容如下：

（1）确定负荷等级和各类负荷容量，进行负荷计算。

（2）确定供电电源及电压等级、电源出处、数量及回路数、专用线或非专用线、电缆埋地或架空、近/远期发展情况。

（3）确定备用电源和应急电源容量及性能要求，说明自备发电机启动方式及与市电网关系。

（4）供电系统接线形式及运行方式，正常工作电源与备用电源之间的关系，母线联络开关运行和切换方式，重要负荷的供电方式。

（5）变、配电所的位置、数量、面积，主变压器容量、数量、连接组别、类型要求等。

（6）供电系统继电保护装置的设置。

（7）电能计量装置，采用高压或低压、专用或非专用柜（满足供电部门要求和建设方内部核算要求）、监测仪表的配置情况。

（8）功率因数补偿方式。说明功率因数是否达到供用电规则的要求，应补偿容量和采取的补偿方式，补偿前后的结果。

（9）操作电源和信号。说明高压设备操作电源和运行信号装置配置情况。

（10）供电系统高、低压进出线路中线缆及开关保护电气设备选择。

（11）供电系统的防雷与接地设计。

2. 建筑供电系统设计的步骤

对于35kV及以下供配电系统，在设计时应首先结合建筑物或其他用电负荷级别、用电容量、用电单位的电源情况和电力系统的供电情况等因素，确定供电方案，并充分保证满足供电可靠性和经济合理性的要求，在此基础上确定出高、低压电气主接线，最后进行变配电设备的选择。因此供电系统的设计主要步骤是：

有关负荷计算、无功功率补偿、高低压线缆及设备选择、供电变压器选择、防雷与接地等内容，将在其他任务中逐步学习。

3. 供电系统主接线设计

变电所的主接线是供电系统中用来传输和分配电能的路线，所构成的电路称为一次电路，又称为主电路或主接线。它由各种主要电气设备（变压器、隔离开关、负荷开关、断路器、熔断器、互感器、电容器、母线电缆等设备）按一定顺序连接而成。主接线图只表示相对的电气连接关系而不表示实际位置，通常用单线来表示三相系统。变电所主接线的基本要求是具有安全性、可靠性、灵活性和经济性等。

变电所电压为35kV、20kV或10kV及0.4kV侧的母线时，宜采用单母线或单母线分段接线形式（图 1.2-4、图 1.2-5）。双母线主接线形式在民用建筑电气设计中一般不用，与单母线形式相比，双母线主接线形式更加可靠和灵活，但投资成本较高，操作复杂。

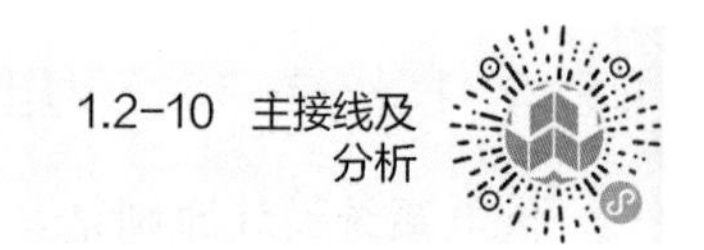


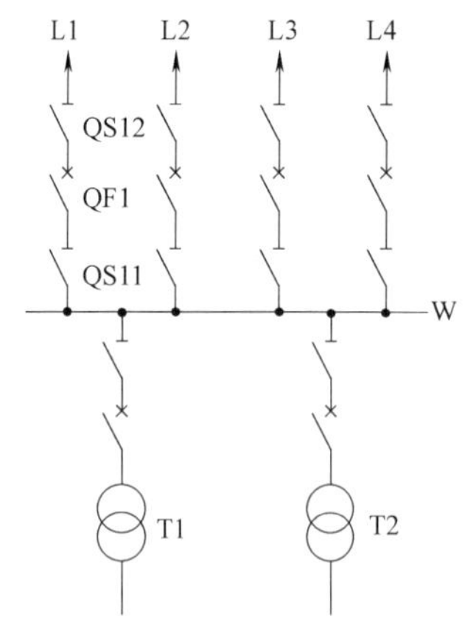


图 1.2-4 单母线不分段主接线

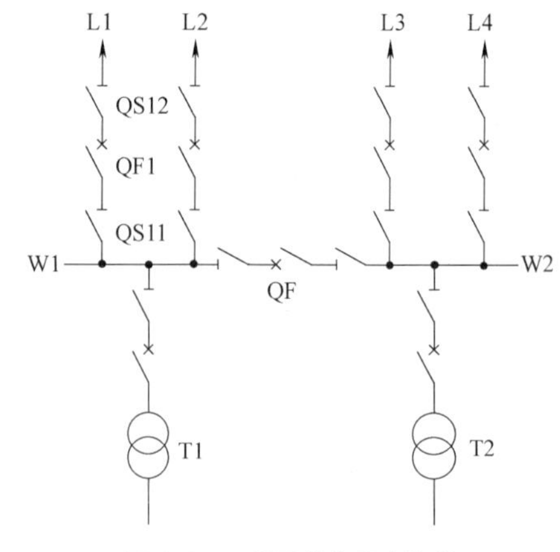


图 1.2-5 单母线分段主接线

为满足消防负荷的供电可靠性要求，在采用备用电源时，变电所的低压电气主接线如图 1.2-6 和图 1.2-7 所示。

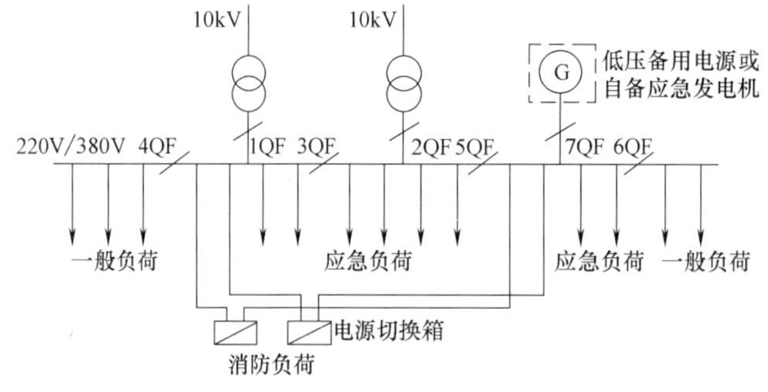


图 1.2-6 两台变压器加一路备用电源的低压电气主接线

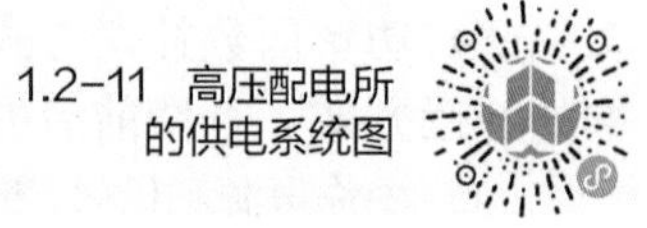


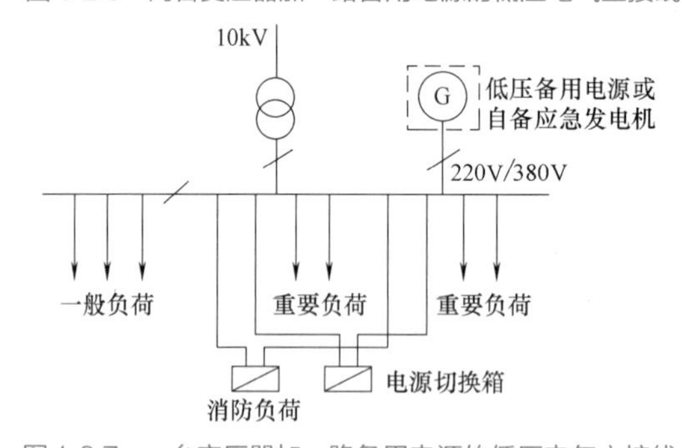


图 1.2-7 一台变压器加一路备用电源的低压电气主接线

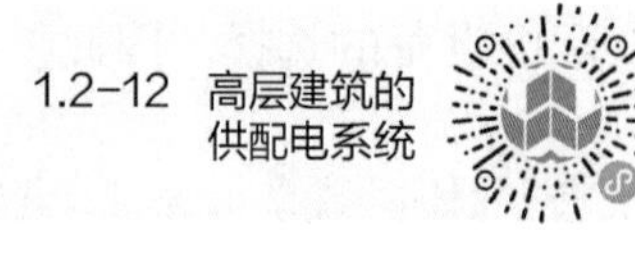


## 1.2.5 技能点—高层住宅建筑供电系统设计

### 1. 设计条件

(1) 工程情况简介

该工程为普通高层住宅建筑，共 18 层，其中，第 2 层为标准层，第 18 层为设备层

(机房设备)。三个单元，一梯两户，两个户型，分别按8kW/户和6kW/户预留用电容量。

(2) 供电条件说明

该高层住宅建筑所在小区的供电线路取自10kV城市公共电网。

### 2. 供电系统设计过程

(1) 分析用电负荷：根据《住宅建筑电气设计规范》JGJ 242—2011中3.2.1，18层住宅建筑的消防用电负荷、应急照明、走道照明、客梯、排污泵、生活水泵等，属于二级负荷；其余用电负荷均为三级负荷。

(2) 确定供电电压等级：小区总进线电压等级为10kV，通过分区设置的10kV/0.4kV箱式变电所输出220V/380V电压，为住宅建筑供电。

(3) 确定电源引入方案：对于该住宅建筑的二级负荷，可采用双回路供电形式，但考虑供电的可靠性，设计采用双电源供电形式，其中，正常电源从箱式变电所低压侧取出，备用电源采用柴油发电机组。其余的用电负荷均为三级负荷，单回线路供电即可。

(4) 确定消防供电方案：根据《建筑设计防火规范(2018年版)》GB 50016—2014中10.1.8，消防用电设备供电应在其配电线路最末端配电箱处设置自动切换装置，即设置末端自动切换箱。

(5) 确定变电所主接线：与图1.2-7基本相同，略。

## 问题思考

1. 一级负荷应由双重电源的两个低压回路在__________处切换供电。
2. 对于不允许电源瞬间中断的负荷，应采用__________装置供电。
3. 简述建筑供电系统的设计原则。
4. 对于一级负荷中特别重要的负荷，对其供电系统有哪些要求？
5. 试比较单母线分段与不分段的两种供电主接线的优缺点。
6. 已知双重电源供电，高压母线和低压母线均分段，用电设备中存在特别重要的一级负荷，试设计主接线图。

## 知识拓展

建筑节能工程的实施是一项需要落实的国策，其中建筑电气节能尤为重要。对于建筑供电系统，可以从优化变配电所位置设置，合理确定变压器类型、数量、容量及工作方式，合理进行无功补偿等方面达到电气节能的目的，特别是在供电系统电气设备选择时，优先选择节能型、绿色环保产品。每一位电气人，都能成为节约型社会的推动者。

## 拓展学习资源

1.2-13　节约用电的意义

1.2-14　供配电系统节能措施

1.2-15　电气节能案例

1.2-16　住宅电气节能实施

# 任务 1.3 低压配电系统设计

在建筑供配电系统中，我们把从降压变配电所出口到用户端的这一段线路称为低压配电系统。低压配电系统按照不同的配电形式为建筑用户进行电能分配和传送，同时系统还具有短路保护、过载保护、漏电保护等功能，完成这些功能的是低压电气设备，因此，低压配电系统设计就是根据工程的种类、规模、负荷性质、容量及可能的发展等综合因素来确定配电方案，进行负荷计算，选择配电系统的线缆、选择系统所用的开关等设备，进行无功补偿计算等。

本任务侧重以高层住宅建筑为载体，介绍低压配电系统方案的设计，其他内容将在后续任务中分别介绍。

【教学目标】

| 知识目标 | 能力目标 | 素养目标 | 思政目标 |
|---|---|---|---|
| 1. 熟悉低压配电系统设计的要点；<br>2. 理解三级配电的基本含义；<br>3. 掌握低压配电的基本方式和常见形式；<br>4. 熟悉典型建筑供配电系统分析一般方法。 | 1. 能依据规范设计小型建筑低压配电方案；<br>2. 能分析一般工程项目的三级配电过程；<br>3. 能根据负荷特点选择正确的配电方式；<br>4. 能结合实际施工图，编制供配电方案。 | 1. 持有自主学习方法；<br>2. 养成依据规范设计的习惯；<br>3. 具备安全、经济、节能的电气设计思维；<br>4. 培养精益求精的职业习惯。 | 1. 感受党和国家的关怀，增加幸福感；<br>2. 学习和传承中国精神，增强民族自豪感；<br>3. 体会所在行业的社会责任，增强荣誉感。 |

思维导图 1.3　低压配电系统设计

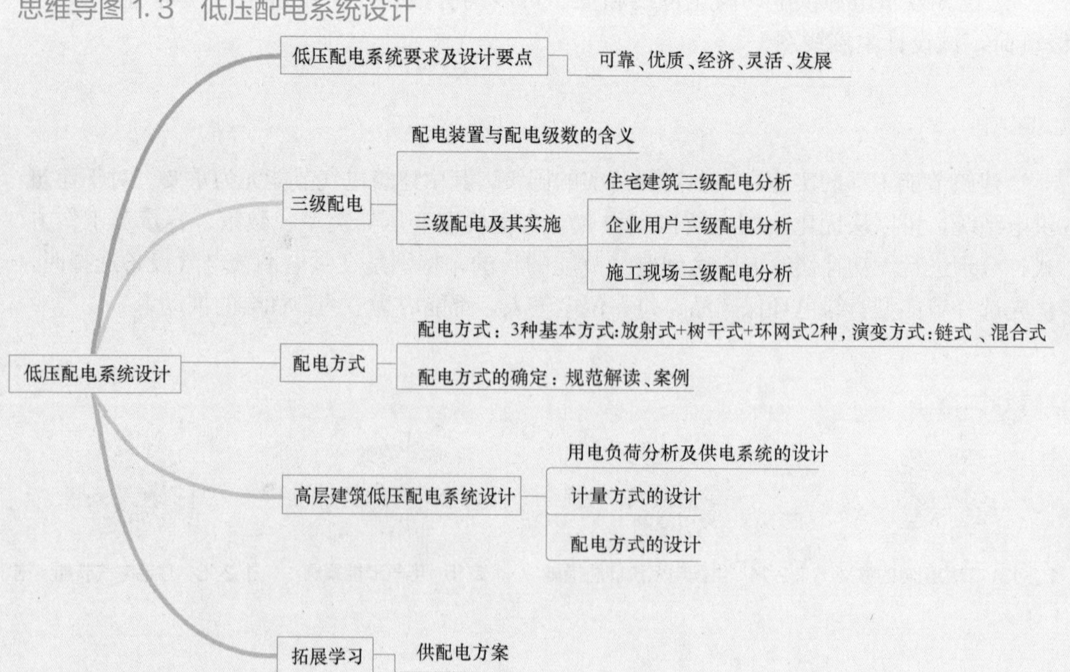

# 学生任务单1.3　低压配电系统设计

| 任务名称 | 低压配电系统设计 | | |
|---|---|---|---|
| 学生姓名 | | 班级学号 | |
| 同组成员 | | | |
| 负责任务 | | | |
| 完成日期 | | 完成效果 | |

<table>
<tr><td colspan="2">任务描述</td><td colspan="4">设计条件：12层住宅建筑，共三个单元，一梯两户，每户预留8kW，采用集中计量方式，每四层设置一个计量箱，供电电源引自箱式变电亭低压配电柜。<br>设计任务：(1)画出该住宅建筑低压配电系统框图；<br>(2)说明每级配电箱采用的配电形式；<br>(3)仿照项目1的高层住宅项目施工图，画出单元配电箱、计量箱和用户开关箱的系统图，不用进行文字标注。</td></tr>
<tr><td rowspan="7">课前</td><td rowspan="7">自主探学</td><td rowspan="6">任务分工</td><td colspan="3">□ 合作完成　　□ 独立完成</td></tr>
<tr><td>任务明细</td><td>完成人</td><td>完成时间</td></tr>
<tr><td></td><td></td><td></td></tr>
<tr><td></td><td></td><td></td></tr>
<tr><td></td><td></td><td></td></tr>
<tr><td></td><td></td><td></td></tr>
<tr><td>参考资料</td><td colspan="3"></td></tr>
<tr><td>课中</td><td>互动研学</td><td>完成步骤(用流程图表达)</td><td colspan="3"></td></tr>
</table>

<table>
<tr><td rowspan="14">课中</td><td colspan="2">本人任务</td><td colspan="6"></td></tr>
<tr><td colspan="2">角色扮演</td><td colspan="6">□有角色 ______________ □无角色</td></tr>
<tr><td colspan="2">岗位职责</td><td colspan="6"></td></tr>
<tr><td colspan="2">提交成果</td><td colspan="6"></td></tr>
<tr><td rowspan="8">任务实施</td><td rowspan="5">完成步骤</td><td colspan="2">第 1 步</td><td colspan="4"></td></tr>
<tr><td colspan="2">第 2 步</td><td colspan="4"></td></tr>
<tr><td colspan="2">第 3 步</td><td colspan="4"></td></tr>
<tr><td colspan="2">第 4 步</td><td colspan="4"></td></tr>
<tr><td colspan="2">第 5 步</td><td colspan="4"></td></tr>
<tr><td>问题求助</td><td colspan="6"></td></tr>
<tr><td>难点解决</td><td colspan="6"></td></tr>
<tr><td>重点记录</td><td colspan="6"></td></tr>
<tr><td rowspan="2">学习反思</td><td>不足之处</td><td colspan="6"></td></tr>
<tr><td>待解问题</td><td colspan="6"></td></tr>
<tr><td>课后</td><td>拓展学习</td><td>能力进阶</td><td colspan="6">在学习“知识拓展”的基础上，完成以下任务：<br>(1)特殊建设工程一般包括哪些？<br>(2)以民用机场航站楼特殊建筑工程为例，通过网络查阅学习和相关规范学习，谈谈其供配电工程设计有什么特殊要求。<br>(3)以高级宾馆特殊建筑工程为例，通过网络查阅学习和相关规范学习，谈谈其供配电工程设计有什么特殊要求。</td></tr>
<tr><td colspan="2" rowspan="5">过程评价</td><td rowspan="2">自我评价<br>(5 分)</td><td>课前学习</td><td>时间观念</td><td>实施方法</td><td>职业素养</td><td>成果质量</td><td>分值</td></tr>
<tr><td></td><td></td><td></td><td></td><td></td><td></td></tr>
<tr><td rowspan="2">小组评价<br>(5 分)</td><td>任务承担</td><td>时间观念</td><td>团队合作</td><td>能力素养</td><td>成果质量</td><td>分值</td></tr>
<tr><td></td><td></td><td></td><td></td><td></td><td></td></tr>
<tr><td>综合打分</td><td colspan="6">自我评价分值＋小组评价分值：</td></tr>
</table>

# 知识与技能 1.3　低压配电系统设计

## 1.3.1　技能点—低压配电系统要求及设计要点

1.3-2 低压配电系统简述

在进行低压配电系统设计时，应符合下列要求：供电可靠、保证电能质量和减少电能损耗。供配电系统设计应力求系统简单、保护级数和配电级数设置合理，并具有一定灵活性，保证人身、财产、操作安全及检修方便等。

### 1. 可靠性要求及设计要点

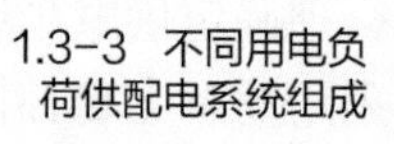

低压配电线路首先应当满足供电可靠性要求。所谓可靠性，就是提出对用电设备不中断供电的要求。由于民用建筑用电负荷存在不同的等级，在供配电系统设计时就要选择正确的供电方式、配电形式等，如：18 层高层住宅建筑中的排污泵属于二级负荷，在设计时，除了主电源外一般由柴油发电机组作为备用电源，实现双回路供电的要求，如图 1.3-1 所示，排污泵配电箱 APB1-PW1 主电源由室外箱式变电站供电，接自配电柜 1AL 配出回路；备用电源由自备柴油发电机组供电，引自 1AZ 配电柜配出回路，如图 1.3-2 所示。

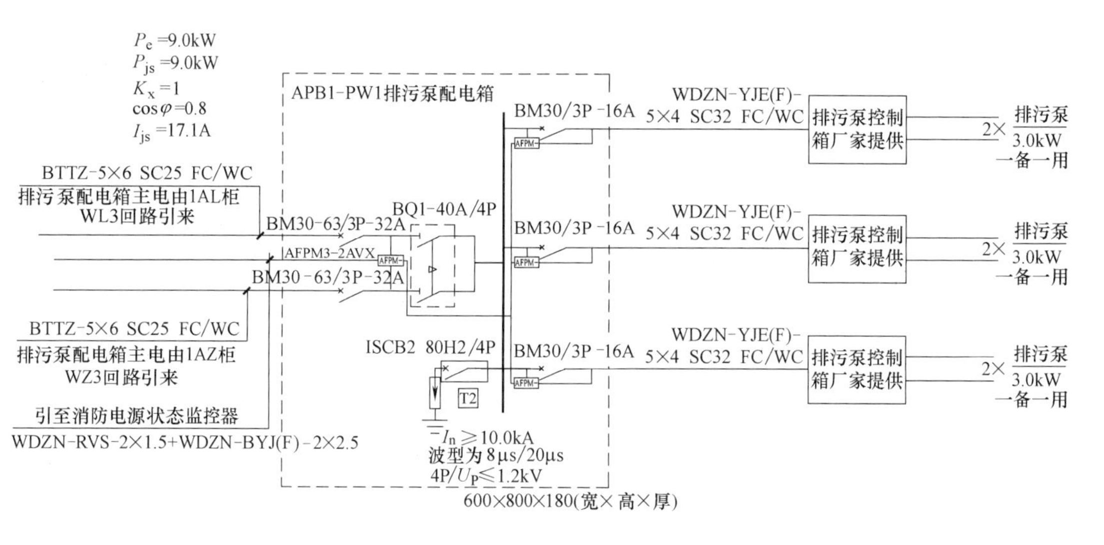


图 1.3-1　高层住宅建筑排污泵配电箱系统图

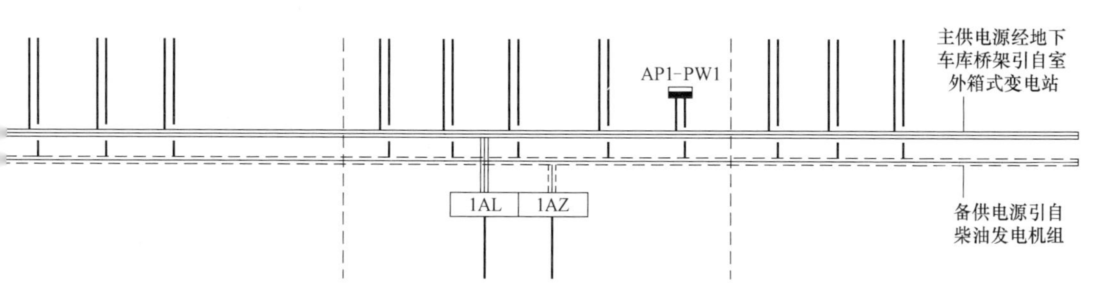


图 1.3-2　排污泵配电箱双电源可靠供电系统图

#### 2. 用电质量要求及设计要点

前面讲过，电能质量最重要的是电压和频率两个指标，其中，电压质量又以电压偏移和电压波动两项指标为重点，用电质量越不好，对用电设备造成的危害越大，在低压配电系统设计时，为了限制电压偏移和电压波动在合理的范围内，宜采取下列措施：

（1）采用有载调压变压器；

（2）冲击性大的用电负荷采用专线供电；

（3）降低三相低压配电系统的不对称度，如：220V 单相照明用电设备接入 220V/380V 三相系统时，宜使三相负荷平衡；

（4）合理确定供电半径，供电半径过大时，适当增加线径或提高供电电压等级；

（5）采用动态无功补偿装置；

（6）对于谐波电流较大的非线性负荷，宜采用有源滤波器进行谐波治理等。

#### 3. 考虑发展要求及设计要点

在低压配电系统设计时，考虑发展要求就是指能适应未来用电负荷增大的需要。在工程建设过程中，经常会增加低压配电回路，因此，在低压配电系统设计中，各级配电装置（配电柜、配电箱等）宜留出备用回路，对于向一、二级负荷供电的低压配电箱（柜）的备用回路，可为总回路数的 25%左右。

#### 4. 其他要求

1.3-4 低压配电设计规范

民用建筑低压配电系统还应满足：

（1）配电系统的电压等级一般不宜超过两级；

（2）低压配电级数不宜超过三级；

（3）多层建筑宜分层设置配电箱；

（4）由建筑物外引入的低压电源线路，应在总配电箱（柜）的受电端装设具有隔离和保护功能的电器；

（5）应尽量减小配电线路长度，减少电能消耗，降低运行费用等。

### 1.3.2 知识点—三级配电

#### 1. 配电装置与配电级数

配电装置是具体实现电气主接线功能的重要设备，配电装置的功能体现于：在配电系统正常运行时，用来接受和分配电能，在系统发生故障时，通过自动或手动操作，迅速切除故障部分，恢复正常运行。

对于一个配电装置而言，总进线开关与分支配出开关合起来算作一级配电，在一个配电系统中，一条线路通过配电装置分配成几个回路过程的次数称作配电级数，即通过几次分配就称作几级配电。

#### 2. 三级配电

《供配电系统设计规范》GB 50052—2009 规定：“供配电系统应简单可靠，同一电压等级的配电级数，高压不宜多于两级，低压不宜多于三级”。《民用建筑电气设计标准》GB 51348—2019 提到在低压配电系统的设计时，有“配电变压器二次侧至用电设备之间的低压配电级数不宜超过三级”的要求。配电级数过多，系统接线复杂，不仅管理不便、操作频繁，而且由于串联元件过多，因元件故障和操作错误而产生事故的可能性也随之增加，同时，在设计时开关的选择性动作值整定也会困难。

下面，针对不同工程，分析三级配电的实施。

（1）住宅建筑三级配电

住宅小区引进一条10kV进线，通过变电所降压，从变压器低压端出线0.4kV接低压配电柜完成一级配电，配电柜配出回路引至每栋住宅楼的总配电柜（箱）完成二级配电，再由住宅建筑的总配电柜（箱）配出若干回路引至每个单元楼的配电箱完成三级配电，如图1.3-3所示。

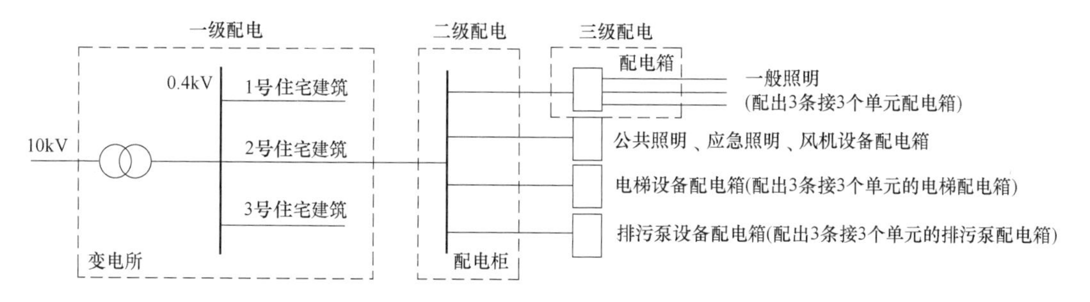


图1.3-3　住宅建筑供配电系统的三级配电

（2）企业用户三级配电

对于大型工业企业用电户，一级配电一般称为动力配电中心，它们集中安装在企业的总变电站（所），二级配电设备是动力配电柜或控制柜，一般安装在车间变配电所中，动力配电柜应用于负荷比较分散、回路较少的场合，控制柜用于负荷集中、回路较多的场合，三级配电设备即动力配电箱，它们远离供电中心，是分散的小容量配电设备。企业用户三级配电如图1.3-4所示。

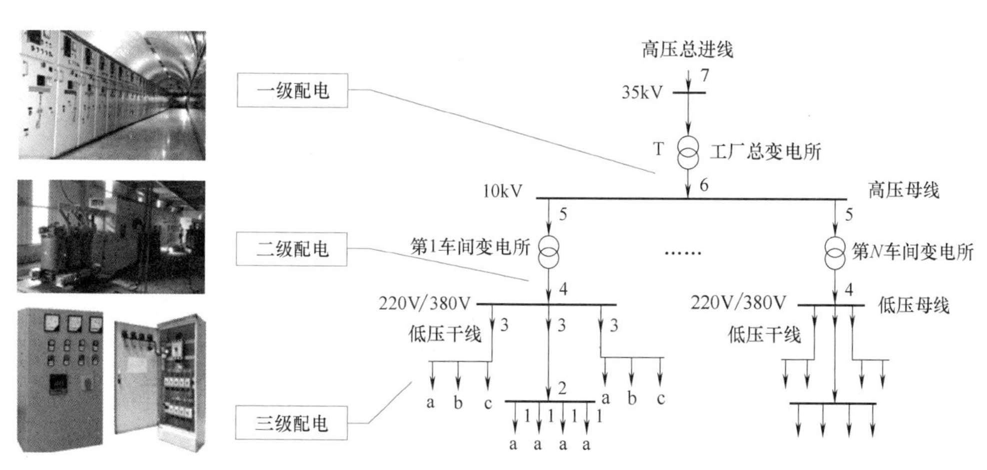


图1.3-4　企业用户三级配电示意图

（3）施工现场三级配电

在施工现场临时用电系统中，一级配电是指引进的10kV高压电经过变电所接0.4kV低压配电柜。二级配电是指从低压配电柜配出回路引至施工现场设备组分配电柜（箱）。三级配电是指从分配电柜（箱）配出回路引至末端开关箱，然后按照“一箱、一机、一闸、一漏”的原则为施工用电设备进行供电。施工现场临时用电三级配电如图 1.3-5 所示。

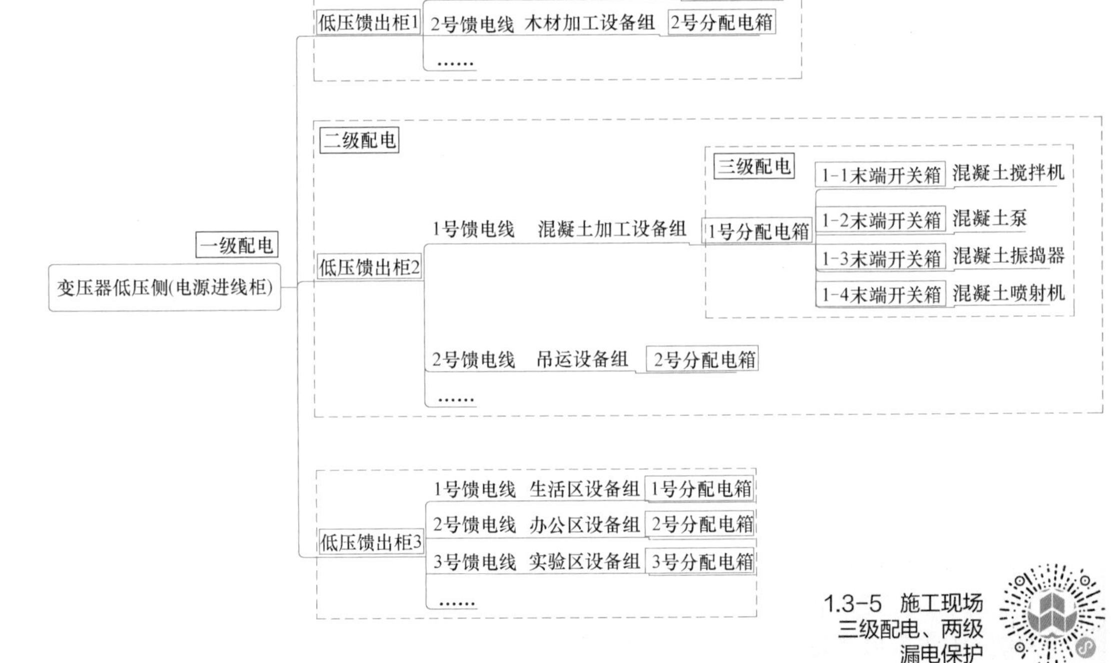


图 1.3-5 施工现场临时用电的三级配电

## 1.3.3 知识点—配电方式

### 1. 基本配电方式

民用建筑配电系统有三种基本配电方式：放射式、树干式和环网式，如图 1.3-6 所示。三种基本配电形式的特点及应用详见表 1.3-1。

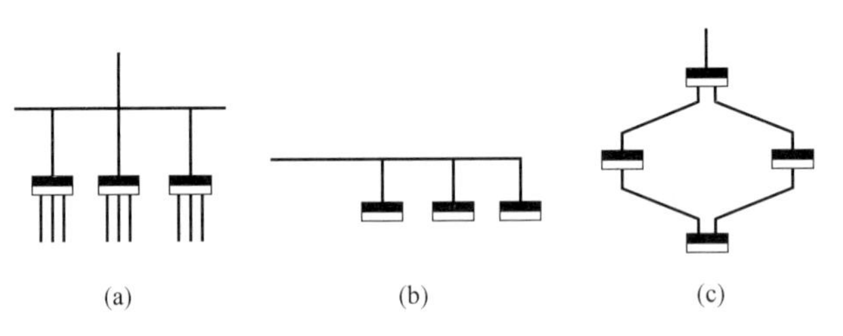


图 1.3-6 配电系统的基本配电方式

（a）放射式；（b）树干式；（c）环网式

在民用建筑低压配电系统中，常用的配电形式有放射式、树干式和混合式，混合式又称为分区树干式，是放射式和树干式的混合应用形式，兼有两者的优点，在现代建筑中应用最为广泛。在住宅建筑中相邻层与层之间还有一种链式接线方式，名为链式，它是树干式的演变，链式接线适用于距离配电盘较远而彼此相距又较近的不重要的小容量用电设备，

三种基本配电方式的比较　　表1.3-1

| 配电形式 | 优点 | 缺点 | 应用 |
| --- | --- | --- | --- |
| 放射式 | 配电线路相对独立，发生故障时因停电而影响的范围较小，供电可靠性较高；配电设备比较集中，便于维修 | 采用的导线较多，有色金属消耗量大多较大，同时也占用较多的低压配电盘回路，从而使配电盘投资增加 | 容量大、负荷集中或重要的用电设备，每台设备的负荷虽不大，但分散布置的设备，需要集中联锁启动或停止的设备等 |
| 树干式 | 不需要在变电所低压侧设置配电盘，使变电所低压侧的结构简单，减少了电气设备的用量，有色金属损耗小，系统灵活性较好 | 某一支线回路故障时，如果发生越级跳闸，或当干线发生故障时，停电范围很大，如果设备同时启动，则干线电流会很大，干线上电压损失较高 | 容量较小、负荷比较集中的用电设备，如民用建筑的照明用电设备等 |
| 环网式 | 接入电源个数不限，可以开环和闭环两种运行状态，闭环运行供电的可靠性较高，电能和电压损失也较小 | 环网供电的继电保护和运行操作较为复杂，若配合不当，容易发生保护误动作，使事故停电范围扩大 | 主要应用于工矿企业、住宅小区、港口和高层建筑等交流10kV配电系统中，在正常情况下，一般不用闭环运行 |

所连接的设备一般不宜超过4台，电流不宜超过20A。由于链式配电只设置一组总的保护，所以可靠性较差，一般多用于三级负荷的住宅建筑照明线路中。

### 2. 配电方式的确定

按照《供配电系统设计规范》GB 50052—2009要求，在确定配电方式时，可参考如下进行：

（1）正常环境建筑物内，大部分用电设备为中小容量，且无特殊要求，宜采用树干式配电。

（2）用电设备为大容量或重要负荷时，或在有特殊要求的建筑物内，宜采用放射式配电。

（3）当部分用电设备距供电点较远，而彼此相距很近、容量很小的次要用电设备，可采用链式配电，但每一回路环链设备不宜超过5台，其总容量不宜超过10kW。容量较小用电设备的插座，采用链式配电时，每一条环链回路的设备数量可适当增加。

（4）在多层建筑物内，由总配电箱至楼层配电箱宜采用树干式配电或分区树干式配电。对于容量较大的集中负荷或重要用电设备，应从配电室以放射式配电，楼层配电箱至用户配电箱应采用放射式配电。

（5）在高层建筑物内，向楼层各配电点供电时，宜采用分区树干式配电，由楼层配电间或竖井内配电箱至用户配电箱的配电，应采取放射式配电。对部分容量较大的集中负荷或重要用电设备，应从变电所低压配电室以放射式配电。

高层建筑低压配电系统配电形式的确定，应满足计量、维护管理、供电安全及可靠性的要求。一般宜将电力和照明分成两个配电系统，事故照明和防火、报警等装置应自成系统。

对于高层建筑中各楼层的照明、风机等均匀分布的负荷，采用分区树干式向各楼层供电。树干式配电分区的层数，可根据用电负荷的性质、密度、管理等条件来确定，对普通高层住宅，可适当扩大分区层数。

消防用电设备应采用单独的供电回路。消防用电设备的两个电源（主电源和备用电源）应在最末一级配电箱处自动切换，自备发电设备应设有自启动装置。事故照明配电线路也要自成系统。事故照明电源必须与工作照明电源分开。

住宅建筑常用低压配电方式见图 1.3-7。

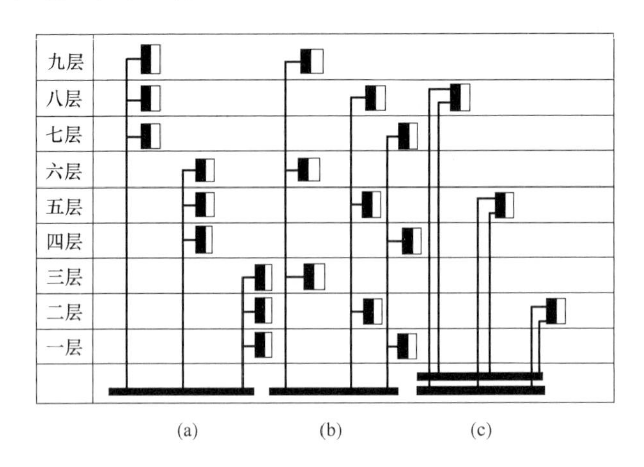


图 1.3-7 住宅建筑常用低压配电方式

（a）单干线；（b）交叉式单干线；（c）双干线

1.3-6 住宅建筑低压配电系统设计

### 1.3.4 技能点—高层建筑低压配电系统设计

以 18 层高层民用住宅建筑为例，设计高层建筑低压配电系统方案，为了使方案具有完整性，这里对供电方案一并进行分析。

1.3-7 高层住宅建筑配电系统

1. 高层住宅建筑用电负荷分析及供电系统的设计

依据《民用建筑电气设计标准》GB 51348—2019 中 3.2.2 条，十八层住宅建筑中用电负荷的等级包括三级和二级负荷，二级负荷主要包括：消防用电设备、电梯、生活水泵、排污泵、风机、应急照明、公共照明等。高层建筑采用高压 10kV 的供电形式，在建筑物内（外）设置变配电所一个，楼内的供电电源采用 220V/380V，从低压配电装置中配出。

由于二级负荷的存在，从系统的可靠性考虑出发，在设计时，供电电源采用两个 220V/380V 的低压电源，通常是一路由电业部门提供的 10kV 经变电所降压供应。另一路使用柴油发电机组、蓄电池组等装置形成自备电源供应。两路电源互为备用，切换的方式和时间由投入控制装置来保证满足设计和运行的要求。按照现行的规范规定，投入控制装置应该设置在距用电设备的最近处，也就是说在供电线路的末端进行切换。

2. 高层住宅建筑计量方式的设计

（1）普通居住用户的电能计量

对于普通居住用户，为了实现电能计量的智能化管理，采用集中计量的方式，本案例中分别在三层、六层、十层和十五层各设置一个集中计量配电箱，计量箱一般安装在楼道或电气竖井等便于管理和维护的地方。如图 1.3-8 中 AL3-1 为安装在三层的集中计量箱，负责一～四层用户的电能计量和分配，普通居住用户采用单相电能表计量。

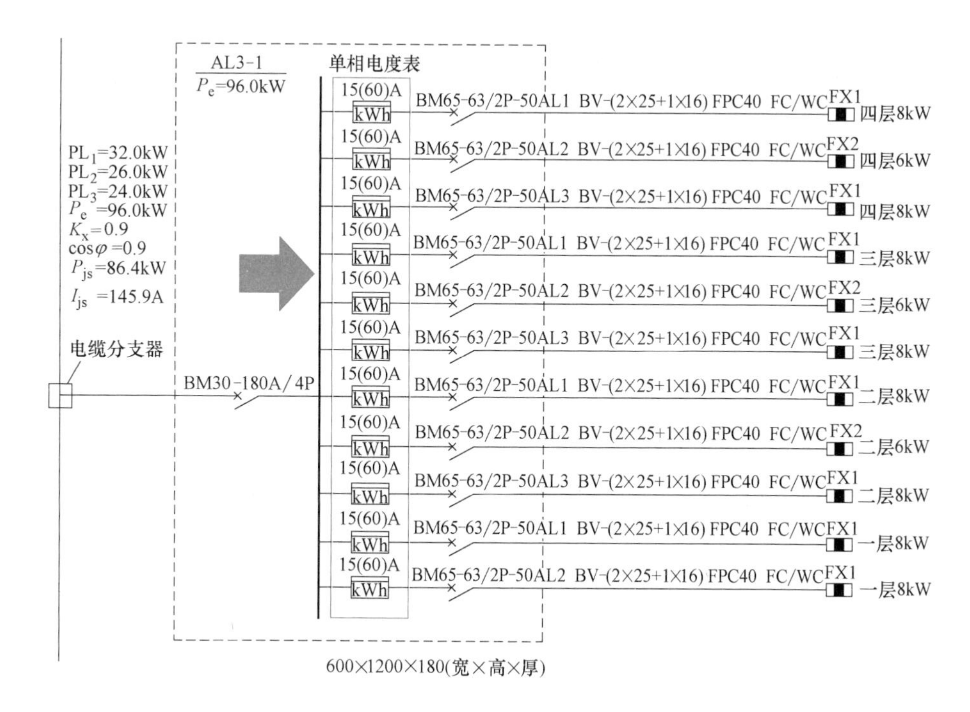


图 1.3-8　高层建筑集中计量箱的设计

（2）商服用户的电能计量

除了普通居住用户外，高层建筑的一～二层通常是商业服务业用房，即商服。商服用电负荷的电能计费标准不同于普通居民用电，应根据商服的用电性质，分别单独安装电能计量装置。商服用电户根据实际情况选用单相或三相电能表计量。如图 1.3-9 所示，可以看出，10kW 用电量较大商服采用三相计量与配电方式。2kW 用电量较小商服采用单相计量与配电方式，并且从一层到二层采用链式配电方式。

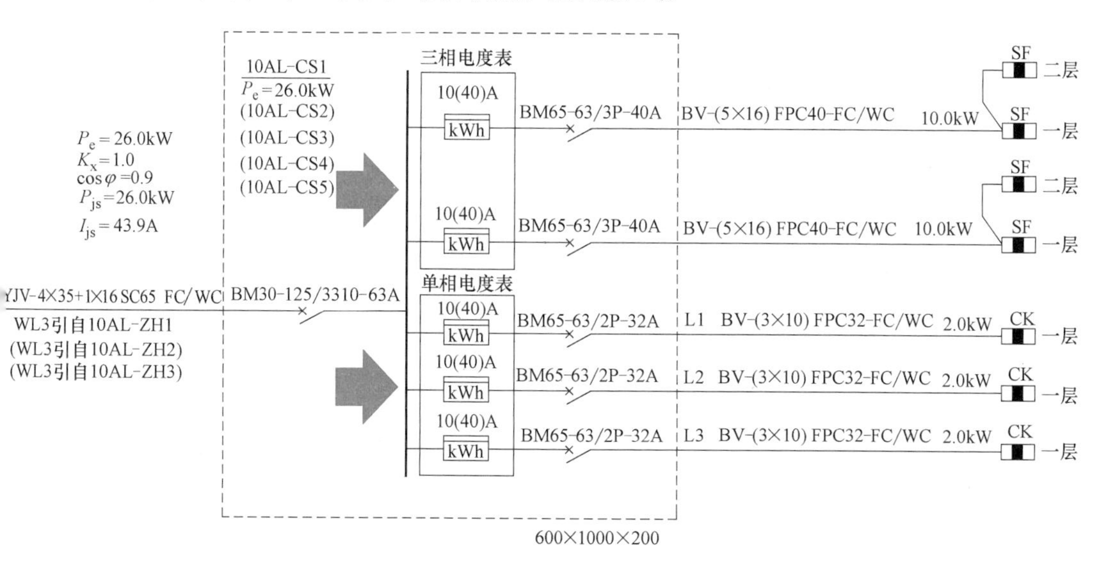


图 1.3-9　商服用户计量配电系统图

(3) 公共用电负荷的电能计量

高层建筑的公共用电负荷采用统一计量方式，如图 1.3-10 所示。图中的电梯、风机、排污泵、应急照明、公共照明等公共用电设备的配电箱装置均接在“1.5 (6) A”的计量箱配出回路，由于进线总电流较大 (275.4A)，因此，在使用电能表时，需接入电流互感器 LM-0.5 (400/5)，将较大的进线电流降低成 5A 以内，便于管理人员安全操作。

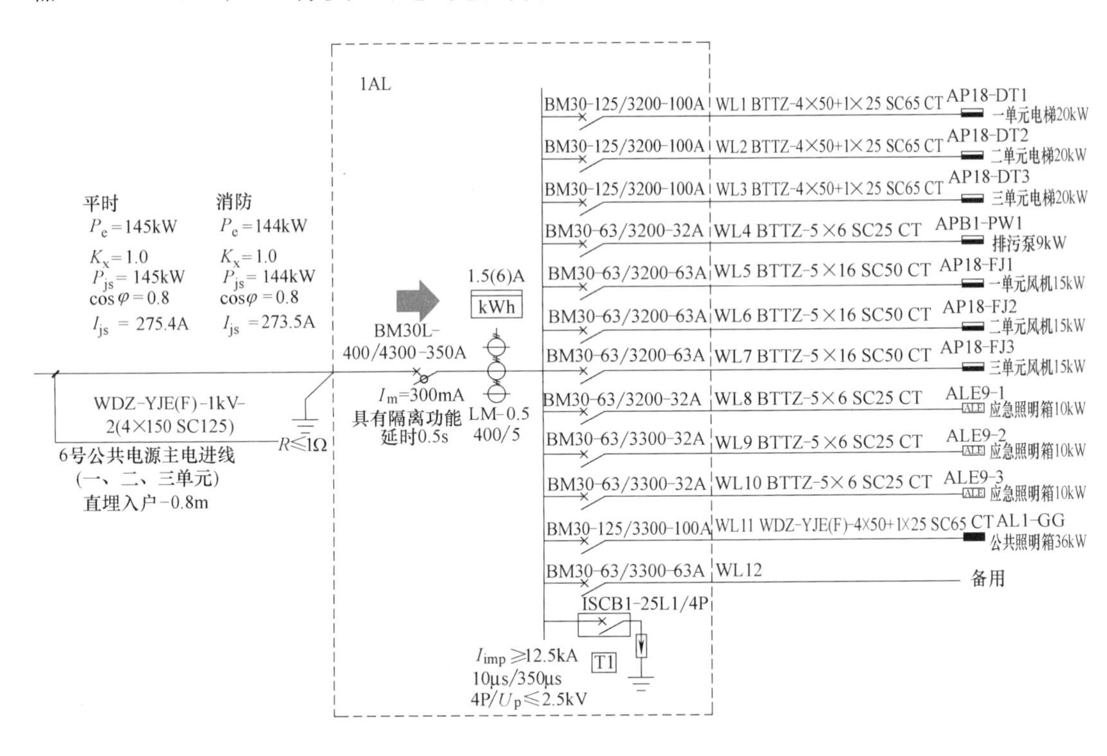


图 1.3-10 高层住宅建筑公共用电负荷的计量方式设计

### 3. 配电方式的设计

本项目为高层住宅建筑，按照《民用建筑电气设计标准》GB 51348—2019 的要求，照明、电力用电负荷应分别自成系统。建筑的垂直供电干线采用预制分支电缆方式引至各集中计量配电箱。住宅用户一般照明和公共照明用电负荷具有用电容量小、负荷集中的特点，因此采用分区树干式或分区树干式与链式相结合的配电方式。动力负荷由于位置相对分散，并且负荷等级为二级负荷，考虑到可靠性的要求，采用放射式配电方式。高层住宅建筑低压配电系统框图如图 1.3-11 所示。

配电方式分析如下：

(1) 放射式配电方式的应用：10kV 变电所低压侧配电，动力配电箱配电，一般照明总配电箱配电等。

(2) 分区树干式配电方式应用：单元配电箱配电，公共照明和应急照明配电箱配电。

(3) 链式配电方式应用：楼层计量配电箱配电，公共照明配电箱配电等。

在形成低压配电系统方案的基础上，绘制供配电系统图，进行负荷计算，完成线缆和电气设备的选择。

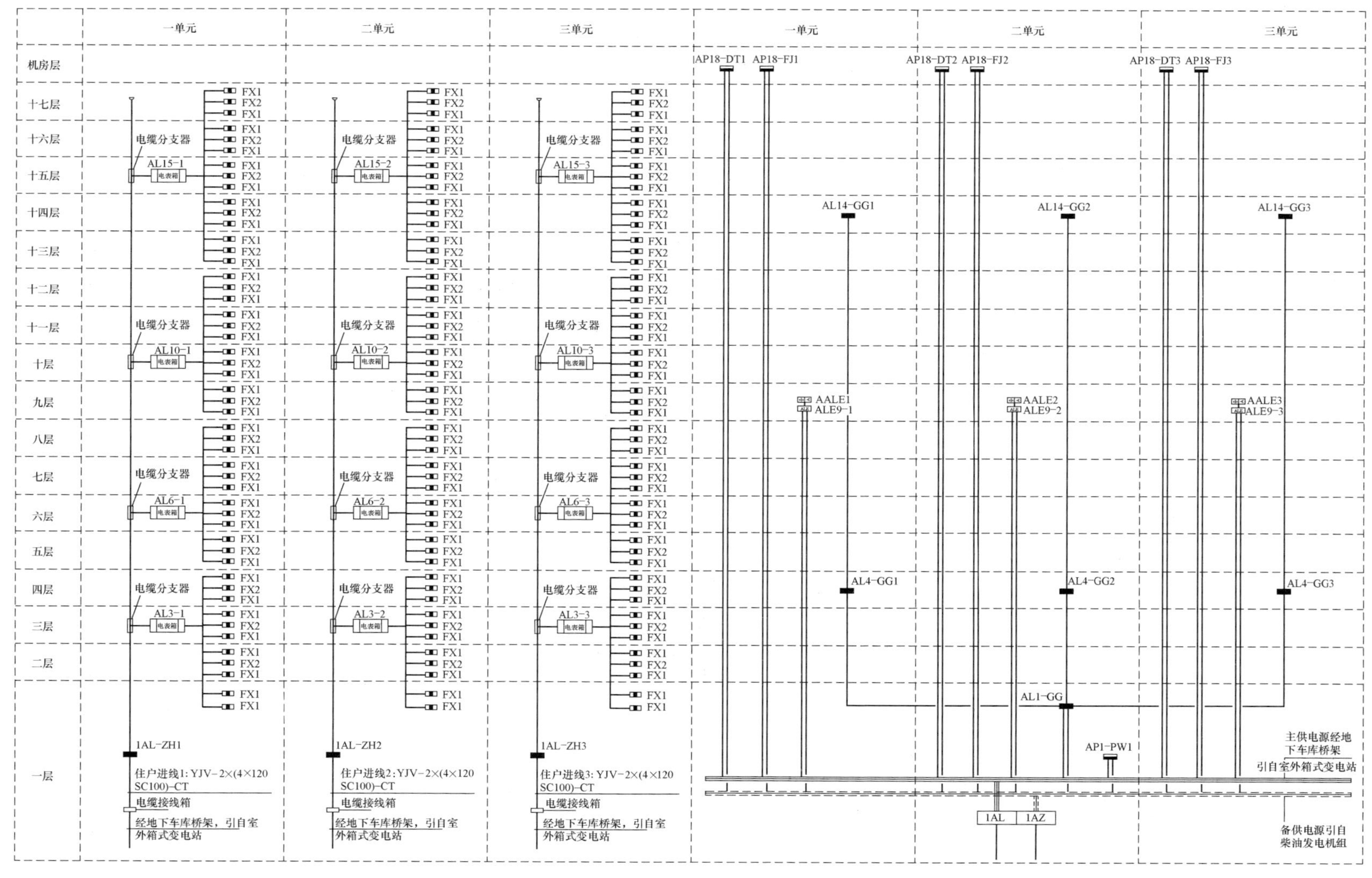


图 1.3-11　高层住宅建筑低压配电系统框图

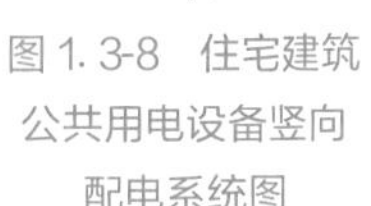

图1.3-8　住宅建筑公共用电设备竖向配电系统图

图1.3-9　住宅建筑一般用电设备总配电柜系统图

图1.3-10　住宅建筑电梯设备配电系统图

图1.3-11　住宅建筑公共照明用电设备配电系统图

图1.3-12　应急照明、风机设备、排污设备配电箱系统图

## 问题思考

1. 在进行配电系统设计时，各级配电装置宜留出______________。
2. 低压配电级数不宜超过________级。
3. 民用建筑配电系统中基本配电方式有________、________和________三种。
4. 在高层住宅建筑中，常用的配电方式有____________________。
5. 功率较大的动力设备宜采用________________配电方式。
6. 若有一个10层住宅建筑，每栋共3个单元，一梯2户，试仿照图1.3-7，画出该住宅建筑的低压配电方式示意图。
7. 结合图1.3-11高层住宅建筑低压配电系统框图，思考：若一～二层是商户而不是普通住宅用户，则低压配电系统框图应该如何修改？画图说明。

## 知识拓展

中国工程建设标准化协会及时组织编写《新型冠状病毒感染的肺炎传染病应急医疗设施设计标准》T/CECS 661—2020，为某特殊工程建设提供建设标准。

在供电方案设计上，突出可靠、高效的理念。某医院属于新建医院，采用2路10kV市政电源，病房区采用两台630kVA室外箱式变压器加一台630kVA（500kW）室外箱式柴油发电机组构成一组主、备供电设施。某医院由原武汉军运会食堂及停车场新建、改建，采用4路10kV市政电源，病房区、医技区、医疗工艺区均采用两台630kVA室外箱式变压器加一台630kVA（500kW）室外箱式柴油发电机组构成一组主、备供电设施，柴油发电机组与其中一台变压器在母线侧自动切换。主、备供电设施的组合，能确保主电源故障失电后，自动启动柴油发电机组，15秒内为所有末端互投应急配电箱提供应急备用电源，对于恢复供电时间不大于0.5秒的重要医疗设备和场所配置在线式UPS电源保证不间断供电，系统配置简单高效。

在配电系统设计上，充分考虑安全、高效、增容的需求。低压配电系统中干线均直接引自室外供电设施，除病房用电采用二级配电至病房末端箱外，其余照明、插座、空调、医疗设备等均由集中设置在清洁区电气间的二级总箱放射式供电；医技区配电按照医疗场所、负荷种类及负荷等级的原则放射式配电，减少了三级配电箱的设置，即减少了三级配电故障点。配电干线系统简练，便于集中管理，避免不同场所、不同种类、不同重要性负荷的相互干扰，同时，也兼顾同类负荷的集中管理及不同区域的分散独立控制。

某项目的供配电方案设计，凸显了供配电系统的安全可靠和建设的高效快速，凝聚了建筑电气人从设计到施工的智慧和力量，彰显让世界惊叹的“中国速度”，体现创新、奋斗和团结的中国精神。

# 任务1.4 供配电系统图的识读与绘制

供配电系统图是一种用“单线制”表示的电路示意图，用以表达建筑供配电系统的供电和配电方案，是建筑电气工程图中重要的组成部分。供配电系统图是建筑电气工程设计的主要成果，更是指导建筑电气施工、监理、验收等工作的重要工程文件。

供配电系统图表达的内容包括：供电方式，前后级配电箱的配电形式，各级配电箱的用途和规格，各回路编号、用途及用电情况，各级线缆类型、规格、根数、敷设方式和敷设部位，各回路开关及保护设备的类型和规格，各级配电箱负荷计算及总负荷计算，均衡配相情况等。

【教学目标】

| 知识目标 | 能力目标 | 素养目标 | 思政目标 |
| --- | --- | --- | --- |
| 1. 掌握阅读供配电系统图的基础知识；<br>2. 掌握供配电系统图的绘制规则及步骤。 | 1. 能识读供配电系统图；<br>2. 能绘制供配电系统图。 | 1. 养成依据规范设计的习惯；<br>2. 增强和提高学习者的空间想象能力和空间逻辑思维能力。 | 1. 培养电气安全意识，提升社会责任感；<br>2. 培养工匠精神，增强职业荣誉感；<br>3. 激发求知欲望，提升服务社会本领。 |

思维导图1.4 供配电系统图的识读与绘制

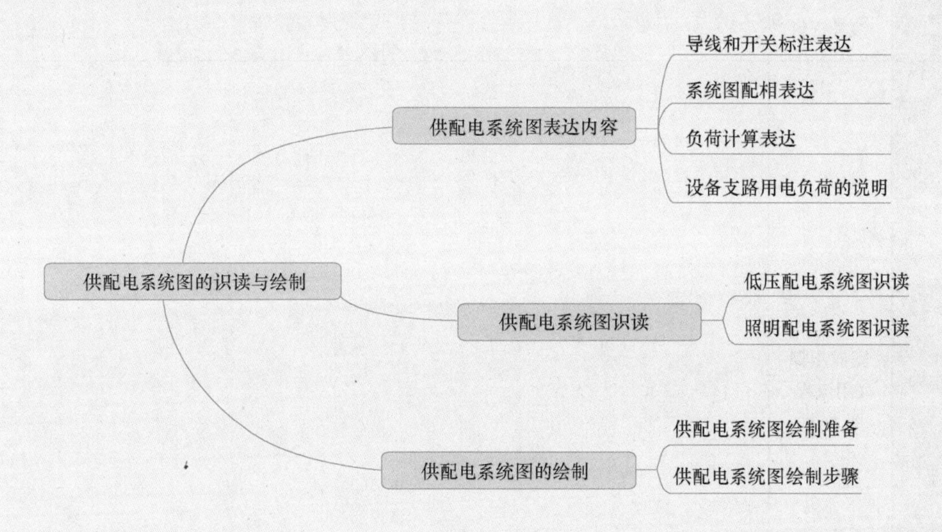

# 学生任务单 1.4 供配电系统图的识读与绘制

| 任务名称 | 供配电系统图的识读与绘制 | | |
| --- | --- | --- | --- |
| 学生姓名 | | 班级学号 | |
| 同组成员 | | | |
| 负责任务 | | | |
| 完成日期 | | 完成效果 | |

<table>
<tr><td colspan="3">任务描述</td><td colspan="3">在普通住宅建筑中，每户都有一个配电箱(分户箱)，请设计每户供配电系统。<br>设计任务：(1)画出每户住宅分户箱系统框图，确定进出线满足用户需求；<br>(2)选择合适的导线、开关种类和型号；<br>(3)对线路和设备规格、敷设方式等消息进行标注。</td></tr>
<tr><td rowspan="7">课前</td><td rowspan="7">自主探学</td><td rowspan="6">任务分工</td><td colspan="3">□ 合作完成 □ 独立完成</td></tr>
<tr><td>任务明细</td><td>完成人</td><td>完成时间</td></tr>
<tr><td></td><td></td><td></td></tr>
<tr><td></td><td></td><td></td></tr>
<tr><td></td><td></td><td></td></tr>
<tr><td></td><td></td><td></td></tr>
<tr><td>参考资料</td><td colspan="3"></td></tr>
<tr><td>课中</td><td>互动研学</td><td>完成步骤(用流程图表达)</td><td colspan="3"></td></tr>
</table>

<table>
<tr><td rowspan="15">课中</td><td colspan="2">本人任务</td><td colspan="6"></td></tr>
<tr><td colspan="2">角色扮演</td><td colspan="6">□有角色 ________________ □无角色</td></tr>
<tr><td colspan="2">岗位职责</td><td colspan="6"></td></tr>
<tr><td colspan="2">提交成果</td><td colspan="6"></td></tr>
<tr><td rowspan="8">任务实施</td><td rowspan="5">完成步骤</td><td>第1步</td><td colspan="5"></td></tr>
<tr><td>第2步</td><td colspan="5"></td></tr>
<tr><td>第3步</td><td colspan="5"></td></tr>
<tr><td>第4步</td><td colspan="5"></td></tr>
<tr><td>第5步</td><td colspan="5"></td></tr>
<tr><td>问题求助</td><td colspan="6"></td></tr>
<tr><td>难点解决</td><td colspan="6"></td></tr>
<tr><td>重点记录</td><td colspan="6"></td></tr>
<tr><td rowspan="2">学习反思</td><td>不足之处</td><td colspan="6"></td></tr>
<tr><td>待解问题</td><td colspan="6"></td></tr>
<tr><td>课后</td><td>拓展学习</td><td>能力进阶</td><td colspan="6">1. 请自行查阅相关规范标准，说明识读和绘制系统图的过程中，用到了哪些相关规范；<br>2. 请查阅建筑弱电系统的系统图，试说明与强电系统图的区别与联系。</td></tr>
<tr><td colspan="2" rowspan="5">过程评价</td><td rowspan="2">自我评价（5分）</td><td>课前学习</td><td>时间观念</td><td>实施方法</td><td>职业素养</td><td>成果质量</td><td>分值</td></tr>
<tr><td></td><td></td><td></td><td></td><td></td><td></td></tr>
<tr><td rowspan="2">小组评价（5分）</td><td>任务承担</td><td>时间观念</td><td>团队合作</td><td>能力素养</td><td>成果质量</td><td>分值</td></tr>
<tr><td></td><td></td><td></td><td></td><td></td><td></td></tr>
<tr><td>综合打分</td><td colspan="6">自我评价分值＋小组评价分值：</td></tr>
</table>

# 知识与技能 1.4 供配电系统图的识读与绘制

## 1.4.1 知识点—供配电系统图表达内容

1.4-1 任务课件

低压供配电系统图以工程图的方式表达建筑各级配电箱的电能分配路径和配电箱的进、出线供电回路断路器等设备的技术参数，以线路标注的格式提供进、出线供电回路的规格和敷设方式等信息。其表达的内容包括：供电方式，前后级配电箱的配电形式，各级配电箱的用途和规格，各回路编号、用途及用电情况，各级线缆类型、规格、根数、敷设方式和敷设部位，各回路开关及保护设备的类型和规格，各级配电箱负荷计算及总负荷计算，均衡配相情况等。

### 1. 导线和开关标注表达

配电箱的进、出导线和断路器的技术参数，以线路和断路器标注的形式提供进、出线供电回路的规格和敷设方式等信息，如图 1.4-1 和图 1.4-2 所示。

图 1.4-1 导线标注

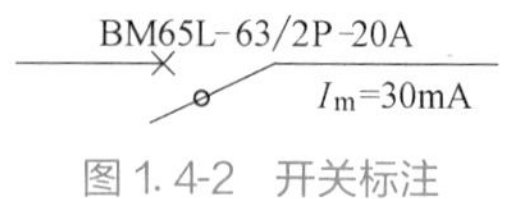


图 1.4-2 开关标注

### 2. 系统图配相表达

在建筑供配电系统中，由于存在大量单相用电设备，这样的用电设备接于电网上，如安排不合理就会造成三相电流不平衡。不平衡的电流将在系统各相中产生不同的电压降落，导致电网电压三相不平衡。所以必须在电能分配路径上尽量保持三相平衡，把 L1、L2、L3 三根相线依次分配到各个单相用电负荷，如图 1.4-3 所示。

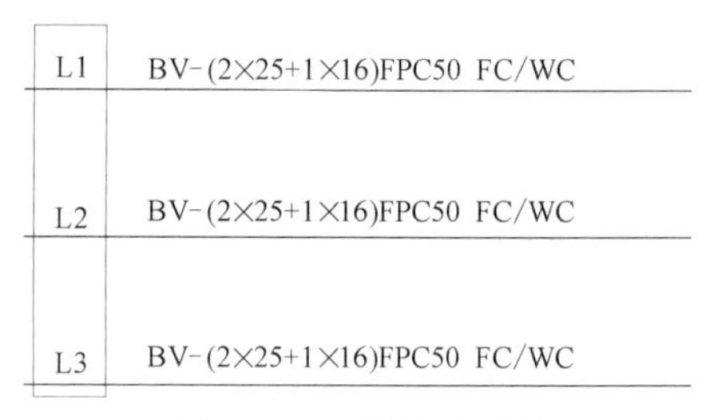


图 1.4-3 系统图配相表达

### 3. 负荷计算表达

在系统图中，还需要有负荷计算的表达。通过负荷计算，得到计算电流，这是进行导线和设备选择的重要基础。系统图中负荷计算表达如图 1.4-4 所示。

### 4. 设备支路用电负荷的说明

系统图中，出线的最末端设备支路通常要说明线路负荷的性质用途以及功率等信息，如图 1.4-5 所示，这也是为负荷计算中统计设备负荷做准备。

$P_e$=8.0kW

$K_x$=1

$\cos\varphi$=0.9

$P_{js}$=8.0kW

$I_{js}$=13.5A

图 1.4-4 系统图中负荷计算表达

1.0kW 插座

1.0kW 插座

1.0kW 轿厢照明

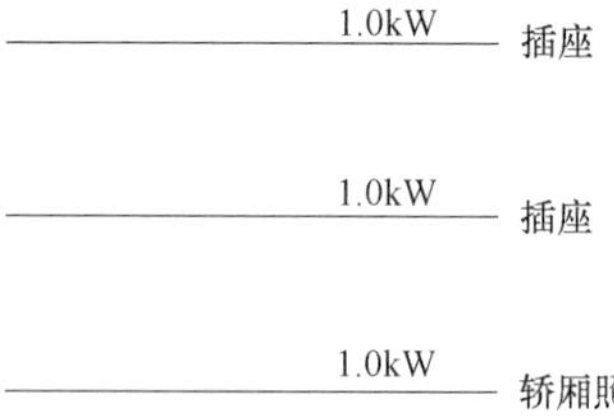

图 1.4-5 系统图中设备支路用电负荷的说明

## 1.4.2 技能点—供配电系统图识读

### 1. 低压配电系统图识读

表达建筑内的动力负荷配电关系的配电系统图称为动力系统图，为照明负荷配电的称为照明系统图。下面以图 1.4-6 为例，讲解低压配电系统图的识读。

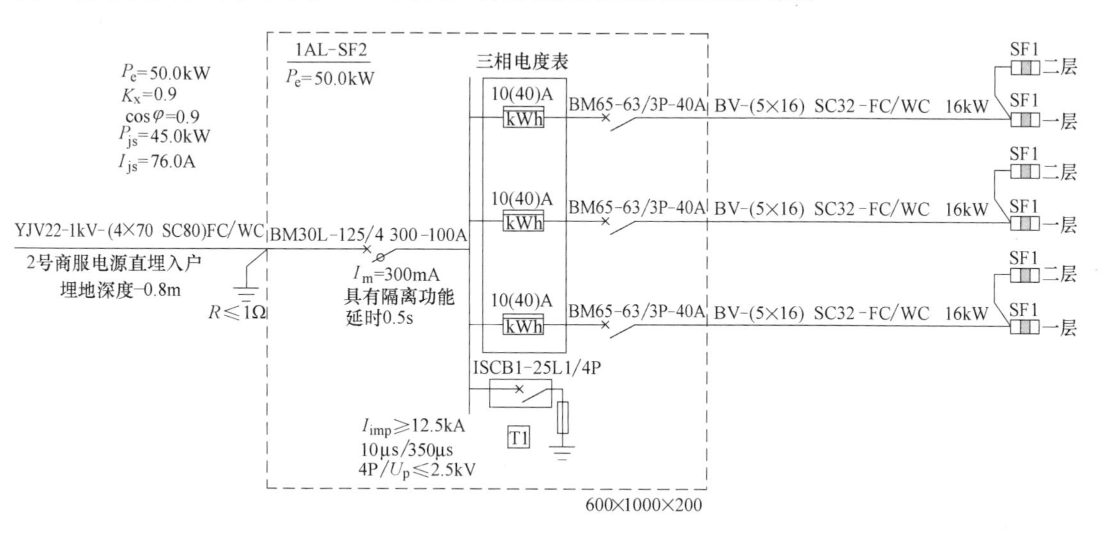


图 1.4-6　低压配电系统图案例

虚线框表示配电箱外框，虚线框内的符号和标注表达了配电箱的内部组成，虚线框左侧为配电箱进线，右侧为配电箱出线。本案例是商户一般照明配电箱，为三级负荷，为便于讲解，把图纸分为几部分分别识读。

（1）配电箱进线部分识图

图 1.4-7 是某配电箱进线部分，下面对其进行分析解读：

1）配电箱编号。配电箱编号应与平面图中的保持一致。其容量（设备功率）应标注于配电箱名称下方，容量为每条出线回路的用电容量相加而得，此配电箱编号为“1AL-SF2”，容量为 50kW。

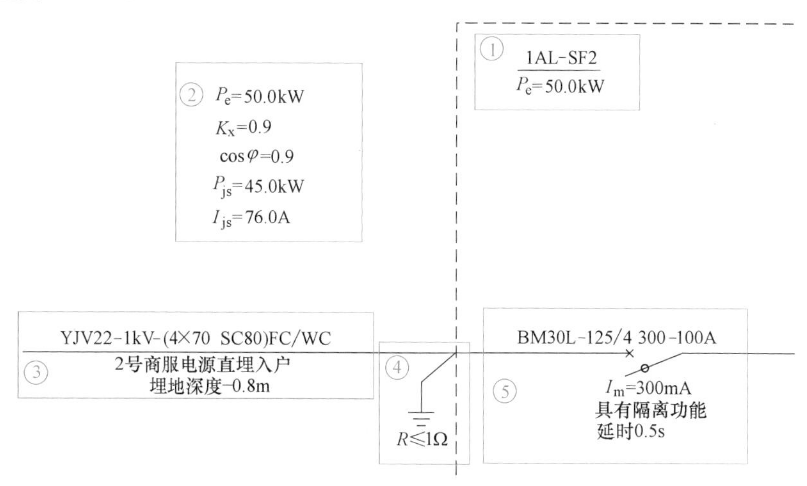


图 1.4-7　低压配电系统图案例（配电箱进线部分）

2）负荷计算。根据工程中已知负荷，需要系数和功率因数，采用了需要系数法计算出计算功率 $P_{js}$ 和计算电流 $I_{js}$，进而根据 $I_{js}$ 选择线型与断路器等。详细计算过程见后续章节。

3）电路进线。“YJV22-1kV-(4×70 SC80）FC/WC”代表了进线的参数。YJV22代表铜芯交联聚乙烯绝缘聚氯乙烯护套钢带铠装电力电缆，1kV代表电压等级1kV，4×70、SC80代表4根70mm$^2$的铜芯电缆穿直径为80mm的焊接钢管，FC/WC代表暗敷在地面或墙面内。“$I_m$=300mA”代表漏电动作电流为300mA。

4）接地线。保护接地线和配电箱连接并引入地下，接地电阻小于等于1Ω。由此可判断接地采用TN-C-S系统。

5）断路器。“BM30L-125/4 300-100A”为厂家编制的断路器型号参数。BM30L代表北元公司带剩余电流保护功能的塑壳三相断路器，125/4 300-100A代表断路器的壳架电流125A，开关为4极复合脱扣器，无附件，分断电流100A。注意根据厂家不同，断路器型号标注方式存在不同，但基本数据是一样的。

（2）配电箱出线部分识图

图1.4-8是某配电箱出线部分，下面对其进行分析解读：

1）三相电度表。图中采用电度表直接串接于线路中，对各个商户进行分别计量，当通断电流较大时，应采用互感线圈配合电度表的方式。需要说明的是，不是每个配电箱内都必须设置电度表，如，高层住宅用户配电箱内无电度表，用户电度表通常集中安装在电表箱内。电度表的安装是根据其计量要求来确定的，应根据标准及业主方的需求进行设计。

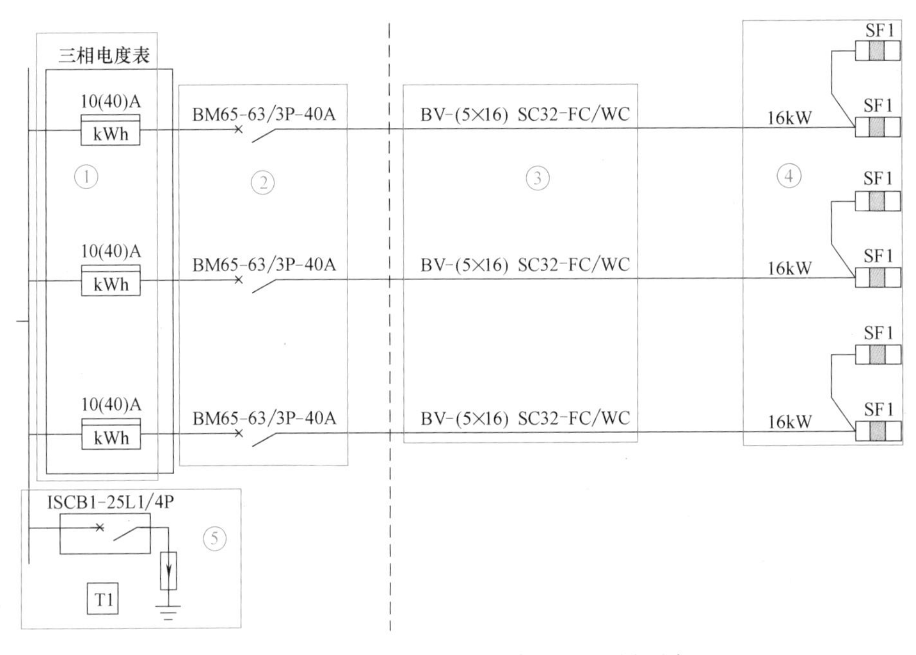


图1.4-8 低压配电系统图案例（配电箱出线部分）

2）断路器。“BM65-63/3P-40A”代表北元公司BM65系列三极断路器，壳架电流63A，额定电流40A。

3）电路进线。“BV-(5×16) SC32-FC/WC”代表5根16mm$^2$的铜芯聚氯乙烯绝缘布电线穿直径为32mm的焊接钢管，暗敷在地面或墙面内。

4）负载。配电箱下一级负载为名为“SF1”的商服分支配电箱，每条线路带两个，分别为商户的一层和二层配电，每个容量为 8kW。为了保证系统的三相平衡，3 根相线所带电量应基本相同。故配电箱中的单相回路应尽量使每条相线上的电量相等，确保三相平衡，进而保证整个供电系统的三相平衡。

5）浪涌保护器。浪涌保护器，也叫防雷器，是保护配电箱不受雷电或其他瞬时过压的电涌影响的防护电器。其主要应用于配电箱、配电箱相关进出线电缆位于室外的配电箱以及为弱电设备或精密设备供电的配电箱。在同一工程中，一般照明配电箱、应急照明配电箱、动力配电箱均使用相同标准的浪涌保护器。其型号标注及画法可参看厂家样本。

2. 照明配电系统图识读

这里以分户箱“SF1”为例识读照明配电系统图。根据图 1.4-6 可知，“1AL-SF2”为住宅楼一个单元的配电箱，“SF1”为此单元每户商户的配电箱，有上下级关系，所以选择断路器的时候要注意选择性。

如图 1.4-9 所示，进线导线规格为 BV-(5×16) SC32-FC/WC，SF1 配电箱进线断路器规格为 BM65，额定电流 25A，3 极开关。由该配电箱引出 5 条配电回路，为该户的用电负荷供电，并保留 2 个备用出线回路，在 SF1 配电箱的系统图中标注了出线回路的导线规格、敷设方式和线路编号、出线断路器的规格与参数等信息，识读方法同低压配电系统，这里不再赘述。配电箱为照明、普通插座、空调插座供电，需要将负荷均匀地分配在各相回路中，在系统图中“W1”至“W5”代表了各出线回路的编号，与平面图对应。出线回路的数量根据负荷的位置和供电要求等因素决定。

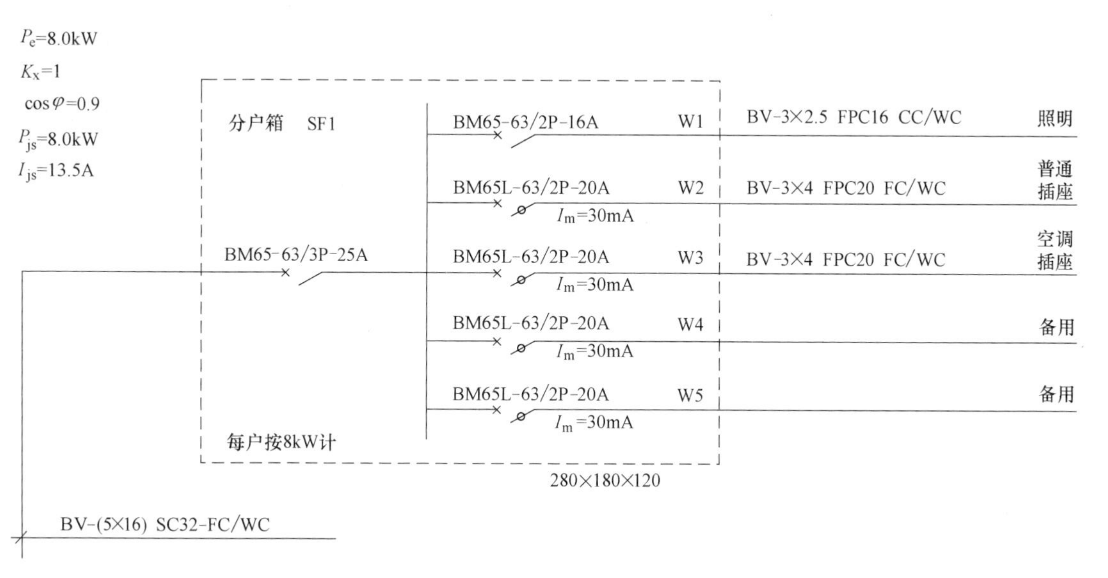


图 1.4-9　照明配电箱

## 1.4.3　技能点—供配电系统图的绘制

建筑内各级配电箱都应有相应的配电系统图。电气工程图中通常将配电箱用字符和数字进行编号，对配电形式和技术参数完全相同的配电箱可以用相同的编号和相同的配电系统图描述，配电箱的位置则可在电气平面图中表示，因而需要结合配电系统图和电气平面图才能表达配电箱的位置和电气连接关系。另外，低压配电系统图通常只表达配电箱内的电能分配路径和设备参数，一个配电箱与其前级配电系统、后级配电系统的电气连接关系通常不用单线连接，而是用字符标识表示，以保持图面的整洁。这些都是电气系统图抽象性的具体体现，在绘制或阅读电气工程图时，应理解和合理应用这些表示方法。

电气工程实践中，不希望导线的规格和配电系统设备的规格太多，对计算负荷相差不大的配电系统，特别是末端配电系统，应尽量在满足开关设备的脱扣电流和导线允许载流量的配合前提下，选用相同规格的导线和配电系统。由于负荷计算过程是近似计算过程，工程实践中，不需要将注意力放在负荷计算的准确度要求上，应更多地从概念上领会设备和导线选择的原则和规范要求。

1. 供配电系统图绘制准备

(1) 收集原始资料

1) 熟悉建筑的平面、立面和剖面图

了解该建筑及邻近建筑物的概况、建筑层高、楼板厚度、地面、楼面、墙体做法，熟悉主次梁、结构柱、过梁的结构布置及所在轴线的位置，熟悉屋顶有无设备间、水箱间等。

2) 全面了解该建筑的建设规模、工艺、建筑构造和总平面布置情况。

3) 向当地供电部门调查电力系统的情况，了解该建筑供电电源的供电方式、供电的电压等级、电源的回路数、对功率因数的要求、电费收取方法、电能表如何设置等情况。

4) 向建筑单位及有关专业人员了解工艺设备布置图和室内布置图。

5) 向建设单位了解建设标准。

(2) 照明系统供电要求

1) 照明负荷应根据中断供电可能造成的影响及损失，合理地确定负荷等级，并应正确地选择供电方案。

2) 当电压出现偏差或波动，不能保证照明质量或光源寿命时，在技术经济合理的条件下，可采用有载自动调压电力变压器、调压器或照明专用变压器供电。

3) 备用照明应由两路电源或两回路供电，当采用两路高压电源供电时，备用照明的供电干线应接自不同的变压器。

4) 当设有自备发电机组时，备用照明的一路电源应接自发电机作为专用回路供电，另一路可接自正常照明电源。

5) 如为两台以上变压器供电时，应接自不同的母线干线上。

6) 在重要场所应设置带有蓄电池的应急照明灯或用蓄电池组供电的备用照明，作为发电机组投运前过渡期间的使用。

7) 当采用两路低压电源供电时，备用照明的供电应从两段低压配电干线分别接引。

8) 当供电条件不具备两个电源或两回线路时，备用电源宜采用蓄电池组或带有蓄电池的应急照明灯。

9) 备用照明作为正常照明的一部分同时使用时，其配电线路及控制开关应分开装设。备用照明仅在事故情况下使用时，则当正常照明因故断电，备用照明应自动投入工作。

10) 当疏散照明采用带有蓄电池的应急照明灯时，正常供电电源可接自本层分配电盘的专用回路上，或接自本层的防灾专用配电盘。

(3) 确定照明供电方式

一般工作场所的照明负荷可由一个单变压器的变电所供电，即照明与电力共用变压器。

较重要的工作场所多采用两台变压器的供电方式。重要的工作场所多采用双变压器的供电方式，且两个电源是独立的。特别重要的工作场所除采用两路独立电源外，最好另设第三个独立电源。如设自启动发电机作为第三独立电源，也可设蓄电池组或UPS等作为第三独立电源。

（4）确定配电系统

照明供配电网络主要由馈电线、干线和分支线组成。馈电线是将电能从变电所低压配电屏送至照明配电盘的线路，对于无变电所的建筑物，其馈电线多指进户线，是由进户点到室内总配电箱的一段导线。

干线是将电能从总配电箱送至各个照明分配电箱的线路，该段线路通常被称为供电线路。分支线是将电能从分配电箱送至每一个照明负荷的线路，该段线路通常被称为配电线路。

（5）进行负荷计算

对于一般工程，可采用单位面积耗电量法进行估算。根据工程的性质和要求，查有关手册选取照明装置单位面积的耗电量，再乘以相应的面积即可得到所需要照明供电负荷的估算值。如需进行准确计算，则应根据实际安装或设计负荷汇总，并考虑一定的照明负荷同时系数，即利用需要系数法来确定照明计算负荷，以供电流计算之用。

### 2. 供配电系统图绘制步骤

（1）绘制进线线路：包括进线导线，进线保护电器、互感器等的绘制。

（2）绘制出线线路：包括进线导线，进线保护电器、计量电器、下级负荷等的绘制。

（3）标注：对导线型号、电器型号等进线文字标注。

（4）计算：根据负荷统计和需要系数、功率因数进线负荷计算。

## 问题思考

某住宅建筑末端用户配电箱系统图如图1.4-10所示，按照下面的要求进行系统图分析：

1. 说明配电箱进线回路与配出回路线缆的规格与敷设情况；
2. 分析该配电箱是单相供电还是三相供电？为什么？
3. 分析配电箱进线开关的额定电流为多少？与负荷计算标注中的哪个值有关系？
4. 分析进线开关中“2P”是什么意思？
5. 从图中总结一般情况下，住宅用户照明回路和插座回路断路器规格选多大？

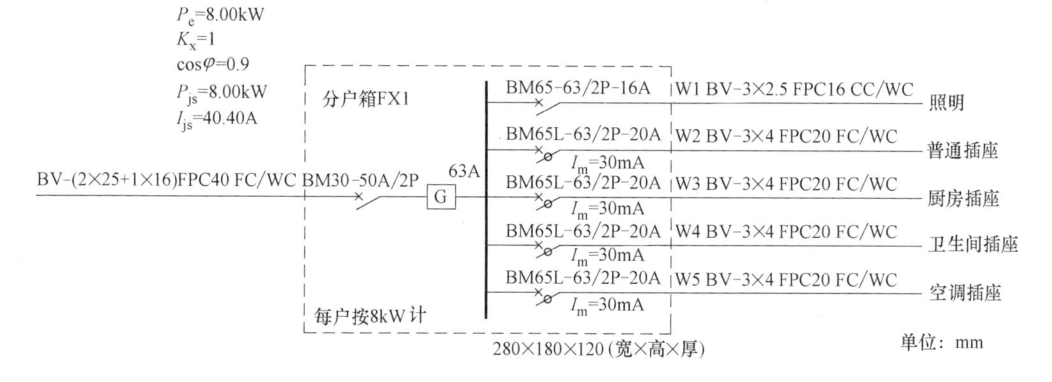


图1.4-10　思考题图

## 知识拓展

建筑电气设计除完成供配电系统设计外，对建筑包含的其他电气系统也是建筑电气设计的范畴。建筑中最常见的其他电气系统有建筑火灾自动报警系统、有线电视系统、电话与网络信息系统，还有建筑安防系统、建筑设备自动化系统等，这些系统以信息传输与控制为主，通常也称为建筑智能化系统。对这些系统，也应提供相应的电气系统图、电气平面图等工程设计图纸。建筑弱电系统的系统图以表达其网络结构为主要目的，绘制建筑弱电系统图也要建立在对系统的功能与设备深入认识的基础上，表达的方式基本上仍然是采用图例、标注进行说明，采用单线方式绘制。

## 拓展学习资源

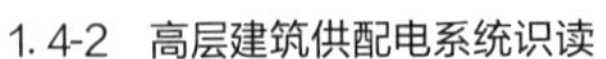

1.4-2　高层建筑供配电系统识读

1.4-3　住宅楼系统图

1.4-4　住宅楼系统图分析

# 项目 2

# 室内照明工程设计与识图

电气照明要求采用照明设备将电能等转化为光能，以光照射的方式，满足人类视觉条件的要求。要营造良好的照明视觉效果，不仅需要为照明设备提供电能和控制方式，还要考虑照明光源特点、建筑空间形状和使用功能要求，考虑照明的装饰性、艺术性效果，考虑照明效果对人类的心理和生理的影响，因而，照明不仅涉及电气技术和光学，还涉及建筑学、美学，甚至生理学、心理学等领域。要真正实现良好的照明效果并不简单，需要具有广博的知识。本项目仅从建筑电气设计的角度，对建筑电气照明的基本知识、基本要求和基本设计方法进行讨论。

【教学载体】 某办公建筑照明工程

【建议学时】 20～22 学时

【相关规范与手册】

《建筑照明设计标准》 GB 50034—2013

《消防应急照明和疏散指示系统技术标准》 GB 51309—2018

《民用建筑电气设计标准》 GB 51348—2019

《公共建筑节能设计标准》 GB 50189—2015

《建筑设计防火规范（2018 年版）》 GB 50016—2014

《照明设计手册》（第三版）

# 任务 2.1 照明工程基础认知

光学是照明的基础，要进行建筑电气照明设计或施工，需要对照明的基本概念和基本知识有起码的了解，本任务主要介绍照明常用的光度量单位、照明的方式、照明种类等基础知识。

【教学目标】

| 知识目标 | 能力目标 | 素养目标 | 思政目标 |
|---|---|---|---|
| 1. 理解光通量、发光强度、亮度等光度量单位；<br>2. 熟悉建筑物常见照明的方式和种类；<br>3. 掌握照明工程照明质量要求。 | 1. 能正确选择照度要求；<br>2. 能准确判断常见建筑照明方式和种类；<br>3. 能判断照明工程质量是否符合规范要求。 | 1. 持有自主学习方法；<br>2. 养成依据规范设计的习惯；<br>3. 具备将“四新”应用于设计的意识；<br>4. 具备节能设计理念。 | 1. 培养照明质量辨识能力，提升社会责任感；<br>2. 培养节能意识，助创节约型社会，增强职业荣誉感；<br>3. 激发求知欲望，提升服务社会本领。 |

思维导图 2.1　照明工程基础认知

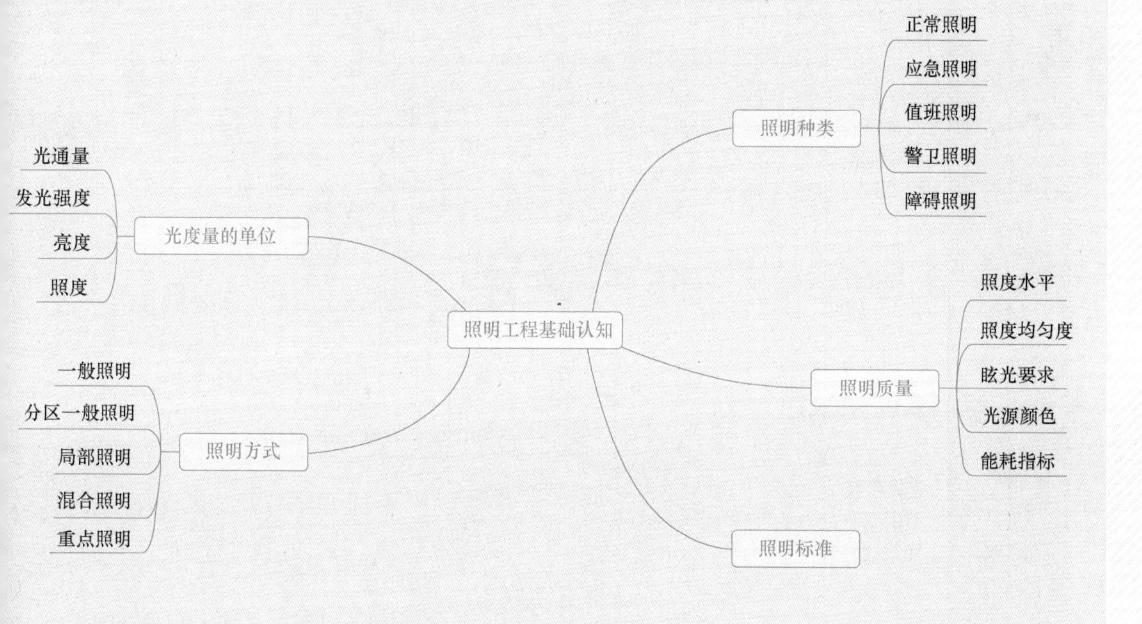

# 学生任务单 2.1 照明工程基础认知

| 任务名称 | 照明工程基础认知 | | |
| --- | --- | --- | --- |
| 学生姓名 | | 班级学号 | |
| 同组成员 | | | |
| 负责任务 | | | |
| 完成日期 | | 完成效果 | |

<table>
<tr><td colspan="3">任务描述</td><td colspan="3">请实地考察我们的教学楼，试着解决以下任务：<br>(1)采用了何种照明方式？<br>(2)具有哪些种类的照明？<br>(3)教室、走廊、卫生间等房间的照明标准各是多少？<br>(4)教室的照明质量有什么要求？</td></tr>
<tr><td rowspan="7">课前</td><td rowspan="7">自主探学</td><td rowspan="6">任务分工</td><td colspan="3">□ 合作完成　　□ 独立完成</td></tr>
<tr><td>任务明细</td><td>完成人</td><td>完成时间</td></tr>
<tr><td></td><td></td><td></td></tr>
<tr><td></td><td></td><td></td></tr>
<tr><td></td><td></td><td></td></tr>
<tr><td></td><td></td><td></td></tr>
<tr><td>参考资料</td><td colspan="3"></td></tr>
<tr><td>课中</td><td>互动研学</td><td>完成步骤<br>(用流程图表达)</td><td colspan="3"></td></tr>
</table>

<table>
<tr><td rowspan="14">课中</td><td colspan="2">本人任务</td><td colspan="6"></td></tr>
<tr><td colspan="2">角色扮演</td><td colspan="6">□有角色 ______________ □无角色</td></tr>
<tr><td colspan="2">岗位职责</td><td colspan="6"></td></tr>
<tr><td colspan="2">提交成果</td><td colspan="6"></td></tr>
<tr><td rowspan="8">任务实施</td><td rowspan="5">完成步骤</td><td colspan="2">第 1 步</td><td colspan="4"></td></tr>
<tr><td colspan="2">第 2 步</td><td colspan="4"></td></tr>
<tr><td colspan="2">第 3 步</td><td colspan="4"></td></tr>
<tr><td colspan="2">第 4 步</td><td colspan="4"></td></tr>
<tr><td colspan="2">第 5 步</td><td colspan="4"></td></tr>
<tr><td>问题求助</td><td colspan="6"></td></tr>
<tr><td>难点解决</td><td colspan="6"></td></tr>
<tr><td>重点记录</td><td colspan="6"></td></tr>
<tr><td rowspan="2">学习反思</td><td>不足之处</td><td colspan="6"></td></tr>
<tr><td>待解问题</td><td colspan="6"></td></tr>
<tr><td>课后</td><td>拓展学习</td><td>能力进阶</td><td colspan="6">请查阅资料，谈谈你对照明设计发展趋势的展望。</td></tr>
<tr><td colspan="2" rowspan="5">过程评价</td><td rowspan="2">自我评价<br>（5 分）</td><td>课前学习</td><td>时间观念</td><td>实施方法</td><td>职业素养</td><td>成果质量</td><td>分值</td></tr>
<tr><td></td><td></td><td></td><td></td><td></td><td></td></tr>
<tr><td rowspan="2">小组评价<br>（5 分）</td><td>任务承担</td><td>时间观念</td><td>团队合作</td><td>能力素养</td><td>成果质量</td><td>分值</td></tr>
<tr><td></td><td></td><td></td><td></td><td></td><td></td></tr>
<tr><td>综合打分</td><td colspan="6">自我评价分值＋小组评价分值：</td></tr>
</table>

# 知识与技能 2.1 照明工程基础认知

2.1-1 光的度量单位课件

2.1-2 光的度量单位视频

## 2.1.1 知识点—光度量的单位

电气照明中，常用光度量单位有光通量、发光强度、亮度、照度等。

1. 光通量

光源在单位时间内发射出的光辐射能量的大小称为光源的光通量。光通量用 $\Phi$ 表示，其单位是“lm”，读作“流明”。

光通量是人的视觉器官对光的一种评价，我们常说的某种光源亮、某种光源暗，所指的就是光通量的大和小，或者认为较亮的光源发出的光通量多、较暗的光源发出的光通量少。对于某种光源来说，光通量表示了光源的发光能力。例如，40W 的白炽灯的光通量约 340lm，40W 的白炽灯的光通量约 1800lm，40W 的 LED 节能灯的光通量约 3600lm。

2. 发光强度

光源在某一特定方向上一个单位立体角内所发出光通量的大小称为光源的发光强度，简称光强。光强用 $I$ 表示，其单位是“cd”，读作“坎德拉”。

由于发光体形状不同，它在空间的不同范围内所辐射的光通量不一定是相同的，这就产生了不均匀的光通量分布，为了表示这种情况，用光强表示发光体发出的光通量在空间单位角度内的密度。可见光通量和发光强度都是描述光源所产生辐射光的程度，是对光源发光能力的某种定量描述。

3. 亮度

亮度是描述发光物体表面发光强弱程度的物理量，用 $L$ 表示，其单位是“nt”，读作“尼特”。

在实际的照明工程中，通常认为亮度是表示发光物体表面在发光强度方向上单位面积内发光强度大小的物理量，有时也称发光物体在某个方向上发光强度的大小为该物体的表面亮度。定义式如下：

$$1\text{ 尼特}=1\text{ 坎德拉/平方米，即 }1\text{nt}=1\text{cd/m}^2$$

需要特别强调的是，这里所指的发光体表面的亮度是广义的，它可以是光源本身产生的，也可以是被照物体对光反射时所产生的表面亮度。所以，在照明工程中，如果用亮度来描述光的特性时，所说亮度的值通常是指发光体的表面亮度。

常见发光体的亮度：太阳表面为 2000000000nt，白炽灯灯丝为 10000000nt，阳光下的白纸为 30000nt，人眼能习惯的亮度为 3000nt，满月表面为 2500nt，人眼能比较好地分辨出颜色的亮度为 1nt，满月下的白纸为 0.07nt，无月夜空为 0.0001nt。

4. 照度

照度是指单位被照物体表面所接收光通量的大小，用 $E$ 表示，其单位是“lx”，读作“勒克斯”。照度是从被照物体的角度对光的一种描述。通常认为：被照物体表面单位面积内所接收光通量的大小称为该物体表面的照度。它不考虑由于人们视觉条件的不同，从而造成对物体看清程度有所差异这方面因素的影响，只用照度值的大小去定量描述对物体的看清程度。在适当的范围内，照度值的大小可以说明看清物体的程度，照度值大比照度值小时看物体看得清楚。定义式如下：

$$1\text{勒克斯}=1\text{流明/平方米，即 }1\text{lx}=1\text{lm/m}^2$$

常见照度（勒克斯）：阳光直射（正午）下为 110000lx，阴天室外为 1000lx，商场内为 500lx，阅览室和办公室内为 300lx，普通房间灯光下为 100lx，满月照射下为 0.2lx。

照度值是我们国家衡量照明质量中一个非常重要的光学技术指标。我国根据自身的特点和许多客观条件并同时考虑了许多因素的影响，从而制定了针对适合各种场合、各种地点所使用的详细的照度值标准，为使用者提供了非常方便而又具体的设计依据。

## 2.1.2　知识点—照明方式

照明方式是根据使用场所的特点和建筑条件，在满足使用要求条件下降低电能消耗而采取的基本制式。照明方式有以下几种：

### 1. 一般照明

一般照明是指为照亮整个场所而设置的照度均匀分布的照明方式。为照亮整个场所，除旅店的客房外，应采用一般照明方式。例如办公室、教室等应按一般照明方式布置，如图 2.1-1 所示。一般照明是最常用的照明方式。

2.1-3　照明方式课件

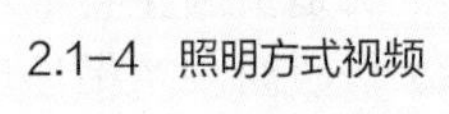

2.1-4　照明方式视频

### 2. 分区一般照明

分区一般照明是指采用两种以上均匀分布照度的照明空间的照明方式。在一般照明空间内，当需要提高某一特定区域的照度时，可在该区域集中设置照明灯具，获得两种以上均匀分布的照度，以满足特定区域的照明要求。同一场所的不同区域有不同的照度要求时，应采用分区一般照明。例如工厂车间的工作区、过道、半成品区的照明等，应按分区一般照明方式布置。例如车间照明不但要满足一般照明要求还要提高操作区域亮度，如图 2.1-2 所示。

图 2.1-1　教室一般照明

图 2.1-2　车间分区一般照明

### 3. 局部照明

局部照明是指为特定视觉工作用的、为照亮某个局部用的照明方式。例如工厂加工机床的工作台灯、书房的阅读台灯等属于局部照明方式。局部照明是为照亮某个局部用的照明，若一个工作场所只采用局部照明，则整个空间的亮度对比大，容易引起视觉的不舒服感，影响工作，因而一般情况下，一个工作场所不应只设局部照明。

4. 混合照明

混合照明是指由一般照明与局部照明组成的照明方式。在采用一般照明不合理的场所，都可以采用混合照明的方式。对于部分作业面照度要求较高，若只采用一般照明方式，会大大增加光源的安装功率，不利于节约能源，不满足照明功率密度的要求，因此宜采用混合照明方式，增加局部照明来满足局部作业面的照度要求。例如教室空间的一般照明和黑板面的局部照明构成了混合照明方式。采用混合照明的空间，要求一般照明与局部照明的照度相差不能过大，否则会影响视觉效果。

5. 重点照明

为提高指定区域目标的照度，使其比周围区域突出的照明为重点照明，如：在商场、美术馆、博物馆等场所，需要突出显示某些特定的目标，采用重点照明提高该目标的照度。

### 2.1.3 知识点—照明种类

2.1-5 照明种类课件

2.1-6 照明种类视频

1. 正常照明

正常照明是指在正常情况下使用的室内外照明，正常照明以工作和生活为目的选择照度标准，是建筑照明中最主要的照明，一般场所均应设置正常照明。

2. 应急照明

应急照明是指因正常照明的电源失效而启用的照明，又称事故照明。应急照明包括备用照明、安全照明、疏散照明三种照明类型。三种照明类型的功能有所不同，照明设计的要求也有所不同。

（1）备用照明：指在正常照明的电源失效后，用于确保正常活动继续进行的照明。例如消防中心、监控中心、变电所等场所，要有保证正常照明的电源失效后继续工作的照明。

（2）安全照明：指正常照明的电源失效后，用于确保处于潜在危险之中的人员安全的照明。例如宾馆、影剧院等人员集中的建筑，需要设置安全照明，以避免在正常照明失效后造成混乱和拥挤，导致人员伤亡。

（3）疏散照明：指正常照明的电源失效后，用于确保疏散通道被有效地辨认和使用的照明。疏散照明分为用于指示出口位置和方向的疏散指示标志灯和用于疏散的照明，前者如高层建筑的安全出口指示标志和安全通道疏散指示标志等，后者如高层建筑的疏散楼梯间的照明等。作为疏散标志用的光源应选择高亮度的光源以确保标志醒目，作为照明用的光源应满足基本的照度要求以确保疏散的视觉需要。

应急照明直接影响建筑和人身安全，在因意外导致正常照明的电源失效后，应急照明要保证建筑内人员的安全疏散、维持必须继续工作的各种照明空间的照明要求。按供配电系统负荷分级的原则，应急照明应属于一级或二级负荷，因此，应急照明与正常照明对供电的要求有所不同，应急照明要有备用电源，且能在正常电源故障后，自动切换到备用电源供电。在供配电系统设计时要保证应急照明的供电和控制要求。

3. 值班照明

值班照明是指非工作时间，为需要值班的场所而设置的照明。通常在大面积场所和重要的场所宜设值班照明，例如商场、银行、仓库等场所宜设置值班照明。值班照明可根据具体情况选用正常照明配电回路或应急照明配电回路供电，并能够单独控制。

4. 警卫照明

警卫照明是指用于警戒而设置的照明。有警戒要求的场所，应根据警戒范围的要求设置警卫照明。例如建筑小区、厂区、校区、仓库区域等的周边界线都可考虑设置警卫照明，对一些特殊的建筑物（如金库、监狱）等的警卫照明应按一级负荷供电要求设计，其余警卫照明可根据具体情况选用按二级或三级负荷供电要求设计。

5. 障碍照明

在可能危及航行安全的建筑物、构筑物上装设的安全标志灯。例如在飞机场及航道附近的高耸建筑物以及塔、烟囱等构筑物，对飞机起降可能构成威胁的，应按航空部的有关标准或规定装设障碍照明，在江河湖海等水域中间或侧边伸到水面的建筑物、构筑物，水中的岛礁等障碍物，对船舶航行容易造成危害的，应按交通运输部门的标准和规定装设障碍照明。

除以上五种基本照明类型外，照明设计中还有为观赏建筑物的景观设置的景观照明、为营造艺术效果设置的装饰照明等类型，这类照明的光源选择注重营造视觉效果和衬托建筑主体，一般对供电无特别要求，但其配电回路应能够单独控制。

## 2.1.4　知识点—照明标准

2.1-7　照明标准课件

2.1-8　照明标准视频

选择照度时，应优先满足照明功能要求，在满足有关规范规定的照度标准的前提下，使视觉的满意程度与经济状况相适应。照度选择的主要依据是国家标准给出的各种场所的照度标准规定值。建筑照明标准规定的照度，除标明者外，均为作业面或参考平面上的维持平均照度。

照度标准值应按 0.5lx、1lx、2lx、3lx、5lx、10lx、15lx、20lx、30lx、50lx、75lx、100lx、150lx、200lx、300lx、500lx、750lx、1000lx、1500lx、2000lx、3000lx、5000lx 分级。照度标准值分级以在主观效果上明显感觉到照度的最小变化。

表 2.1-1 列出了办公建筑照明标准值，其他建筑场所的照明标准值可参考《建筑照明设计标准》GB 50034—2013，其中包括了照度标准、眩光限制、照度均匀度、显色指数要求等参数。表中的统一眩光值（*UGR*）为最高限值；照度均匀度（$U_0$）为最低值。显色指数（*Ra*）为最低限值。一般情况下，设计照度值与照度标准值相比较，可有－10%～10%的误差。

办公建筑照明标准值　　表 2.1-1

| 房间或场所 | 参考平面及其高度 | 照度标准值(lx) | *UGR* | $U_0$ | *Ra* |
|---|---|---|---|---|---|
| 普通办公室 | 0.75m 水平面 | 300 | 19 | 0.60 | 80 |
| 高档办公室 | 0.75m 水平面 | 500 | 19 | 0.60 | 80 |
| 会议室 | 0.75m 水平面 | 300 | 19 | 0.60 | 80 |
| 视频会议室 | 0.75m 水平面 | 750 | 19 | 0.60 | 80 |
| 接待室、前台 | 0.75m 水平面 | 200 | — | 0.40 | 80 |
| 服务大厅、营业厅 | 0.75m 水平面 | 300 | 22 | 0.40 | 80 |
| 设计室 | 实际工作面 | 500 | 19 | 0.60 | 80 |
| 文件整理、复印、发行室 | 0.75m 水平面 | 300 | — | 0.40 | 80 |
| 资料、档案存放室 | 0.75m 水平面 | 200 | — | 0.40 | 80 |

## 2.1.5 知识点—照度质量

2.1-9 照明质量课件

2.1-10 照明质量视频

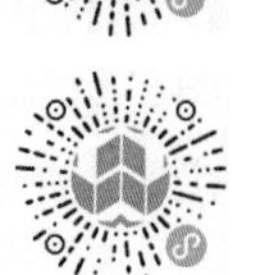

在评价照明质量时，通常应考虑以下几个指标能否满足国家标准的要求。

### 1. 照度水平

照明设计最基本的要求是照明空间的照度满足规定的要求，照度间接地反映了照明空间的光亮程度。照度太低容易造成视觉疲劳，影响视力健康；照度太高则容易刺激视觉感官甚至导致心理刺激，而且会使能耗上升。设计中选用的照度值应不小于《建筑照明设计标准》GB 50034—2013 的规定。

### 2. 照度均匀度

照度的均匀度定义为参考平面上的最小照度与平均照度之比，为使照明空间的照度均匀，《建筑照明设计标准》GB 50034—2013 规定，公共建筑的工作房间和工业建筑作业区域内的一般照明的照度均匀度（$U_0$）不应小于 0.6，而作业面邻近周围的照度均匀度不应小于 0.5。如果照度均匀度不达标，各处照度值相差较大，人眼就会因为频繁的明暗适应而造成视觉疲劳。

### 3. 眩光要求

眩光是一种不舒服的视觉现象，会导致不舒服的生理和心理感觉，因此，眩光是评价照明质量的指标之一。眩光用眩光值描述，对公共建筑和工业建筑，一般采用国际照明委员会（CIE）规定的统一眩光值（*UGR*）来评价房间或场所的不舒服眩光，对室外体育场所的不舒适眩光，应采用眩光值（*GR*）来进行评价，统一眩光值 *UGR* 和眩光值 *GR* 的计算方法和要求可参考《建筑照明设计标准》GB 50034—2013。

### 4. 光源颜色

光源的显色指数、色温等应与环境相适应，考虑灯具的造型与建筑空间和照明要求相协调。对长期工作或停留的房间或场所，照明光源的显色指数（*Ra*）不宜低于 80，在灯具安装高度大于 6m 的工业建筑场所，显色指数可低于 80，但必须能够辨别安全色。国家标准中对各种场所的显色指数有具体规定。

### 5. 能耗指标

节能是社会可持续发展的要求，在照明设计和评价中，要始终贯彻节能要求。应在满足规定的照度和照明质量要求的前提下，进行照明节能评价。照明节能应采用一般照明的照明功率密度值（*LPD*）作为评价指标。

《建筑照明设计标准》GB 50034—2013 中，规定了各类建筑的照明功率密度值，且大部分照明功率密度值属于强制性标准，必须严格执行。因此，将能耗指标作为评价照明设计的指标。如果照度高于或低于对应值时，照明功率密度值应按比例提高或折减，照明功率密度的现行值是当前的执行值，目标值则尚未执行，但是表示期望达到的目标要求。办公建筑和商业建筑的照明功率密度 *LPD* 值为强制性指标，设计时必须满足要求。

问题思考

1. 光通量和照度的单位分别是______和______。
2. 按现行国家标准中照明种类的划分，应急照明包括______、______和______。

3. 简述照明的方式，并举例说明其适用范围。

4. 如何进行照明质量的综合评价？

## 知识拓展

最初人们对照明的需求很简单，主要是解决基本的照度问题。随着人们生活水平和生活品位的提高，一个发展趋势是灯光讲究营造良好的艺术效果。在设计中，我们需要考虑不同的照明环境对人的生理和心理产生的不同影响，进而针对季节的差异、文化的差异、地域的差异等来进行设计，创造出一个生动且富有人性的照明光环境。比如在酒店照明设计上，我们所选择的照明必须合乎其特有的定位，针对酒店不同的照明区域，合理运用照明灯具和光源来展开精心设计：奢华辉煌、静谧安宁、热情浪漫……用不同的手法来营造独有的空间气氛。

另一个发展趋势就是智能化照明。智能化照明不但可以使照明变得更加省电、环保，也可以通过智能控制来模拟不同场景的灯光效果，利用红外、视频、动作、定时等技术手段实现智能灯光控制，从而达到最舒适、最高效的照明效果。当然，要实现智能化照明，室内照明还需要满足以下几个条件：一是要走向以人为本的科学化照明。二是需要满足个性化、层次化的多方位照明需求。三是智能技术要与新光源、新照明技术相结合。四是智能技术需要将绿色和可持续照明的理念坚持到底。

## 拓展学习资源

2.1-11　电光源的性能指标

2.1-12　眩光及其控制

2.1-13　照明方式和照明种类举例

# 任务 2.2 室内一般照明设计

照明工程设计包括照明光照设计和照明电气设计。照明光照设计的主要任务包括选择照明方式和照明种类，选择电光源及其灯具，确定照度标准并进行照度计算，合理布置灯具等。照明电气设计的主要任务是在光照设计的基础上进行的，主要是进行负荷计算，选择导线和开关设备，设计照明配电线路等。照明电气设计是保证电光源能正常、安全、可靠而经济地工作。

【教学目标】

| 知识目标 | 能力目标 | 素养目标 | 思政目标 |
|---|---|---|---|
| 1. 熟悉常见照明光源和灯具的类型；<br>2. 熟悉常见光源和灯具的基本技术特性；<br>3. 掌握照度计算的基本概念和方法。 | 1. 能根据要求选择正确的光源和灯具；<br>2. 能正确布置灯具的竖直和水平位置；<br>3. 能根据照度计算选择灯的数量。 | 1. 持有自主学习方法；<br>2. 养成依据规范设计的习惯；<br>3. 具备节能设计理念。 | 1. 通过我国在新技术上的创新，培养自信和奋斗精神；<br>2. 培养节能意识，助创节约型社会，增强职业荣誉感；<br>3. 激发求知欲望，提升服务社会本领。 |

思维导图 2.2　室内一般照明设计

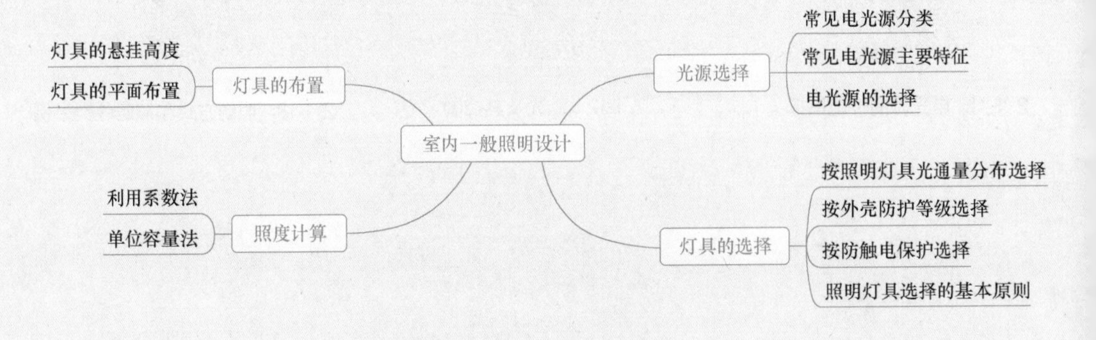

# 学生任务单 2.2　室内一般照明设计

<table>
<tr><td>任务名称</td><td colspan="3">室内一般照明设计</td></tr>
<tr><td>学生姓名</td><td></td><td>班级学号</td><td></td></tr>
<tr><td>同组成员</td><td colspan="3"></td></tr>
<tr><td>负责任务</td><td colspan="3"></td></tr>
<tr><td>完成日期</td><td></td><td>完成效果</td><td></td></tr>
</table>

<table>
<tr><td colspan="2">任务描述</td><td colspan="4">以我们的教室为例，试着完成以下任务：<br>(1)选择合适的电光源和灯具；<br>(2)完成灯具在悬挂高度和平面布置方案；<br>(3)采用利用系数法计算灯具数量和教室实际照度。</td></tr>
<tr><td rowspan="7">课前</td><td rowspan="7">自主探学</td><td rowspan="6">任务分工</td><td colspan="3">□ 合作完成　　□ 独立完成</td></tr>
<tr><td>任务明细</td><td>完成人</td><td>完成时间</td></tr>
<tr><td></td><td></td><td></td></tr>
<tr><td></td><td></td><td></td></tr>
<tr><td></td><td></td><td></td></tr>
<tr><td></td><td></td><td></td></tr>
<tr><td>参考资料</td><td colspan="3"></td></tr>
<tr><td>课中</td><td>互动研学</td><td>完成步骤<br>(用流程图表达)</td><td colspan="3"></td></tr>
</table>

<table>
<tr><td rowspan="14">课中</td><td colspan="2">本人任务</td><td colspan="6"></td></tr>
<tr><td colspan="2">角色扮演</td><td colspan="6">□有角色 ________ □无角色</td></tr>
<tr><td colspan="2">岗位职责</td><td colspan="6"></td></tr>
<tr><td colspan="2">提交成果</td><td colspan="6"></td></tr>
<tr><td rowspan="8">任务实施</td><td rowspan="5">完成步骤</td><td>第 1 步</td><td colspan="5"></td></tr>
<tr><td>第 2 步</td><td colspan="5"></td></tr>
<tr><td>第 3 步</td><td colspan="5"></td></tr>
<tr><td>第 4 步</td><td colspan="5"></td></tr>
<tr><td>第 5 步</td><td colspan="5"></td></tr>
<tr><td>问题求助</td><td colspan="6"></td></tr>
<tr><td>难点解决</td><td colspan="6"></td></tr>
<tr><td>重点记录</td><td colspan="6"></td></tr>
<tr><td rowspan="2">学习反思</td><td>不足之处</td><td colspan="6"></td></tr>
<tr><td>待解问题</td><td colspan="6"></td></tr>
<tr><td>课后</td><td>拓展学习</td><td>能力进阶</td><td colspan="6">查阅资料，谈谈你对 LED 照明的认识；对于照明节能，你还有什么好的建议。</td></tr>
<tr><td colspan="2" rowspan="5">过程评价</td><td rowspan="2">自我评价<br>（5 分）</td><td>课前学习</td><td>时间观念</td><td>实施方法</td><td>职业素养</td><td>成果质量</td><td>分值</td></tr>
<tr><td></td><td></td><td></td><td></td><td></td><td></td></tr>
<tr><td rowspan="2">小组评价<br>（5 分）</td><td>任务承担</td><td>时间观念</td><td>团队合作</td><td>能力素养</td><td>成果质量</td><td>分值</td></tr>
<tr><td></td><td></td><td></td><td></td><td></td><td></td></tr>
<tr><td>综合打分</td><td colspan="6">自我评价分值＋小组评价分值：</td></tr>
</table>

# 知识与技能 2.2　室内一般照明设计

2.2-1　电光源选择课件

2.2-2　电光源选择视频

## 2.2.1　知识点—电光源选择

在建筑照明中，照明光源指能将电能转换为光辐射的设备，照明光源是建筑照明最主要的设备。照明光源选择是建筑照明的基本内容，不仅要考虑视觉条件的要求，还要考虑节能要求，考虑光源的技术特性和使用环境。

### 1. 常见电光源分类

常用电光源一般按光源的发光原理分为固体发光光源和气体放电光源两大类。

（1）固体发光光源

固体发光光源主要包括两大类：热辐射光源和半导体光源。

热辐射光源是指利用电流将特殊的物体加热到白炽状态而发光的光源。主要有白炽灯、卤钨灯两种光源，以钨丝为辐射体，钨丝在通电后可达到白炽温度，以热辐射方式产生可见光，热辐射光源工作时，其表面通常会有温升现象。热辐射光源的显色指数通常较高，功率因数高，但光效一般较低。

半导体光源的基本器件为发光二极管（LED），是一种半导体固体发光器件，利用固体半导体芯片作为发光材料。目前 LED 灯的光效已可达到 100lm/W 以上，远高于其他光源，而且半导体光源具有体积小、重量轻、耗电低、寿命长、亮度高、响应快等普通光源无法相比的优点，被称为绿色光源，采用半导体灯为照明光源是当今光源发展主流。

（2）气体放电光源

气体放电光源是指利用电流在流过特殊的气体时，使气体放电而发光的光源，以原子辐射方式产生可见光。荧光灯、高压汞灯、高压钠灯、金属卤化物灯、氙灯等都是常见的气体放电光源，这类光源一般有明显的频闪效应。气体放电光源按放电方式的不同，又可分为辉光放电光源和弧光放电光源两种类型。

常用照明光源分类及基本特性如表 2.2-1 所示。

常用照明光源分类及基本特性　　表 2.2-1

<table>
<tr><th colspan="3">光源分类</th><th>主要形式</th><th>基本特性</th></tr>
<tr><td rowspan="2">固体发光光源</td><td colspan="2">热辐射光源</td><td>白炽灯、卤钨灯</td><td>显色指数较高，功率因数高，光效较低</td></tr>
<tr><td colspan="2">半导体光源</td><td>LED 灯</td><td>光效高、体积小、耗电低、寿命长、响应快</td></tr>
<tr><td rowspan="3">气体放电光源</td><td colspan="2">辉光放电</td><td>冷阴极灯、霓虹灯</td><td rowspan="3">有明显的频闪效应，显色指数低，光效较高，辉光放电光源不需要专用的启动器件，弧光放电光源需要专用的启动器件，高压弧光放电光源功率大，但外表面积却较小，弧光放电光源在建筑照明中广泛采用</td></tr>
<tr><td rowspan="2">弧光放电</td><td>低压弧光放电</td><td>荧光灯、低压钠灯</td></tr>
<tr><td>高压弧光放电</td><td>高压汞灯、高压钠灯、金属卤化物灯</td></tr>
</table>

### 2. 常见电光源的主要特征

（1）普通照明用白炽灯：优点是显色性高，点亮快、可靠，调光方便。缺点是光效很低，寿命短。2007 年开始，世界各国从节能环保角度出发，提出淘汰白炽灯，目前我国和世界主要发达国家均将普通照明用白炽灯退出照明领域。

（2）卤钨灯：是白炽灯的改进型光源，保持了白炽灯的优点，提高了光效和寿命，但仍然是低效光源。

(3) 荧光灯：按形状不同分为直管形（双端）荧光灯、紧凑型荧光灯（CFL）和环形荧光灯。直管荧光灯按管径不同，又分为 T12（$\phi$38mm）、T8（$\phi$26mm）和 T5（$\phi$16mm）等。CFL 灯也有管径粗细的区别，如 T2、T3 等。环形荧光灯也有粗细管之别。按使用荧光粉种类可分为卤磷酸钙荧光灯和新型优质的稀土三基色荧光粉两种。

从技术发展看，要求优质、高效是主要目标，所以越来越多地使用三基色荧光粉（其显色指数 *Ra* 达 80 以上、光效更高）取代卤磷酸钙粉，用细管径（如 T8、T5）取代粗管（T12），因前者光效高，用材少，有明显的节能环保的优势。

荧光灯光效高、显色性好、使用寿命长、点亮较快、性价比高，是广泛应用的优质高效光源。特别是细管径三基色直管荧光灯，有更好的节能效果。

(4) 金属卤化物灯（简称金卤灯）：由于金属卤化物的不同，有很多品种，应用最广的是钪钠灯和钠铊铟灯，光效高、显色性较好，单灯功率大，但启动慢，不适合调光。近年来发展的陶瓷金卤灯，比普通金卤灯光效更高，显色指数可达 80～85，是一种优质的光源。

(5) 荧光高压汞灯（简称汞灯）：光效中，寿命较长，显色性不佳，点亮慢，不适合调光。

(6) 高压钠灯：光效高、寿命长，显色性差，点亮慢，不适合调光。

(7) 电磁感应灯：是一种高频无极灯，频率达 2.65MHz。有一种低频无极灯，频率为 250kHz。另有一种更高频的微波硫灯，频率达 2450MHz。其特点是无电极，使用寿命长，点亮快，光效较高，显色性好。

(8) 半导体发光二极管（LED 灯）：白光 LED 作为照明光源是从 1996 年开始，由于其突出优点，发展极快。经过 20 多年的发展，LED 照明技术已经基本成熟。LED 灯光效高、寿命长、点亮快捷、可靠、调光性能优异，采用半导体灯为照明光源已经是当今光源发展主流。还有一种有机发光二极管（OLED）正在研制中，具有面发光特点。不同于其他光源，OLED 照明利用有机物自体发光特征打造而来，具有电力消耗和发热低、环保、和自然光线相似等特点，且更加轻薄，可实现透明、可弯曲等，设计方面非常自由，因此被认为是下一代照明技术。

为了便于比较和选用，现将常用照明光源的主要技术参数比较归纳为表 2.2-2，需要注意的是表 2.2-2 只是目前一般技术特征，随着技术的发展与进步，照明光源的性能将不断提高，有些参数会发生变化，因此表中的参数更多的是一种性能上的特征，而不是具体参数，仅供对比参考之用。

各类光源的主要技术参数比较 表 2.2-2

| 光源类别 | | 光效(lm/W) | *Ra* | 平均寿命(1000h) | 点亮性能及调光性能 |
|---|---|---|---|---|---|
| 普通照明用白炽灯 | | 8～11 | 95～99 | 1 | 好 |
| 卤素灯 | | 13～20 | 95～99 | 2 | 好 |
| 三基色荧光灯 | 直管(T8、T5) | 65～105 | 80～85 | 12～20 | 起点较快，可调光 |
| | CFL | 40～70 | 80 | 8～10 | 起点较快，可调光 |
| 金卤灯 | | 60～95 | 65 | 8～10 | 起点慢，不可调 |
| 陶瓷金卤灯 | | 65～110 | 80～85 | 10～15 | — |
| 高压钠灯 | | 80～140 | 23～25 | 24～32 | |
| 荧光高压汞灯 | | 25～55 | 35～40 | 8～10 | |

续表

| 光源类别 | 光效(lm/W) | $Ra$ | 平均寿命(1000h) | 点亮性能及调光性能 |
|---|---|---|---|---|
| 电磁感应灯 | 60～80 | 70～80 | 50～60 | 点亮快 |
| 微波硫灯 | 90～110 | 70～80 | 50～60 | 点亮快 |
| LED灯 | 70～120 | 60～90 | 25～50 | 点亮快，调光好 |

### 3. 电光源的选择

电光源的选择应符合国家现行的标准和有关规定，一般要求选用高效节能的照明光源，另外要根据具体使用环境与要求，在满足照度、显色性、色温、启动时间等要求的基础上，考虑光源的寿命和价格等经济性指标。一般可按下列条件选择光源：

(1) 灯具安装高度较低的房间宜采用细管直管形三基色荧光灯。

(2) 商店营业厅的一般照明宜采用细管直管形三基色荧光灯、小功率陶瓷金属卤化物灯，重点照明宜采用小功率陶瓷金属卤化物灯、发光二极管灯。

(3) 灯具安装高度较高的场所，应按使用要求，采用金属卤化物灯、高压钠灯或高频大功率细管直管荧光灯。

(4) 旅馆建筑的客房宜采用发光二极管灯或紧凑型荧光灯。

(5) 照明设计不应采用普通照明白炽灯，对电磁干扰有严格要求且其他光源无法满足的特殊场所除外。

(6) 应急照明应选用能快速点亮的光源。

## 2.2.2 技能点—照明灯具选择

照明灯具是指具有配光特性的光源支架。灯具主要具有以下的特性：一是作为光源支架，支撑和固定光源。二是配光特性，利用灯具的反射和遮光特性，可以改变光源的光通量在照明空间的分布，即改变光强在空间各个方向上的分布，进而改变照明效果，防止直接眩光。三是作为长期使用的支架，灯具应具有装饰、美化环境的特性。四是灯具应具有保护光源、防止意外事故的特性。

2.2-3 照明灯具选择课件

2.2-4 照明灯具选择视频

### 1. 按照明灯具光通量分布选择

根据CIE（国际照明委员会）的建议，按光通量在灯具上下两个半球空间的分布比例，可将照明灯具分为直接型、半直接型、全漫射型、半间接型和间接型5类。其分类和特征如表2.2-3所示。

按CIE标准的光通量分布的灯具分类　　表2.2-3

| 灯具类型 | 直接型 | 半直接型 | 全漫射型 | 半间接型 | 间接型 |
|---|---|---|---|---|---|
| 光强分布 | 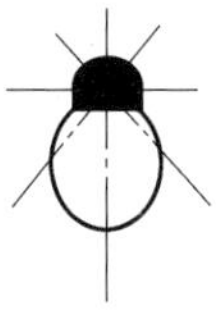 | 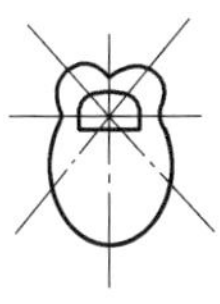 | 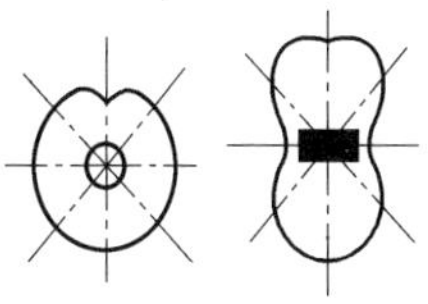 | 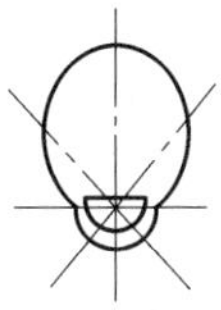 | 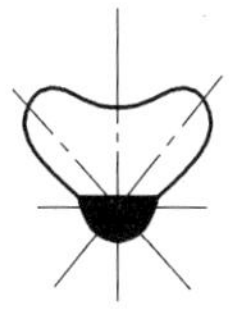 |

续表

| 光通量分配(%) | 上 | 0～10 | 10～40 | 40～60 | 60～90 | 90～100 |
|---|---|---|---|---|---|---|
| | 下 | 100～90 | 90～60 | 60～40 | 40～10 | 10～0 |

(1) 直接型灯具一般采用非透明且反射性好的材料制造，灯具下方敞开，光源的光通量基本集中在灯具的下半球空间，光通量利用率高，下方的工作面可以获得较大的照度。但由于光源上方的光通量低，照明空间内的顶部照度低，上下两个半球空间的照度对比大，容易产生不舒适的视觉感。直接型灯具适用于一般照明和局部照明方式，嵌入式格栅荧光灯、防潮吸顶灯、镜面灯等为典型的直接型灯具。

(2) 半直接型灯具一般采用半透明材料制造，灯具下方敞开，光源的光通量分布仍然是灯具的下半球空间高于上半球空间，但光源上射的光通量增加，使照明空间的光照比较柔和，同时保持光源下方的工作面仍可获得较大的照度，但照明空间内的顶部较暗。半直接型灯具适用于一般照明方式，可以产生一定的环境氛围，花式吊灯、筒式的荧光灯、下方敞口灯具、方形吸顶灯、具有透光作用的灯罩等均属于半直接型灯具。

(3) 全漫射型灯具又称直接-间接型灯具，一般采用具有漫射特性的材料制造，通常为封闭式灯罩，光源的光通量在灯具上下两个半球空间的分布基本相同，照明空间亮度均匀、光照柔和、直接眩光小，但光通量利用率低。漫射型灯具作为工作照明用得比较少，但可以产生一定的环境氛围，有装饰性效果，多用于公共场所。单吊灯、乳白玻璃球罩灯具是典型的漫射型灯具。

(4) 半间接型灯具的特性与半直接型灯具相反，光源的光通量分布是灯具的上半球空间高于下半球空间，光源上射的光通量大，增加了照明空间的散射，光照更加柔和，但光通量的利用率低，一般在照明要求不高、以产生环境氛围为主的公共场所。伞形罩单吊灯、反射型吊灯、反射型壁灯等属于半间接型灯具。

(5) 间接型灯具的特性与直接型灯具相反，光源的光通量基本集中在灯具的上半球空间，空间照明基本靠屋顶或其他物体的反射，可以在很大程度上减小眩光和阴影，光照柔和，但光通量利用率是几种方式中最低的。下半部用非透明材料制造上半部用透光材料制造的敞口式反射型吊灯、反射型壁灯等均属于间接型灯具。

### 2. 按外壳防护等级选择

照明灯具具有保护光源、防止意外事故的特性。按我国国家标准对外壳防护等级的分类原则，其形式为“IP××”，IP 为外壳防护等级分类的特征字符，后面的××为特征数字，第一个特征数字表示防止人体触及或接近外壳内部带电部分、防止固体异物进入外壳内部的防护等级，分为 0～6 级，数字越大，要求越高；第二个特征数字表示防止水进入外壳内部的防护等级，分为 0～8 级，数字越大，要求越高。

例如，防护等级 IP44 的灯具，第一个数字“4”表示灯具可防止大于 1mm 的固体异物进入外壳内部，第二个数字“4”表示灯具具有防溅水的保护。

对需要有外壳防护要求的场所，在照明设计时，应按外壳防护等级分类注明灯具的防护等级。

### 3. 按防触电保护选择

灯具的人体可接触部分都应该是绝缘的，但不同的使用场所，对防止触电的要求不同，我国国家标准按防触电保护要求，将其分为0类、Ⅰ类、Ⅱ类、Ⅲ类共四类。

灯具的0类防护表示只依靠基本的绝缘，使灯具金属外壳与带电部分隔离；Ⅰ类防护表示除基本的绝缘外，灯具的金属外壳等可触及的导电部分还与接地装置相连接，对采用金属外壳的灯具，例如路灯、庭院灯等，应选择具有Ⅰ类防触电保护的灯具。Ⅱ类防护表示除基本的绝缘外，还有补充绝缘，即采用双重绝缘或加强绝缘防止触电，对环境条件较差、人体可以经常触及的灯具，例如台灯、可移动的照明灯等，应选择具有Ⅱ类防触电保护的灯具。Ⅲ类防护表示照明光源采用特低安全电压，灯具也不会出现高于特低安全电压的情况，不存在触电的危险，对于恶劣的使用环境，例如水下照明灯等，应选择具有Ⅲ类防触电保护的灯具。

#### 4. 照明灯具选择的基本原则

在照明工程与设计中，光源与灯具要统一考虑，使灯具、光源、使用环境相互配合，既保证照明的质量，又实现美化装饰的效果。安全、节能是建筑照明设计的主题，确保安全使用、选择高效的灯具、提高光源的利用率是基本原则。

在具体选用过程中，通常应先考虑灯具的使用环境与安全要求、配光特性，然后再考虑灯具的经济性和装饰性。

### 2.2.3 技能点—灯具的布置

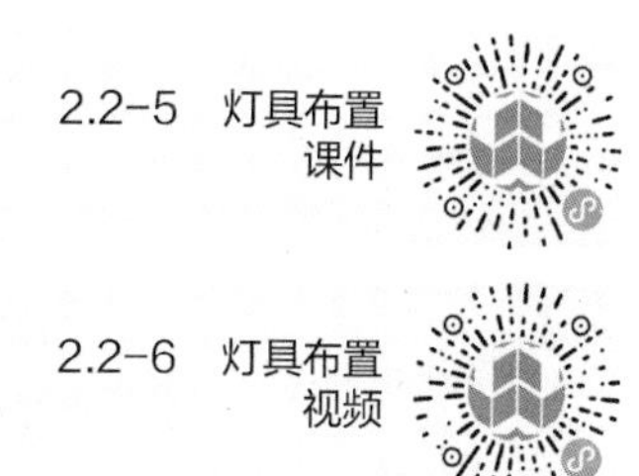


灯具布置包括灯具的悬挂高度和平面布置方案，灯具布置影响照明质量，不合理的布置方案，会影响照度的均匀性、阴影、亮度的分布、产生眩光等。灯具布置还要考虑安全与维护的要求，考虑与照明空间协调美观的要求等因素。

#### 1. 灯具的悬挂高度

灯具的悬挂高度指灯具到照明空间地面的垂直高度。悬挂高度影响照明安全性能、照明质量、经济性能和维护性能。例如灯具的悬挂高度太高，则会降低工作面的照度，从而必须增加光源的功率，导致照明功率密度值上升，同时也不利于维护。灯具的悬挂高度也不能太低，悬挂太低容易产生眩光，同时容易碰撞，存在安全隐患。

灯具的悬挂高度与光源类别、电功率大小、灯具的特性等因素有关。一般而言，光源电功率大，要求悬挂高度高，利于安全与降低眩光。灯具的反射性能好，可以适当提高悬挂高度，以利于降低眩光，反射性能差，可以适当降低悬挂高度，以利于保证照度要求。对于室内一般照明，灯具有最低悬挂高度的要求，在设计和安装照明灯具时，要满足有关标准和规范规定的最低悬挂高度的要求，如表2.2-4所示。

#### 2. 灯具的平面布置

灯具平面布置主要考虑照明方式。一般照明场所主要采用一般照明方式和分区一般照明方式，光源与灯具布置主要采用均匀布置方案和选择布置方案两种。均匀布置方案不考虑空间内设备的位置，使灯具在照明空间内均匀分布，使照明空间获得均匀的照度分布。选择布置方案是一种为了满足局部照明要求的灯具布置方案，在大多数情况下，选择均匀布置方案可满足照明质量要求。

照明灯具最低悬挂高度与保护角　　表 2.2-4

| 光源种类 | 灯具形式 | 灯具遮光角(°) | 光源功率(W) | 最低悬挂高度(m) |
|---|---|---|---|---|
| 白炽灯 | 有反射罩 | 10～30 | ≤60 | 2 |
| | | | 100～150 | 2.5 |
| | | | 200～300 | 3.5 |
| | | | ≥500 | 4 |
| | 有乳白玻璃漫反射罩 | — | ≤100 | 2 |
| | | | 150～200 | 2.5 |
| | | | 300～500 | 3 |
| 卤钨灯 | 有反射罩 | 30～60 | ≤500 | 6 |
| | | | 1000～2000 | 7 |
| 荧光灯 | 无反射罩 | — | <40 | 2 |
| | | | ≥40 | 3 |
| | 有反射罩 | 0～10 | ≥40 | 2 |
| 荧光高压汞灯 | 有反射罩 | 10～30 | ≤125 | 3.5 |
| | | | 250 | 5 |
| | | | ≥400 | 6 |
| 高压汞灯 | 有反射罩 | >30 | ≤125 | 4 |
| | | | 250 | 5.5 |
| | | | ≥400 | 6.5 |
| 金属卤化物灯 | 搪瓷反射罩 | 10～30 | 400 | 6 |
| | 铝抛光反射罩 | | 1000 | 14 |
| 高压钠灯 | 搪瓷反射罩 | 10～30 | 250 | 6 |
| | 铝抛光反射罩 | | 400 | 7 |

为获得均匀的照度分布，灯具到工作面的垂直距离 $h$ 和灯具之间的水平距离 $L$ 要满足一定的限制条件，用灯具的“距高比 $L/h$”来描述这种限制条件，对同一种光源和灯具，距高比不变时，照度的均匀性也相同。常见灯具平面布局方案有长方形、正方形、菱形等，不同布局方案中，灯具之间的水平距离有所区别，图 2.2-1 是三种布局的灯具之间的水平距离示意图。灯具布置的实际距高比小于或等于最大允许距高比时，可以获得均匀的照度分布。

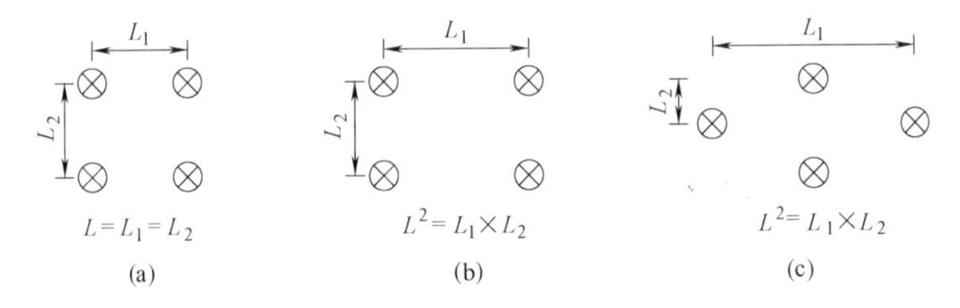


图 2.2-1　灯具布置水平距离示意图

(a) 正方形布置；(b) 长方形布置；(c) 菱形布置

通常灯具的产品手册都规定了相应灯具的最大距高比。例如：对带反射罩的无栅格荧光灯灯具，合适的距高比在1.5左右，对带反射罩的有栅格荧光灯灯具，合适的距高比在1.3左右。选择均匀布置方案时，在灯具的悬挂高度和工作面高度确定后，可以按灯具推荐的距高比确定灯具之间的水平距离。

对荧光灯等非均匀结构尺寸的光源或灯具，在布置时，要考虑其光通量的均匀性，在教室等环境布置荧光灯，要将荧光灯与讲台黑板平面垂直布置，灯具至墙面的距离不宜超过灯具之间距离的一半。

## 2.2.4 技能点—照度计算

### 1. 利用系数法计算照度

利用系数法是用于计算灯具均匀布置的房间或场所的平均照度，该方法既包括了由灯具内光源发出的光直接投射到工作面的光通量，也包括了照射到室内各表面经反射后照射到工作面的光通量。

由于照明设计标准规定的各场所照度标准值系采用维持平均照度，用该方法计算比较准确，使用简单，因此得到广泛应用。利用系数法也适用于灯具均匀布置的室外照明。

（1）利用系数

照明空间的室空间形状、表面材料、灯具配光特性和灯具的效率等会对光源的光通量分布产生影响，引入利用系数来描述这种影响，利用系数$U$定义为投射到工作面的有效光通量$\phi_f$和所有光源发出的总光通量$\phi_s$之比，在照明空间的灯具数量为$N$，每个灯具内光源的光通量为$\phi$时，利用系数可表示为：

$$U=\frac{\phi_f}{\phi_s}=\frac{\phi_f}{N \cdot \phi} \tag{2.2-1}$$

通常$U$值由利用系数表查出。

（2）室形指数

照明空间的形状会对光源的光通量分布产生影响，照明空间的高矮、表面面积的大小等都会影响利用系数，在编制利用系数表时，需要考虑照明空间的形状影响，查表求利用系数时，需要根据照明空间的形状选择相应的利用系数。照明工程应用中，采用室形指数$RI$描述照明空间形状，室形指数$RI$的计算表达式为：

$$RI=\frac{a \cdot b}{h \cdot (a+b)} \tag{2.2-2}$$

式中 $a$——房间宽度，m；

$b$——房间长度，m；

$h$——灯具的计算高度（灯具平面到工作面的垂直距离），m。

室形指数实际是描述照明空间的屋面、地面和墙面构成的漫射表面的几何形状的参数，其本来的定义是照明空间的屋面和地面面积与照明空间墙面面积之比，式（2.2-2）是经过简化后的计算表达式。

室形指数 $RI$ 值越大，表示房间大，高度相对较矮。反之，$RI$ 值越小表示房间小，高度相对较高，一般的室内空间，其室形指数在 0.6～5.0 之间，为方便计算，通常将室形指数分为 10 个等级，进行查表，在查表求利用系数 $U$ 时，要考虑室形指数 $RI$ 的影响。

有一个与室形指数相关的概念为室空间比 $RCR$，用以表示房间的空间特征。

$$RCR=\frac{5h\cdot(a+b)}{a\cdot b}=\frac{5}{RI} \tag{2.2-3}$$

（3）室内各表面的反射比

照明空间的表面材料会对光源的光通量分布产生影响，在光源的光通量入射到照明空间的表面时，一部分被吸收，一部分反射回照明空间。反射比是用来描述照明空间的平面对光通量的反射或折射情况的参数。反射比是一个小于 1 的参数，反射比大，表示空间表面反射的光通量较多，被表面吸收的光源的光通量少。反射比小，表示空间表面反射的光通量较少，被表面吸收的光源的光通量多。

顶棚、墙面、地面的反射比，由表面材料决定。当灯具悬挂在顶棚以下一定高度时，顶棚有效反射比应做修正。墙面有窗或装饰物时，墙面有效反射比也应修正。工作面在地板以上一定距离，地面有效反射比也应修正。长时间工作，工作房间内表面和作业面的反射比宜按表 2.2-5 选取。

工作房间内表面反射比　　　　表 2.2-5

| 表面名称 | 顶棚 | 墙面 | 地面 | 作业面 |
|---|---|---|---|---|
| 反射比 | 0.6～0.9 | 0.3～0.8 | 0.1～0.5 | 0.2～0.6 |

（4）维护系数

照明设备在使用一定周期后，由于环境、灰尘等因素的影响，会使照度下降，为保持要求的照度，需要对照明光源与灯具进行擦拭维护。污染严重的环境，每年要求进行的擦拭维护次数多。在照明计算中，引入维护系数 $K$ 描述这种影响。

维护系数定义为在规定表面上的平均照度与该装置在相同条件下新装在同一表面上的平均照度之比，维护系数 $K$ 是一个小于 1 的参数，其取值主要考虑环境条件。建筑照明设计的维护系数应按表 2.2-6 选用。

建筑照明维护系数　　　　表 2.2-6

| 环境污染特征 | | 房间或场所举例 | 灯具最少擦拭次数 | 维护系数 |
|---|---|---|---|---|
| 室内 | 清洁 | 卧室、办公室、影院、剧场、餐厅、阅览室、教室、病房、客房、仪器仪表装配间、电子元器件装配间、检验室、商店营业厅、体育馆、体育场等 | 2 次/a | 0.80 |
| | 一般 | 机场候机厅、候车室、机械加工车间、机械装配车间、农贸市场等 | 2 次/a | 0.70 |
| | 污染严重 | 公用厨房、锻工车间、铸工车间、水泥车间等 | 3 次/a | 0.60 |
| 开敞空间 | | 雨篷、站台 | 2 次/a | 0.65 |

（5）利用系数法

照明空间工作面的平均照度 $E_{av}$ 与穿过其表面的有效光通量和表面面积 $A$ 有关，投射到工作面的光通量 $\phi_f$ 可以通过利用系数 $U$ 的表达式（2.2-1）求取。在考虑维护系数

$K$ 后的利用系数法的基本计算公式为：

$$E_{av}=\frac{K\cdot\phi_f}{A}=\frac{K\cdot U\cdot N\cdot\phi}{A} \tag{2.2-4}$$

式中　$E_{av}$——照明空间工作面的平均照度，lx；

$K$——维护系数；

$U$——利用系数；

$N$——灯具数量；

$A$——照明空间平面的面积，$m^2$；

$\phi$——每个灯具的总光通量，lm。

由式（2.2-4）可知，照明空间的平均照度值可按照明标准值选择，利用系数可以根据所选灯具类型、室形系数和有效空间反射比通过查表得出，维护系数 $K$ 按前述的原则选取，照明空间工作面的面积 $A$ 可以计算得出，光源的光通量 $\phi$ 可由产品手册得到，则可用式（2.2-4）计算照明空间所需的灯具数量 $N$，进而可求得照明空间所需的电功率。

2. 用单位容量法计算照度

在做方案设计或初步设计阶段，需要估算照明用电量，往往采用单位容量计算，在允许计算误差下，达到简化照明计算程序的目的。

单位容量计算是以达到设计照度时 $1m^2$ 需要安装的电功率（$W/m^2$）或光通量（$lm/m^2$）来表示。计算出发点是根据照明空间的光源种类、灯具形式、照度标准的经验数据和实际使用效果，按照一定的室形指数、反射比、维护系数等条件，预先将其编制成计算表格，以便查用。单位容量法的依据也是利用系数法，只是进一步简化了。

单位容量法的计算公式如下：

$$P=P_0\cdot A \tag{2.2-5}$$

式中　$P$——照明空间光源总功率，W；

$P_0$——光源的比功率，$W/m^2$；

$A$——照明空间平面的面积，$m^2$。

可由已知条件（计算高度、房间面积、所需平均照度、光源类型）查出相应光源的比功率 $P_0$，然后求出受照房间的总安装功率。

如果已知每盏灯的功率 $P_v$，还可以用公式 $N=P/P_v$ 确定灯具数量。应注意的是，实际的环境条件与单位容量计算表的编制条件一般不符，因此，需要将查得的单位面积安装功率的数值加以修正。这时有：

$$P=P_0\cdot A\cdot C_1\cdot C_2\cdot C_3 \tag{2.2-6}$$

式中　$C_1$——当房间内各部分的光反射比不同时的修正系数，详见表2.2-7；

$C_2$——荧光灯时的调整系数，详见表2.2-8；

$C_3$——当灯具的效率不足70%时的修正系数。当 $\eta=60\%$ 时，$C_3=1.22$；当 $\eta=50\%$ 时，$C_3=1.47$。

房间内各部分的光反射比不同时的修正系数 $C_1$　　表2.2-7

| 反射比 | 顶棚 $\rho_c$ | 0.7 | 0.6 | 0.4 |
|---|---|---|---|---|
| | 墙面 $\rho_w$ | 0.4 | 0.4 | 0.3 |
| | 地板 $\rho_f$ | 0.2 | 0.2 | 0.2 |
| 修正系数 $C_1$ | | 1 | 1.08 | 1.27 |

荧光灯时的调整系数 $C_2$　　表 2.2-8

| 光源类型及额定功率(W) | | | | | 卤钨灯(220V) | | | | |
|---|---|---|---|---|---|---|---|---|---|
| | | | | | 500 | 1000 | 1500 | 2000 | |
| 调整系数 $C_2$ | | | | | 0.64 | 0.6 | 0.6 | 0.6 | |
| 额定光通量(lm) | | | | | 9750 | 21000 | 31500 | 42000 | |
| 光源类型及额定功率(W) | 紧凑型荧光灯(220V) | | | | | 紧凑型节能荧光灯(220V) | | | |
| | 10 | 13 | 18 | 26 | 18 | 24 | 36 | 40 | 55 |
| 调整系数 $C_2$ | 1.071 | 0.929 | 0.964 | 0.929 | 0.9 | 0.8 | 0.745 | 0.686 | 0.688 |
| 额定光通量(lm) | 560 | 840 | 1120 | 1680 | 1200 | 1800 | 2900 | 3500 | 4800 |
| 光源类型及额定功率(W) | T5 荧光灯(220V) | | | | T5 荧光灯(220V) | | | | |
| | 14 | 21 | 28 | 35 | 24 | 39 | 49 | 54 | 80 |
| 调整系数 $C_2$ | 0.764 | 0.72 | 0.70 | 0.677 | 0.873 | 0.793 | 0.717 | 0.762 | 0.820 |
| 额定光通量(lm) | 1100 | 1750 | 2400 | 3100 | 1650 | 2950 | 4100 | 4250 | 5850 |
| 光源类型及额定功率(W) | T8 荧光灯(220V) | | | | | | | | |
| | 18 | 30 | 36 | 58 | | | | | |
| 调整系数 $C_2$ | 0.857 | 0.783 | 0.675 | 0.696 | | | | | |
| 额定光通量(lm) | 1260 | 2300 | 3200 | 5000 | | | | | |
| 光源类型及额定功率(W) | 金属卤化物灯(220V) | | | | | | | | |
| | 35 | 70 | 150 | 250 | 400 | 1000 | 2000 | | |
| 调整系数 $C_2$ | 0.636 | 0.700 | 0.709 | 0.750 | 0.750 | 0.750 | 0.600 | | |
| 额定光通量(lm) | 3300 | 6000 | 12700 | 20000 | 32000 | 80000 | 200000 | | |
| 光源类型及额定功率(W) | 高压钠灯(220V) | | | | | | | | |
| | 50 | 70 | 150 | 250 | 400 | 600 | 1000 | | |
| 调整系数 $C_2$ | 0.857 | 0.750 | 0.621 | 0.556 | 0.500 | 0.450 | 0.462 | | |
| 额定光通量(lm) | 3500 | 5600 | 14500 | 27000 | 48000 | 80000 | 130000 | | |

## 问题思考

1. 简述 LED 光源的主要特征。
2. 常用的电光源可以分为哪几类？
3. 选择电光源应遵循的原则是什么？
4. 按光通量分布可以把照明灯具分为哪几类？各有什么特点？
5. 照度计算主要有哪些方法，各有什么特点？
6. 已知某教室长 6.6m，宽 6.6m，高 3.6m，在离房顶 0.5m 的高度上安装 YG1-1 型 40W 荧光灯（荧光灯的光通量取 2400lm），课桌高度为 0.75m，试用利用系数法计算课桌面上的平均照度（利用系数取 0.49）。

## 知识拓展

随着人们低碳环保意识的增强，节能与环保无疑是未来照明设计中的重点要素。目前 LED 光源成为照明设计中热议的话题。LED 产品具有很多的照明优点，甚至在户外照明上颠覆了传统灯具的存在意义，但是 LED 光源在现阶段还存在着一些不足，并不能成为完全取代其他灯具的唯一产品。在室内照明上，传统灯具所拥有的优势是很明显的，比如金卤灯的光效、显色性，在重点照明创造的美感，光在空间中散发的柔和与张性等。室内灯具的多样性才是构成室内光照引人入胜的保证。室内设计需要不同色温、不同光感、不同显色性的灯具来丰富视域的广阔，空间界面的属性不同也需要不同的照明设计。所以，LED 只是照明设计中的一项选择，但是鉴于其节能环保的发展方向，LED 产品将在室内照明赢得更大空间。

## 拓展学习资源

2. 2-9　发光二极管及其性能

2. 2-10　LED 节能案例

2. 2-11　环境条件对电光源性能指标的影响

# 任务 2.3 应急照明和疏散指示系统设计

应急照明与疏散标志是在突然停电或发生火灾而断电时，在重要的房间或建筑的主要通道，继续维持一定程度的照明，保证人员迅速疏散并对事故及时处理。高层建筑、大型建筑及人员密集的场所（如商场、体育场等），一旦发生火灾或某些人为事故时，室内动力照明线路有可能被烧毁，为了避免线路短路而使事故扩大，必须人为地切断部分电源线路。因此，在建筑物内设置消防应急照明和疏散指示系统是十分必要的。

【教学目标】

| 知识目标 | 能力目标 | 素养目标 | 思政目标 |
| --- | --- | --- | --- |
| 1. 了解应急照明和疏散指示系统的形式；<br>2. 熟悉应急照明和疏散指示系统的设置方式；<br>3. 掌握应急照明和疏散指示系统的供电控制要求。 | 1. 能正确设置应急照明和疏散指示系统；<br>2. 能选择合适的应急照明和疏散指示系统设备并设置安装；<br>3. 能设计应急照明和疏散指示供电系统。 | 1. 持有自主学习方法；<br>2. 养成依据规范设计的习惯；<br>3. 具备消防安全设计理念。 | 1. 培养消防安全意识，提升社会责任感；<br>2. 培养节能意识，助创节约型社会，增强职业荣誉感；<br>3. 激发求知欲望，提升服务社会本领。 |

思维导图 2.3　应急照明和疏散指示系统设计

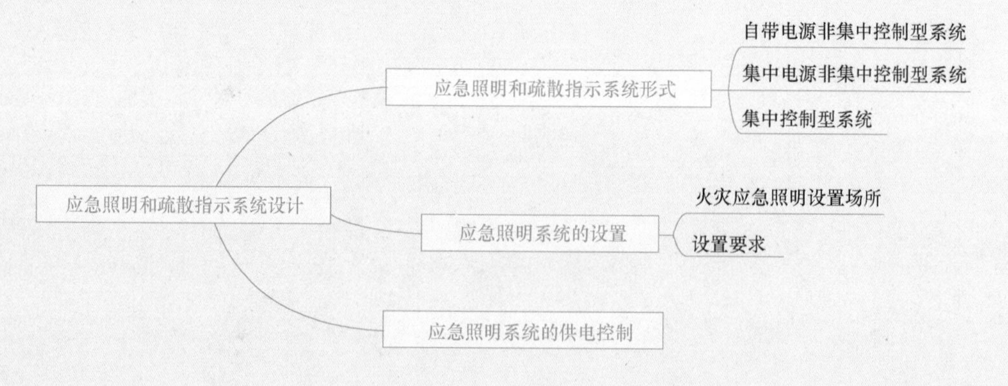

# 学生任务单 2.3 应急照明和疏散指示系统设计

<table>
<tr><td>任务名称</td><td colspan="3">应急照明和疏散指示系统设计</td></tr>
<tr><td>学生姓名</td><td></td><td>班级学号</td><td></td></tr>
<tr><td>同组成员</td><td colspan="3"></td></tr>
<tr><td>负责任务</td><td colspan="3"></td></tr>
<tr><td>完成日期</td><td></td><td>完成效果</td><td></td></tr>
</table>

<table>
<tr><td colspan="2">任务描述</td><td colspan="4">实地考察学校的一栋教学楼,找到应急照明和疏散指示灯具,判断其控制方式并画出系统图。</td></tr>
<tr><td rowspan="7">课前</td><td rowspan="7">自主探学</td><td rowspan="6">任务分工</td><td colspan="3">□ 合作完成 □ 独立完成</td></tr>
<tr><td>任务明细</td><td>完成人</td><td>完成时间</td></tr>
<tr><td></td><td></td><td></td></tr>
<tr><td></td><td></td><td></td></tr>
<tr><td></td><td></td><td></td></tr>
<tr><td></td><td></td><td></td></tr>
<tr><td>参考资料</td><td colspan="3"></td></tr>
<tr><td>课中</td><td>互动研学</td><td>完成步骤(用流程图表达)</td><td colspan="3"></td></tr>
</table>

<table>
<tr><td rowspan="14">课中</td><td colspan="2">本人任务</td><td colspan="6"></td></tr>
<tr><td colspan="2">角色扮演</td><td colspan="6">□有角色 ________________ □无角色</td></tr>
<tr><td colspan="2">岗位职责</td><td colspan="6"></td></tr>
<tr><td colspan="2">提交成果</td><td colspan="6"></td></tr>
<tr><td rowspan="8">任务实施</td><td rowspan="5">完成步骤</td><td>第 1 步</td><td colspan="5"></td></tr>
<tr><td>第 2 步</td><td colspan="5"></td></tr>
<tr><td>第 3 步</td><td colspan="5"></td></tr>
<tr><td>第 4 步</td><td colspan="5"></td></tr>
<tr><td>第 5 步</td><td colspan="5"></td></tr>
<tr><td>问题求助</td><td colspan="6"></td></tr>
<tr><td>难点解决</td><td colspan="6"></td></tr>
<tr><td>重点记录</td><td colspan="6"></td></tr>
<tr><td rowspan="2">学习反思</td><td>不足之处</td><td colspan="6"></td></tr>
<tr><td>待解问题</td><td colspan="6"></td></tr>
<tr><td>课后</td><td>拓展学习</td><td>能力进阶</td><td colspan="6">应急照明和疏散指示系统通常要配合火灾报警控制器的使用，查阅相关资料，谈谈应急照明和疏散指示系统在消防工程中起到的作用。</td></tr>
<tr><td colspan="2" rowspan="5">过程评价</td><td rowspan="2">自我评价（5 分）</td><td>课前学习</td><td>时间观念</td><td>实施方法</td><td>职业素养</td><td>成果质量</td><td>分值</td></tr>
<tr><td></td><td></td><td></td><td></td><td></td><td></td></tr>
<tr><td rowspan="2">小组评价（5 分）</td><td>任务承担</td><td>时间观念</td><td>团队合作</td><td>能力素养</td><td>成果质量</td><td>分值</td></tr>
<tr><td></td><td></td><td></td><td></td><td></td><td></td></tr>
<tr><td>综合打分</td><td colspan="6">自我评价分值＋小组评价分值：</td></tr>
</table>

# 知识与技能 2.3　应急照明和疏散指示系统设计

## 2.3.1　知识点—应急照明和疏散指示系统形式

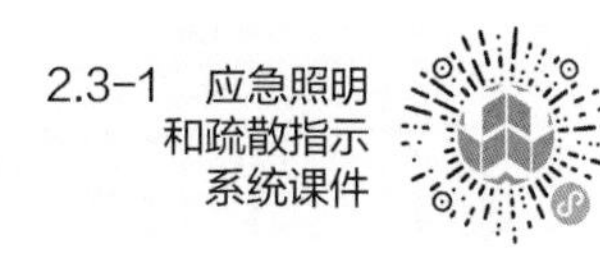


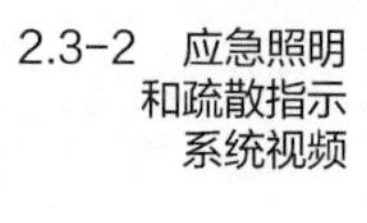

应急照明和疏散指示系统按控制方式主要有 3 种类型：自带电源非集中控制型、集中电源非集中控制型、集中控制型。

### 1. 自带电源非集中控制型系统

自带电源非集中控制型系统主要由应急照明配电箱、消防应急灯具和配电线路等组成。发生火灾时，消防联动控制器联动控制应急照明配电箱的工作状态，进而控制各路消防应急灯具的工作状态。自带电源非集中控制型系统如图 2.3-1 所示。

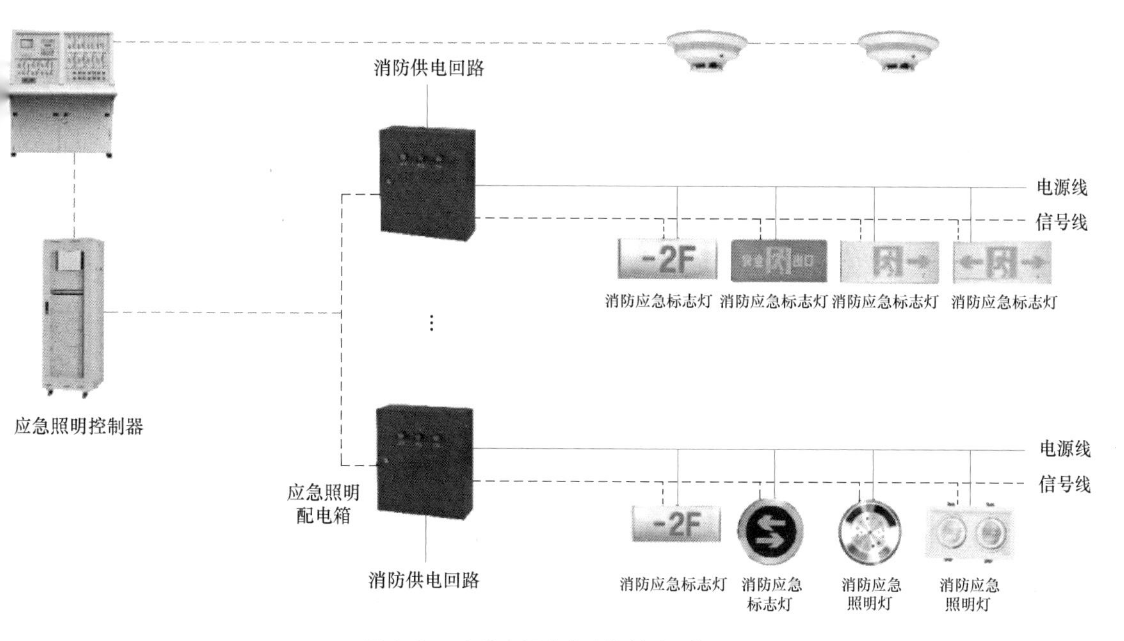


图 2.3-1　自带电源非集中控制型系统图

### 2. 集中电源非集中控制型系统

集中电源非集中控制型系统主要由应急照明集中电源、应急照明配电箱、消防应急灯具和配电线路等组成，消防应急灯具可为持续型或非持续型。发生火灾时，消防联动控制器联动控制集中电源和/或应急照明分配电装置的工作状态，进而控制各路消防应急灯具的工作状态。集中电源非集中控制型系统如图 2.3-2 所示。

### 3. 集中控制型系统

2.3-3　集中电源
控制型应急照明与
疏散指示系统图

集中控制型系统主要由应急照明控制器、应急照明集中电源、应急电源配电箱、消防应急灯具和配电线路等组成，消防应急灯具可为持续型或非持续型。持续型不管是主电源还是应急电源供电，灯具均亮，非持续型是主电供电时不亮，只有应急电源供电时才亮。

集中控制型系统特点是所有消防应急灯具的工作状态都受应急照明集中控制器控制。

发生火灾时，火灾报警控制器或消防联动控制器向应急照明集中控制器发出相关信号，应急照明集中控制器按照预设程序控制各消防应急灯具的工作状态。集中控制型系统图如图2.3-3所示。

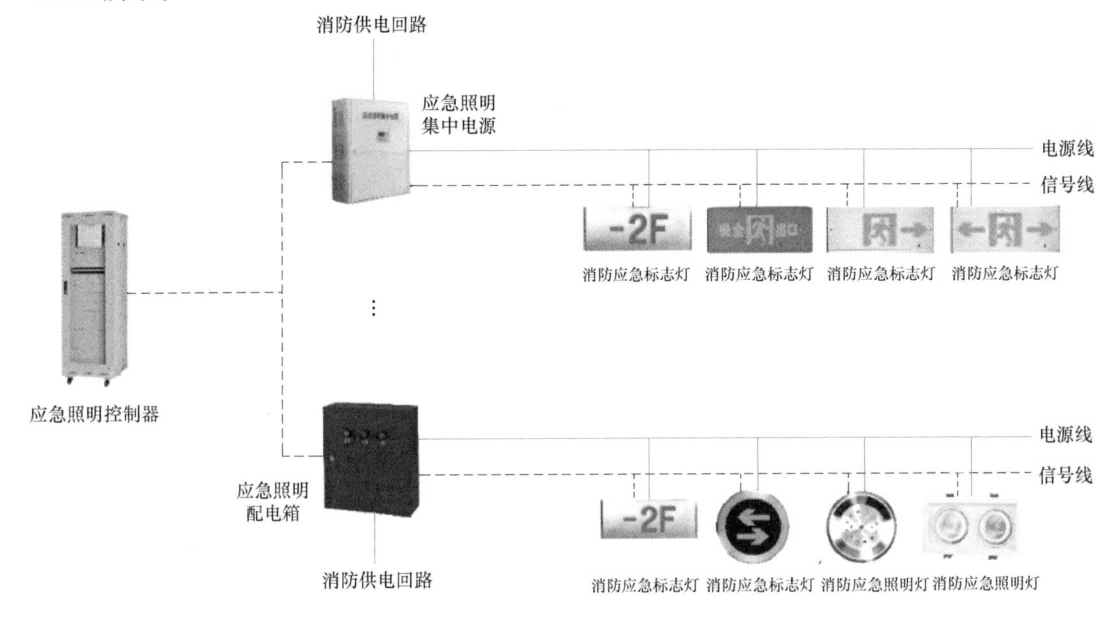


图2.3-2 集中电源非集中控制型系统图

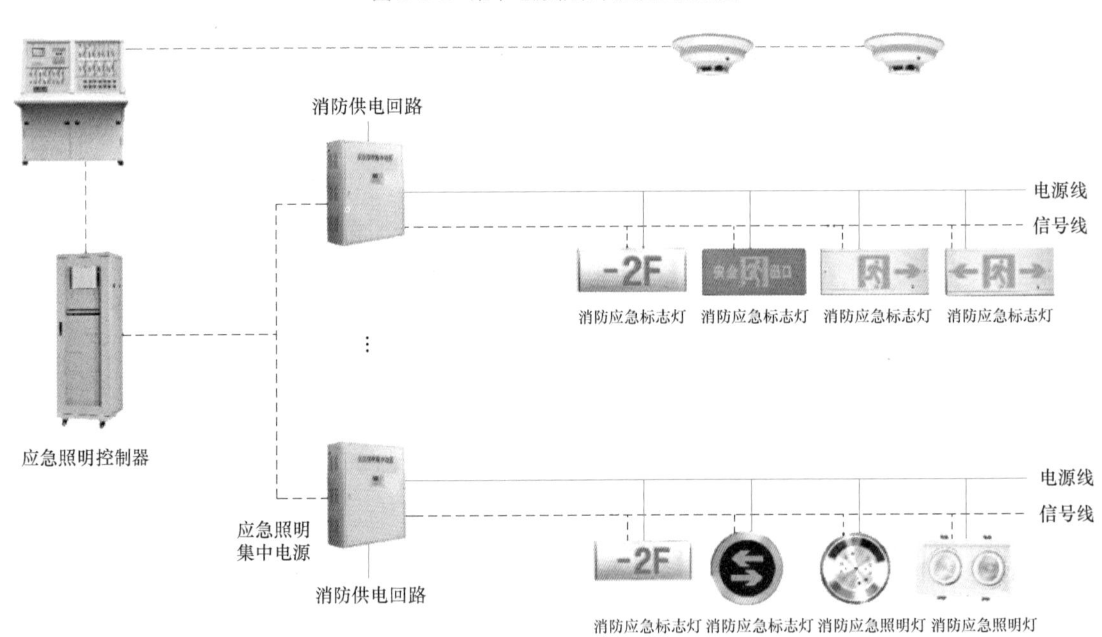


图2.3-3 集中控制型系统图

## 2.3.2 知识点—应急照明系统的设置

### 1. 火灾应急照明设置场所

除建筑高度小于27m的住宅建筑外，民用建筑、厂房和丙类仓库的下列部位应设置疏散照明：

（1）封闭楼梯间、防烟楼梯间及其前室、消防电梯间的前室或合用前室、避难走道、避难层（间）；

（2）观众厅、展览厅、多功能厅和建筑面积大于 200$m^2$ 的营业厅、餐厅、演播室等人员密集的场所；

（3）建筑面积大于 100$m^2$ 的地下或半地下公共活动场所；

（4）公共建筑内的疏散走道；

（5）人员密集的厂房内的生产场所及疏散走道。

2. 设置要求

（1）应急转换时间

1）系统的应急转换时间不应大于 5s；

2）高危险区域使用系统的应急转换时间不应大于 0.25s。

（2）应急转换控制

1）在消防控制室，应设置强制使消防应急照明和疏散指示系统切换和应急投入的手自动控制装置；

2）在设置了火灾自动报警系统的场所，消防应急照明和疏散指示系统的切换和应急投入要接受火灾自动报警系统的联动控制。

（3）备用照明

消防控制室、消防水泵房、自备发电机房、配电室、防排烟机房以及发生火灾时仍需正常工作的消防设备房应设置备用照明，其作业面的最低照度不应低于正常照明的照度。

（4）照明灯具

1）疏散照明灯具应设置在出口的顶部、墙面的上部或顶棚上；

2.3-4　应急照明平面图

2）备用照明灯具应设置在墙面的上部或顶棚上。

（5）公共建筑、建筑高度大于 54m 的住宅建筑、高层厂房（库房）和甲、乙、丙类单、多层厂房，应设置灯光疏散指示标志，并应符合下列规定：

1）应设置在安全出口和人员密集的场所的疏散门的正上方；

2.3-5　疏散指示标志平面图

2）应设置在疏散走道及其转角处距地面高度 1.0m 以下的墙面或地面上。灯光疏散指示标志的间距不应大于 20m，对于袋形走道，不应大于 10m，在走道转角区，不应大于 1.0m。

疏散指示标志布置示例如图 2.3-4 所示。

（6）下列建筑或场所应在疏散走道和主要疏散路径的地面上增设能保持视觉连续的灯光疏散指示标志或蓄光疏散指示标志：

1）总建筑面积大于 8000$m^2$ 的展览建筑；

2）总建筑面积大于 5000$m^2$ 的地上商店；

3）总建筑面积大于 500$m^2$ 的地下或半地下商店；

4）歌舞娱乐放映游艺场所；

5）座位数超过 1500 个的电影院、剧场，座位数超过 3000 个的体育馆、会堂或礼堂；

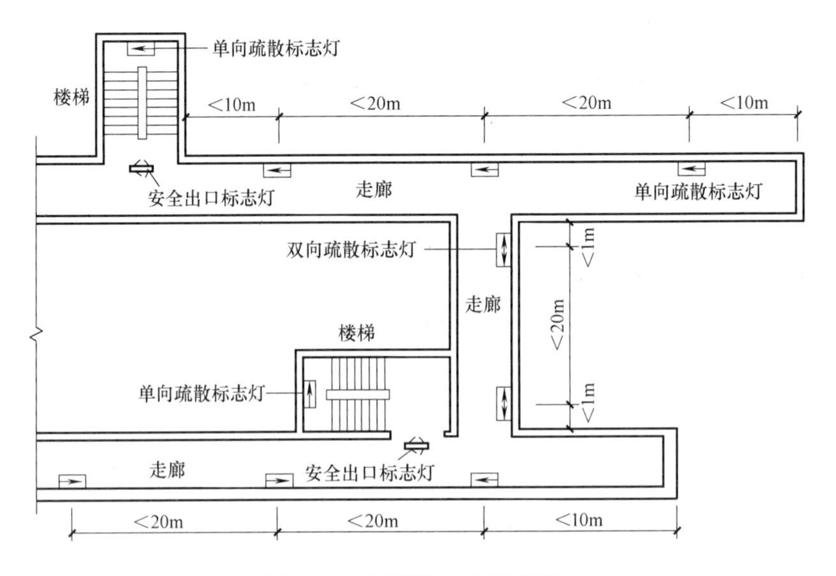


图 2.3-4　疏散指示标志布置示例

6）车站、码头建筑和民用机场航站楼中建筑面积大于 $3000m^2$ 的候车、候船厅和航站楼的公共区。

（7）建筑内疏散照明的地面最低水平照度应符合下列规定：

1）对于疏散走道，不应低于 1.0lx；

2）对于人员密集场所、避难层（间），不应低于 3.0lx；

3）对于病房楼或手术部的避难间，不应低于 10.0lx；

4）对于楼梯间、前室或合用前室、避难走道，不应低于 5.0lx。

（8）建筑内消防应急照明和灯光疏散指示标志的备用电源的连续供电时间应符合下列规定：

1）建筑高度大于 100m 的民用建筑，不应少于 1.5h；

2）医疗建筑、老年人建筑、总建筑面积大于 $100000m^2$ 的公共建筑和总建筑面积大于 $20000m^2$ 的地下、半地下建筑，不应少于 1.0h；

3）其他建筑，不应少于 0.5h。

## 2.3.3　知识点—应急照明系统的供电

应急照明电源，宜采用集中应急电源，亦可采用集中蓄电池电源或照明具自带电源作为应急电源，应急照明中的疏散指示标志和安全出口标志也可采用无电源蓄光装置。并应满足以下要求：

（1）当建筑物消防用电负荷等级为一级，采用交流电源供电时，宜由消防总电源提供双电源，以双回路树干式或放射式供电，按防火分区设置末端双电源自动切换应急照明配电箱，提供该分区内的备用照明和疏散照明电源。

（2）当建筑物的消防用电负荷等级为一级，其应急照明电源采用集中蓄电池（或灯具自带电源）或消防用电负荷等级为二级采用交流电源时，宜由消防总电源提供专用回路采用树干式供电，按防火分区设置应急照明配电箱提供该分区内的备用照明和疏散照明电源。

（3）高层建筑楼梯间的应急照明，宜由消防总电源中的应急电源，提供专用回路，采用树干式供电，根据应急照明负荷大小，可以按楼层设置应急照明配电箱，也可以多层（但不超过 4 层）共用应急照明配电箱，设置应急照明配电箱，提供备用照明和疏散照明电源。

（4）备用照明和疏散照明，不应同一分支回路供电，当建筑物内设有消防控制室时，疏散照明宜在消防控制室控制。

（5）当疏散指示标志和安全出口标志，所处环境的自然采光或人工照明能满足蓄光装置的要求时，可采用蓄光装置作为此类照明光源的辅助照明。

由消防总电源提供双电源双回路树干式末端自动切换供电方式如图 2.3-5 所示，主供、备供的两路电源来自两个独立电源，按防火分区设置双电源自动切换应急照明配电箱。单相支路为三线制（若灯具为金属外壳且安装高度低于 2.4m 时，需加接 PE 线），应急照明亮灭可控，火灾时由消防联动控制模块 M 强制点亮。

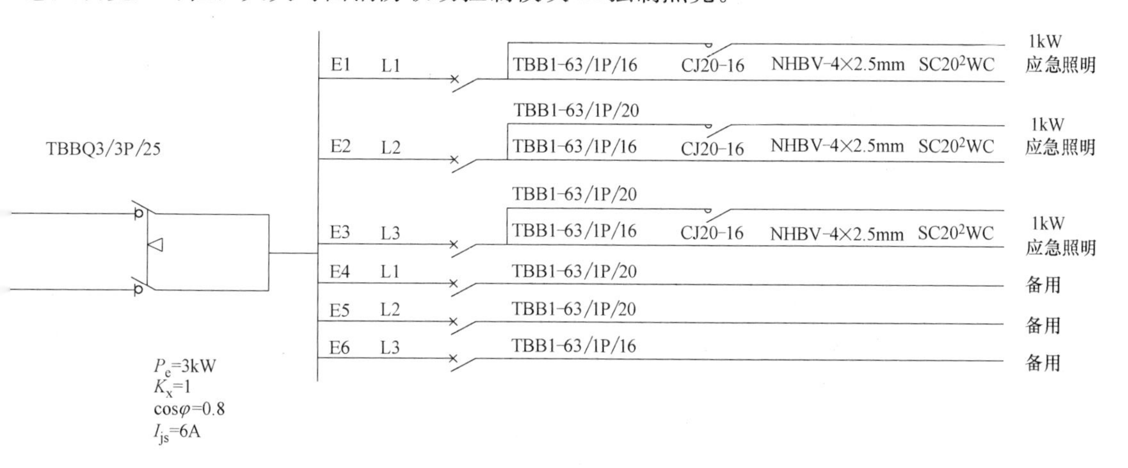


图 2.3-5　双电源双回路树干式末端自动切换供电方式

国内目前还普遍使用应急照明系统自带电源的应急照明灯具。该灯具正常电源接自普通照明供电回路中，平时对应急灯蓄电池充电，当正常电源断电时，备用电源（蓄电池）自动供电。这种形式的应急灯每个灯具内部都有变压、稳压、充电、逆变、蓄电池等大量的电子元器件，应急灯在使用、检修、故障时电池均需充放电。

集中蓄电池电源集中控制型应急灯具内无自带电源，正常时由普通电源供电，正常照明电源故障时，由集中蓄电池电源供电。在这种形式的应急照明系统中，所有灯具内部复杂的电子电路被省掉了，应急照明灯具与普通的灯具无异，集中供电系统设置在专用的房间内或应急照明配电箱内。

与自带蓄电池电源应急灯具相比，集中蓄电池电源集中控制型应急灯具有便于集中管理、用户自查、消防监督检查、延长灯具寿命、提高应急疏散效能等优点，每个应急灯具内没有备用电源（蓄电池），若供电线路发生故障，则会直接影响到应急照明系统的正常运行，所以对其供电线路敷设有特殊的防火要求。而自带电源独立控制型应急灯具因为在每个应急灯具内都带有备用电源（蓄电池），所以供电线路故障并不会影响到备用电源发生作用。应急灯发生故障时一般也只影响该灯具本身，对整个系统影响不大。

在选择应急照明灯时，应根据具体情况合理选择应急照明系统。一般来说，新建工程或设有消防控制室的工程，应尽量在建设过程中统一布线，选用集中电源集中控制型应急照明；对于小型场所、后期整改或二次装潢改造的工程应选用自带电源独立控制型应急照明。

问题思考

1. 应急照明和疏散指示系统按控制方式主要有________、__________和__________三种类型。

2. 沿疏散走道设置的灯光疏散指示标志，应设置在疏散走道及其转角处距地面高度____m以下的墙面上，且灯光疏散指示标志间距不应大于____m。对于袋形走道，不应大于____m。在走道转角区，不应大于____m。

3. 应急照明的设置场所包括（　　）（多选题）。

A. 封闭楼梯间、防烟楼梯间及其前室、消防电梯间的前室或合用前室和避难层（间）

B. 消防控制室、消防水泵房、自备发电机房、配电室、防烟与排烟机房以及发生火灾时仍需正常工作的其他房间

C. 建筑面积超过100$m^2$的地下、半地下建筑或地下室、半地下室中的公共活动场所

D. 公共建筑中的疏散走道

4. 应急照明系统的供电控制有哪些要求?

知识拓展

应急疏散照明技术是一项受到各国重视、有多年发展历史和涉及建筑火灾时保证人员生命安全的重要救生疏散技术，应急灯具包括照明和标志灯具两类。近年来，随着照明技术的迅速发展，高大而复杂的智能建筑日益增多，应急照明法规和标准不断健全和完善，应急灯具产品品种不断增多，性能不断改进，技术水平有很大提高，得到了广泛的应用和发展。

应急照明和疏散指示系统配合火灾报警控制器的使用，在危急时刻，能够快速针对风向、就近出口、火灾的走势、人群密度做出分析，给出安全的疏散路径指示，智能打开消防应急标志灯的指示方向以及应急照明灯，帮助建筑内的人群实时地选择逃生路线，指引安全逃生方向，保障群众的人身安全。

发生火灾后，在智能消防应急照明疏散系统运作下，调整应急标志等指示方向，探测建筑环境内的烟雾及火灾点，做出分析后，发出报警信号，主机在收到信息后，便会下发各项操作，从而使人员在指示灯的引导下，顺利撤离火灾现场。

拓展学习资源

2.3-6 消防应急照明和疏散指示系统及联动控制

2.3-7 应急照明和疏散指示系统组件的安装

# 任务 2.4 照明节能与智能控制

照明节能工作一般从推广绿色照明工程，提高照明设计水平，使用新型节能器具，改进照明控制方式和引入合同能源管理五方面展开工作。其中改进照明控制方式是照明节能工作中的重要抓手。本任务从照明节能的意义、照明节能评价指标（照明功率密度值 *LPD*）、照明控制要求及策略来重点阐述照明节能工程中智能控制这一环节。

【教学目标】

| 知识目标 | 能力目标 | 素养目标 | 思政目标 |
|---|---|---|---|
| 1. 熟悉照明功率密度；<br>2. 掌握智能照明控制方式。 | 1. 能根据灯具、照明合理性等来确定照明节能措施；<br>2. 能正确选择智能照明控制方式。 | 1. 养成依据规范设计的习惯；<br>2. 具备节能设计理念。 | 1. 深化节能环保的绿色理念；<br>2. 坚守可持续发展科学思想。 |

思维导图 2.4　照明节能与智能控制

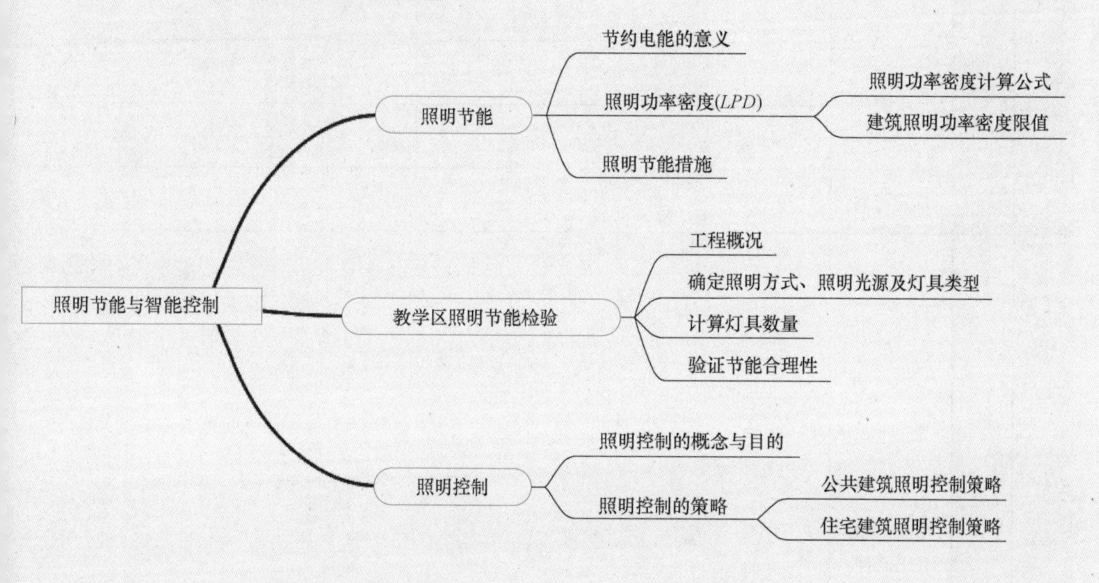

# 学生任务单 2.4 照明节能与智能控制

| 任务名称 | 照明节能与智能控制 | | |
|---|---|---|---|
| 学生姓名 | | 班级学号 | |
| 同组成员 | | | |
| 负责任务 | | | |
| 完成日期 | | 完成效果 | |

<table>
<tr><td colspan="2">任务描述</td><td colspan="4">已知教室长 9m，宽 6m，黑板长 4m，宽 2m。请计算教室的灯具数量及布置。请采用照明功率密度检验教室灯具数量是否符合规范要求。</td></tr>
<tr><td rowspan="7">课前</td><td rowspan="7">自主探学</td><td rowspan="6">任务分工</td><td colspan="3">□ 合作完成 □ 独立完成</td></tr>
<tr><td>任务明细</td><td>完成人</td><td>完成时间</td></tr>
<tr><td></td><td></td><td></td></tr>
<tr><td></td><td></td><td></td></tr>
<tr><td></td><td></td><td></td></tr>
<tr><td></td><td></td><td></td></tr>
<tr><td>参考资料</td><td colspan="3"></td></tr>
<tr><td>课中</td><td>互动研学</td><td>完成步骤（用流程图表达）</td><td colspan="3"></td></tr>
</table>

<table>
<tr><td rowspan="14"></td><td colspan="2">本人任务</td><td colspan="6"></td></tr>
<tr><td colspan="2">角色扮演</td><td colspan="6">□有角色 ____________　□无角色</td></tr>
<tr><td colspan="2">岗位职责</td><td colspan="6"></td></tr>
<tr><td colspan="2">提交成果</td><td colspan="6"></td></tr>
<tr><td rowspan="8">任务实施</td><td rowspan="5">完成步骤</td><td colspan="2">第 1 步</td><td colspan="4"></td></tr>
<tr><td colspan="2">第 2 步</td><td colspan="4"></td></tr>
<tr><td colspan="2">第 3 步</td><td colspan="4"></td></tr>
<tr><td colspan="2">第 4 步</td><td colspan="4"></td></tr>
<tr><td colspan="2">第 5 步</td><td colspan="4"></td></tr>
<tr><td>问题求助</td><td colspan="6"></td></tr>
<tr><td>难点解决</td><td colspan="6"></td></tr>
<tr><td>重点记录</td><td colspan="6"></td></tr>
<tr><td rowspan="2">学习反思</td><td>不足之处</td><td colspan="6"></td></tr>
<tr><td>待解问题</td><td colspan="6"></td></tr>
<tr><td>课后</td><td>拓展学习</td><td>能力进阶</td><td colspan="6">教学楼走廊长 21m(含楼层平台),宽 1.8m,层高 3.6m。请计算走廊灯具数量,并采用照度检验室外走廊灯具数量是否符合规范要求。</td></tr>
<tr><td colspan="2" rowspan="5">过程评价</td><td rowspan="2">自我评价<br>(5 分)</td><td>课前学习</td><td>时间观念</td><td>实施方法</td><td>职业素养</td><td>成果质量</td><td>分值</td></tr>
<tr><td></td><td></td><td></td><td></td><td></td><td></td></tr>
<tr><td rowspan="2">小组评价<br>(5 分)</td><td>任务承担</td><td>时间观念</td><td>团队合作</td><td>能力素养</td><td>成果质量</td><td>分值</td></tr>
<tr><td></td><td></td><td></td><td></td><td></td><td></td></tr>
<tr><td>综合打分</td><td colspan="6">自我评价分值+小组评价分值:</td></tr>
</table>

# 知识与技能 2.4　照明节能与智能控制

2.4-1　任务课件

2.4-2　任务视频

2.4-3　规范学习

## 2.4.1　知识点—照明节能

### 1. 照明节能的意义

节约能源是我国经济建设中的一项重大政策。在建筑电能消耗上，照明设备成为继空调、供暖电器之后的第二能耗大户，据统计，我国照明用电消耗约占整个用电消耗的 20%，在当前能源极度稀缺、环境污染日益严重的情况下，降低照明用电是推进节能减排的重要途径。特别是公共建筑，在全年能耗中照明能耗约占 30%～40%，经分析，这些建筑在供暖空调系统、照明、给水排水以及电气等方面，有较大的节能潜力。依照《公共建筑节能设计标准》GB 50189—2015，全年供暖、通风、空气调节和照明的总能耗减少目标约 20%～23%，其中，照明设备分担电能节能率约 7%～9%，因此，照明节能也是落实国家标准、推进节约型社会建设的重要任务。

随着新型绿色节能光源的出现和智能照明技术的不断发展，借助各种不同的智能化控制方式和控制元件，对不同时间不同环境的光照度进行精确设置和管理，一定会实现最大的节能效果。节约电能是一项不投资或少投资就能取得很大经济效益的工作，对于促进国民经济的发展，具有十分重要的意义。

### 2. 照明功率密度（*LPD*）

在我国采用照明功率密度（*LPD*）作为建筑照明节能评价指标，其单位为“W/m$^2$”。*LPD* 值应符合《建筑照明设计标准》GB 50034—2013 第 6.3 节的规定。不应使用照明功率密度限值作为设计计算照度的依据。设计中应采用平均照度、点照度等计算方法，先计算照度，在满足照度标准值的前提下计算所用的灯具数量及照明负荷（包括光源、镇流器或变压器等灯的附属用电设备），再用 *LPD* 值作校验和评价。

（1）照明功率密度计算公式

建筑的房间或场所，单位面积的照明安装功率（含镇流器，变压器的功耗），单位为：W/m$^2$。

$$LPD=\frac{\sum P}{A} \tag{2.4-1}$$

式中　$\sum P$——房间内装设光源（含镇流器）的功率和，W；

　　$A$——房间面积，m$^2$。

（2）建筑照明功率密度限值

室内场所建筑照明功率密度限值可查阅《建筑照明设计标准》GB 50034—2013 第 6 章。（下面未列出的功率密度限值，扫资源二维码“规范学习”即可见）

1）住宅建筑每户照明功率密度限值如表 2.4-1 所示。

住宅建筑每户照明功率密度限值　　表 2.4-1

| 房间或场所 | 照度标准值(lx) | 照明功率密度限值($W/m^2$) | |
|---|---|---|---|
| | | 现行值 | 目标值 |
| 起居室 | 100 | ≤6.0 | ≤5.0 |
| 卧室 | 75 | | |
| 餐厅 | 150 | | |
| 厨房 | 100 | | |
| 卫生间 | 100 | | |
| 职工宿舍 | 100 | ≤4.0 | ≤3.5 |
| 车库 | 30 | ≤2.0 | ≤1.8 |

2）图书馆建筑照明功率密度限值。

3）办公建筑和其他类型建筑中具有办公用途场所的照明功率密度限值。

4）商店建筑照明功率密度限值。

5）旅馆建筑照明功率密度限值。

6）医疗建筑照明功率密度限值。

7）教育建筑照明功率密度限值如表 2.4-2 所示。

教育建筑照明功率密度限值　　表 2.4-2

| 房间或场所 | 照度标准值(lx) | 照明功率密度限值($W/m^2$) | |
|---|---|---|---|
| | | 现行值 | 目标值 |
| 教室、阅览室 | 300 | ≤9.0 | ≤8.0 |
| 实验室 | 300 | | |
| 多媒体教室 | 300 | | |
| 美术教室 | 500 | ≤15.0 | ≤13.5 |
| 计算机教室、电子阅览室 | 500 | | |
| 学生宿舍 | 150 | ≤5.0 | ≤4.5 |

8）博览建筑照明功率密度限值。

9）会展建筑照明功率密度限值。

10）交通建筑照明功率密度限值。

11）金融建筑照明功率密度限值。

12）工业建筑非爆炸危险场所照明功率密度限值。

13）公共和工业建筑非爆炸危险场所通用房间或场所照明功率密度限值。

### 3. 照明节能措施

（1）合理处理好关系

照明节能是一项系统工程，涉及系统中的各个环节的效率。在实施照明节能的过程中应处理好照明节能与照度水平、照明质量、装饰美观、建筑投资等之间的关系。

（2）合理确定照度标准

按照相关标准确定照度，控制设计照度与照度标准值的偏差以及明确作业面邻近

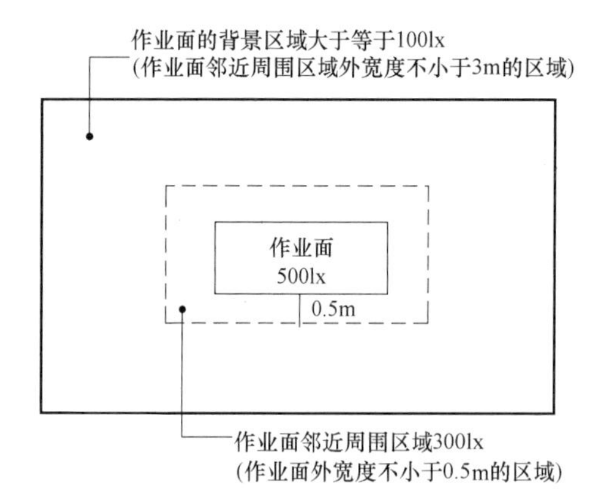


图 2.4-1 作业面及邻近区域照度值示例

区、非作业面、通道的照度要求如图 2.4-1 所示。

（3）合理选择照明方式

为了满足作业的视觉要求，应分情况采用一般照明、分区一般照明或混合照明的方式。对照度要求较高的场所，单纯使用一般照明的方式，不利于节能。

1）混合照明的应用：在照度要求高，但作业面密度又不大的场所，若只装设一般照明，会大大增加照明安装功率，应采用混合照明方式，以局部照明来提高作业面的照度，以节约能源。一般在照度标准要求超过 750lx 的场所设置混合照明，在技术经济方面是合理的。

2）分区一般照明的应用：在同一场所不同区域有不同照度要求时，为贯彻该高则高和该低则低的原则，应采用分区一般照明方式。

（4）选择优质、高效的照明器材

1）选择高效光源，淘汰和限制低效光源的应用

常用光源的主要技术指标见表 2.4-3。选择光源的依据如下：①光效高符合标准规定的节能评价值的光源；②颜色质量良好，显色指数高，色温宜人；③使用寿命长；④启动快捷可靠，调光性能好；⑤性价比高。

常用光源的主要技术指标　　表 2.4-3

| 光源种类 | 光效(lm/W) | 显色指数 $Ra$ | 平均寿命(h) | 启动时间 | 性价比 |
|---|---|---|---|---|---|
| 白炽灯 | 8～12 | 99 | 1000 | 快 | 低 |
| 三基色直管荧光灯 | 65～105 | 80～85 | 12000～15000 | 0.5～1.5s | 高 |
| 紧凑型荧光灯 | 40～75 | 80～85 | 8000～10000 | 1～3s | 不高 |
| 金属卤化物灯 | 52～100 | 65～80 | 10000～20000 | 2～3min | 较低 |
| 陶瓷金卤灯 | 60～120 | 82～85 | 15000～20000 | 2～3min | 较高 |
| 无极灯 | 55～82 | 80～85 | 40000～60000 | 较快 | 较高 |
| LED 灯 | 60～120 | 60～80 | 25000～50000 | 较快 | 较低 |
| 高压钠灯 | 80～140 | 23～25 | 24000～32000 | 2～3min | 高 |
| 高压汞灯 | 25～55 | ～35 | 10000～15000 | 2～3min | 低 |

对于高度较低的功能性照明场所（如办公室、教室、高度在 8m 以下公共建筑和工业生产房间等）应采用细管径直管荧光灯，而不应采用紧凑型荧光灯，后者主要用于有装饰要求的场所。

扩大 LED 灯的应用，室内的下列场所和条件可优先采用 LED 灯：①需要设置节能自熄和亮暗调节的场所，如楼梯间、走廊、电梯内、地下车库；②需要调光的无

人经常工作、操作的场所，如机房、库房和只进行巡检的生产场所；③更换光源困难的场所；④建筑标志灯和疏散指示标志灯；⑤振动大的场所（如锻造、空压机房等）；⑥低温场所。

2）选择高效灯具

灯具效率的高低以及灯具配光的合理配置，对提高照明能效同样有不可忽视的影响。但是提高灯具效率和光的利用系数，涉及问题比较复杂，和控制眩光、灯具的防护（防水、防固体异物等级）装饰美观要求等有矛盾，必须合理协调，兼顾各方面要求。

选用光通维持率高的灯具，以避免使用过程中灯具输出光通过度下降。合理降低灯具安装高度和提高房间各表面反射比来提高灯具利用系数。

选用配光合理的灯具。照明设计中，应根据房间的室形指数（$RI$）值选取不同配光的灯具，可参照下列原则选择：①当 $RI=0.5\sim0.8$ 时，选用窄配光灯具；②当 $RI=0.8\sim1.65$ 时，选用中配光灯具；③当 $RI=1.65\sim5$ 时，选用宽配光灯具。

在满足眩光限制和配光要求条件下，①荧光灯灯具效率不应低于：开敞式的为 75%，带透明保护罩的为 70%，带磨砂或棱镜保护罩的为 55%，带格栅的为 65%；②出光口为格栅形式的 LED 筒灯灯具的效能：2700K 为 55lm/W，3000K 为 60lm/W，4000K 为 65lm/W，出光口为保护罩形式的 LED 筒灯灯具的效能：2700K 为 60lm/W，3000K 为 65lm/W，4000K 为 70lm/W；③高强气体放电灯灯具效率不应低于：开敞式的为 75%，格栅或透光罩的为 60%。上述数值均为最低允许值，设计中宜选择效率（或效能）更高的灯具。

3）选择节能型镇流器

镇流器是气体放电灯具不可缺少的附件，但自身功耗比较大，降低了照明系统能效。镇流器质量的优劣对照明质量和照明能效都有很大影响。①直管荧光灯应配用电子镇流器或节能型电感镇流器，其优点是能效更高、频闪小、无噪声、可调光等。对于 T5 直管荧光灯由于电感镇流器不能可靠启动，应选用电子镇流器。②高压钠灯、金卤灯等 HID 灯应配节能型电感镇流器，不应采用传统的功耗大的普通电感镇流器。③管形荧光灯用非调光电子/电感镇流器，应按《管形荧光灯镇流器能效限定值及能效等级》GB 17896—2012 中规定进行选择。

（5）合理利用天然光

在可能条件下，应尽可能积极利用天然光以实现节约电能，常采用以下措施：①房间的采光系数或采光窗的面积比应符合《建筑采光设计标准》GB 50033—2013 的规定。②有条件时，适宜随室外天然光的变化自动调节人工照明的照度。③有条件时，适宜利用太阳能作为照明光源。④有条件时，适宜利用各种导光和反光装置将天然光引入无天然采光或采光很弱的室内进行照明。

（6）照明控制与节能

在公共场所因无有效的照明控制而导致无人工作时灯亮，局部区域工作时其他区域灯全部点亮，天然采光良好时人工照明点亮等。合理的照明控制有助于使用者按需要及时开关灯，避免无人管理的“长明灯”。照明控制可以提高管理水平，节省运行管理人力，节约电能。

### 2.4.2　技能点—教学区照明节能检验

#### 1. 工程概况

教室长 9m，宽 6m，黑板长 4m ，宽 2m。准备室长宽均为 6m。男厕内室长 4m，宽 3m，外室长 3m，宽 1.8m。走廊长 21m（含楼层平台），宽 1.8m，层高 3.6m（图 2.4-2）。

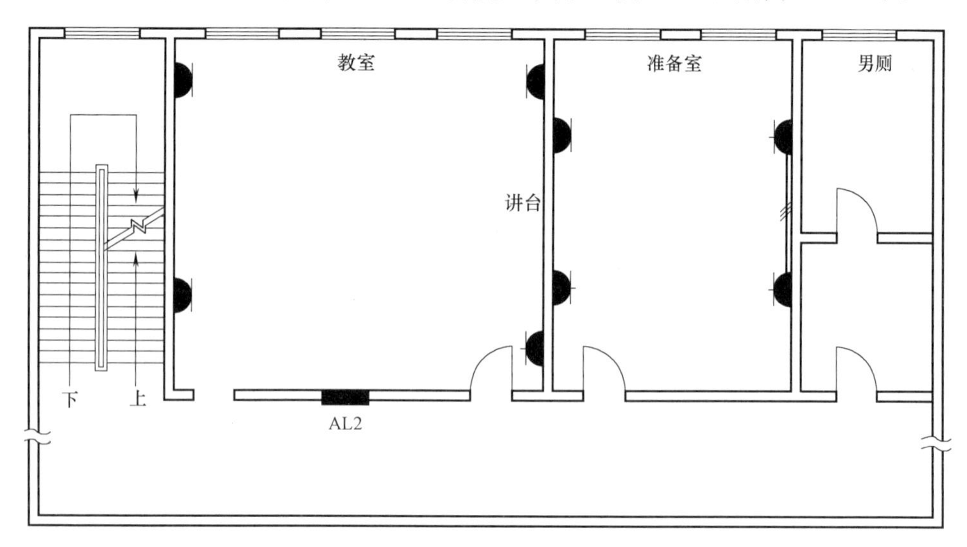


图 2.4-2　工程概况

#### 2. 确定照明方式、照明光源及灯具类型

依据《照明设计手册（第三版）》确定照明方式与照明光源。

（1）照明方式：采用一般照明与局部照明相结合的混合式照明。

（2）照明光源：选用三基色直管荧光灯，教室采用 T8 或 T5 型直管荧光灯。

（3）灯具类型：选用有一定保护角、效率不低于 75%的开启式配照型灯具。

依据《照明设计手册（第三版）》表 3-19，本案例中①选择室内筒式荧光灯灯具内为 T5 直管荧光灯 FH 21W/840 HE 型号，其额定功率 21W，光通量 1900lm，色温 4000K，显色指数大于等于 80，外形尺寸 16mm×849mm。②室外走廊灯具选择 32W 吸顶灯，其型号为 YH32RL（三基色），其额定功率 32W，光通量 2120lm，色温 4000K，显色指数大于 80。

依据《照明设计手册（第三版）》灯具的垂度通常为 0.3～1.5m 之间，教室的工作面高度通常取 0.75m。为了节能，本工程中灯具垂度为 1.15m。

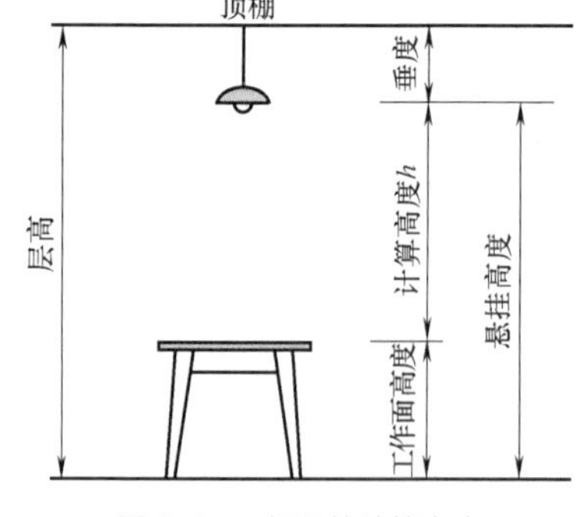


图 2.4-3　灯具的计算高度

灯具的计算高度，如图 2.4-3 所示。

$$h_{RC}=\text{层高}-\text{垂度}-\text{工作面高度}$$

$$=3.6-1.15-0.75=1.7\text{m}$$

注：依据《照明设计手册（第三版）》第 7 章学校照明，计算高度 $h_{RC}$ 宜为 1.7～2.1m，本项目计算高度为 1.7m 符合设计规范要求。

### 3. 计算灯具数量

依据《照明设计手册（第三版）》公式 $N=\frac{E_{av}}{\phi UK}$，确定教室里的照明灯具数量。

（1）计算参数

1）确定照度标准值 $E_{av}$

依据《建筑照明设计标准》GB 50034—2013，该标准中条款 5.3.7 黑板面上的照度均匀度不应低于 0.7，垂直照度平均值 $E_{av}$ 不应低于 500lx。教室桌面照度平均值 $E_{av}$ 不应低于 300lx，课桌按大学生的高度，取 0.75m，$UGR$ 统一眩光值取 19，显色指数大于等于 80，$U_0$ 为照度均匀度。走廊及楼梯间照度平均值 $E_{av}$ 不应低于 100lx。

2）确定利用系数取 $U$

依据《照明设计手册（第三版）》表 7-6，取教室顶棚反射比为 0.7，侧墙和后墙反射比为 0.7，地面反射比为 0.1；教室的室空间比：

$$RCR=\frac{5h_{RC}(L+W)}{L\times W}=\frac{5\times1.7\times(9+6)}{9\times6}=2.36$$

由于提供的灯具数据不全，我们利用《照明设计手册（第三版）》找近似数据，由表 5-16，此表距高比为 1.63，与我们计算的距高比 1.45 相近，从此表中查表取值，得利用系数 $U$ 在 0.58～0.62 之间，取 $U=0.6$。

与前面的教室利用系数取 0.6 方法相同，此处我们黑板利用系数取 $U=0.7$，走廊与楼梯间利用系数取 $U=0.4$。

3）确定维护系数取 $K$

依据《建筑照明设计标准》GB 50034—2013 第 4.1.6 条，教室灯具的维护系数取 $K=0.8$。依据《建筑照明设计标准》GB 50034—2013 表 4.4.1，教室色温选择 3300～5300K。

（2）计算灯具数量

1）由教室长 9m，宽 6m，知其面积 $A=9\times6\text{m}^2$，$E_{av}=300\text{lx}$，$\phi=1900\text{lm}$，$U=0.6$，$K=0.8$。将以上数据代入公式，计算教室灯具数量，如下所示。

$$N=\frac{E_{av}A}{\phi UK}=\frac{300\times9\times6}{1900\times0.6\times0.8}=17.8\approx18$$

每盏灯具由两支荧光灯管构成，教室内共布置 9 盏，采用 3×3 矩形布置。（注：$E_{av}$ 值在偏差 10%以内都是符合要求的。）

2）黑板长 4m、宽 2m，$E_{av}=500\text{lx}$，$\phi=1900\text{lm}$，$U=0.7$，$K=0.8$。将以上数据代入公式，计算教室黑板位置灯具数量，如下所示。

$$N=\frac{E_{av}A}{\phi UK}=\frac{500\times4\times2}{1900\times0.7\times0.8}=4$$

每盏灯具由两支荧光灯管构成，黑板位置灯具为 2 盏，平行黑板线形布置。

3）室外走廊长 21m，宽 1.8m，$E_{av}=100\text{lx}$，$\phi=2120\text{lm}$，$U=0.7$，$K=0.8$。将以上数据代入公式，计算室外走廊灯具数量，如下所示。

$$N=\frac{E_{av}A}{\phi UK}=\frac{100\times21\times1.8}{2120\times0.7\times0.8}=3.18\approx3$$

走廊3盏吸顶灯均匀分布。

4. 验证节能合理性

有两个检验方法：照度检验和照明功率密度检验。下面就从照度和照明功率密度两方面分别验证照明灯具数量是否符合规范要求。

（1）采用照度检验室外走廊灯具数量是否符合规范要求

$$E'=\frac{N\phi UK}{A}=\frac{3\times2120\times0.7\times0.8}{21\times1.8}=94.22\ \mathrm{lx}$$

$$\delta=\left|\frac{E'-E_{\mathrm{av}}}{E_{\mathrm{av}}}\right|=\left|\frac{94.22-100}{100}\right|=5.78\%<10\%$$

依据《建筑照明设计标准》GB 50034—2013第4.1.7条，设计照度与照度标准值的偏差不应超过±10%，故室外走廊灯具照度检验符合要求。

（2）采用照明功率密度检验教室灯具数量是否符合规范要求

教室内一共9盏，每盏2支灯管，每支灯管21W，其电子镇流器取3W，将以上数据代入式（2.4-1），如下所示。

$$LPD=\frac{\sum P}{A}=\frac{(21+3)\times9\times2}{9\times6}=8<9$$

依据《建筑照明设计标准》GB 50034—2013第6.1.2条，照明节能采用一般照明的照明功率密度值$LPD$作为评价指标，依据《建筑照明设计标准》GB 50034—2013表6.3.7，教室$LPD\leqslant9.0$，故教室照明功率密度检验符合节能要求。

### 2.4.3 知识点—照明控制

1. 照明控制的概念与目的

照明控制是采用自动控制技术及智能管理技术对建筑及环境照明的光源或灯具设备的开启、关闭、调节、组合、场景模式等实施控制与管理，以达到对建筑节能、环境艺术和传感联动等目的。主要用于智能建筑、智能装修、舞台效果、公共建筑等场所。

对于功能性照明来说，控制的主要目的就是实施科学合理的光源控制方案，以实现照明节能。

2. 照明控制的策略

（1）公共建筑照明控制策略

公共建筑是指旅馆、商场营业厅、会展建筑、候车室、候船室、民用机场航站楼、体育场馆、会堂以及公共娱乐场所等。

公共建筑照明控制的一般策略有四种：集中控制策略（应设集中控制，便于工作人员管理）、手动+自动控制策略（采用手动或自动方式开关灯）、分组控制策略（可采用分组开关方式或调光方式控制，按要求降低照度，有利于节能）、自动控制策略（采用自动开关、智能开关等，实现按需关灯和调光，实现节能）。

1）公共建筑和工业建筑的走廊、楼梯间、门厅等公共场所的照明，宜按建筑使用条件和天然采光状况采取分区、分组控制措施。

2）公共场所应采用集中控制，并按需要采取调光或降低照度的控制措施。

3）旅馆的每间（套）客房应设置节能控制型总开关，楼梯间、走道的照明，除应急疏散照明外，宜采用自动调节照度等节能措施。

4）除设置单个灯具的房间外，每个房间照明控制开关不宜少于2个。

5）当房间或场所装设两列或多列灯具时，宜按下列方式分组控制：

① 生产场所宜按车间、工段或工序分组；

② 在有可能分隔的场所，宜按每个有可能分隔的场所分组；

③ 电化教室、会议厅、多功能厅、报告厅等，宜按靠近或远离讲台分组；

④ 除上述场所外，所控灯列可与侧窗平行。

6）有条件的场所，宜采用下列控制方式：

① 可利用天然采光的场所，宜随天然光照度变化自动调节照度；

② 办公室的工作区域，公共建筑的楼梯间、走道等场所，可按使用需求自动开关灯或调光；

③ 地下车库宜按使用需求自动调节照度；

④ 门厅、大堂、电梯厅等场所，宜采用夜间定时降低照度的自动控制装置。

7）大型公共建筑宜按使用需求采用适宜的自动（含智能控制）照明控制系统。

（2）住宅建筑照明控制策略

1）住宅建筑共用部位的照明，应采用声控开关等延时自动熄灭或自动降低照度等节能措施。

2）公共通道的疏散照明采用节能自熄开关时，应采取消防时强制点亮的措施，并满足消防规范的相关要求。

3）起居室、卧室宜设置双控开关（带指示灯或自发光装置）。

4）大型灯具宜采用分组控制。

5）卫生间、浴室采用单控指示开关，宜装设于浴室外或采用防潮防水型面板。

6）厨房采用单控开关，宜装设于厨房外面。

## 问题思考

1. $\sum P$ 表示房间内装设的所有光源以及________________的功率之和。

2. 在同一场所不同区域有不同照度要求时，为贯彻该高则高和该低则低的原则，采用____一般照明方式。

3. 选择优质、高效的照明器材应遵循的原则有哪些？

4. 我们通常采用哪些措施来合理利用天然光？

5. 根据“2.4.2 技能点—教学区照明节能检验”案例，采用照明功率密度检验走廊灯具数量是否符合规范要求？

## 知识拓展 2.4　照明节能与智能控制

## 拓展学习资源

2.4-4　LPD 的计算与照明节能

2.4-5　照明控制节能案例

2.4-6　导光管照明系统

# 任务 2.5 电气照明平面图的识读与绘制

电气照明平面图是表示照明区域内照明灯具、开关、插座及配电箱等的平面位置及其型号、规格、数量、安装方式，并表示线路的走向、敷设方式及其导线型号、规格、根数等的图样。本任务先从识图基础知识及基本线路学起，再详细讲述绘制规则及步骤，来帮助读者掌握电气照明平面图。

【教学目标】

| 知识目标 | 能力目标 | 素养目标 | 思政目标 |
| --- | --- | --- | --- |
| 1. 掌握阅读电气照明平面图的基础知识；<br>2. 掌握电气照明平面图的绘制规则及步骤。 | 1. 能识读电气照明平面图；<br>2. 能绘制电气照明平面图。 | 1. 养成依据规范设计的习惯；<br>2. 增强和提高学习者的空间想象能力和空间逻辑思维能力。 | 1. 培养电气安全意识，提升社会责任感；<br>2. 培养工匠精神，增强职业荣誉感；<br>3. 激发求知欲望，提升服务社会本领。 |

思维导图 2.5　电气照明平面图的识读与绘制

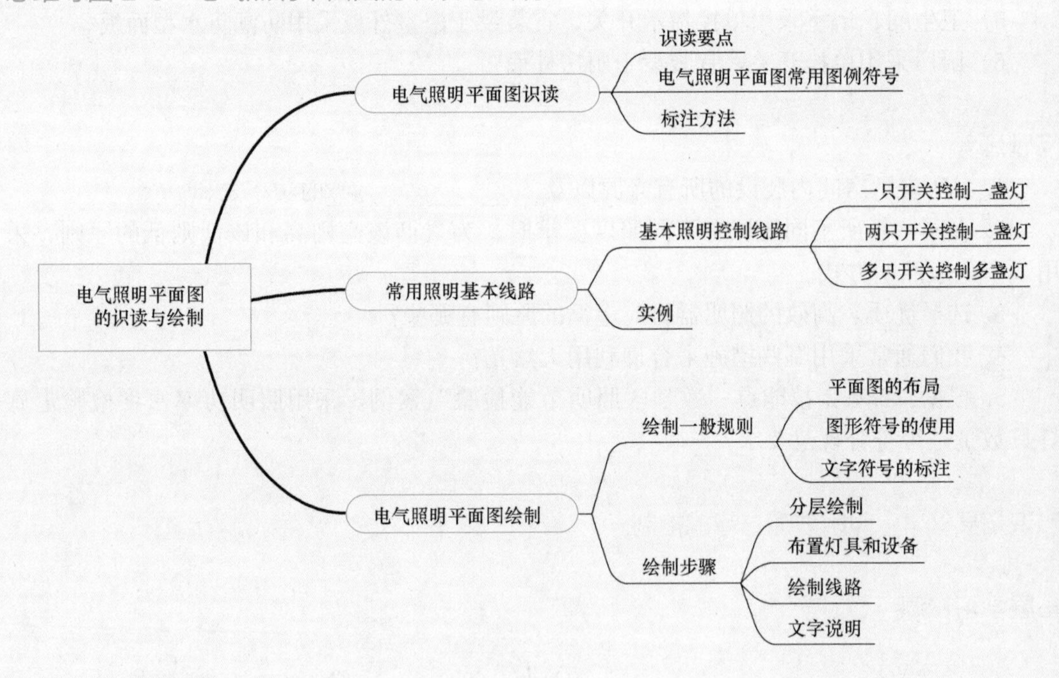

# 学生任务单 2.5　电气照明平面图的识读与绘制

<table>
<tr><td>任务名称</td><td colspan="3">电气照明平面图的识读与绘制</td></tr>
<tr><td>学生姓名</td><td></td><td>班级学号</td><td></td></tr>
<tr><td>同组成员</td><td colspan="3"></td></tr>
<tr><td>负责任务</td><td colspan="3"></td></tr>
<tr><td>完成日期</td><td></td><td>完成效果</td><td></td></tr>
</table>

<table>
<tr><td colspan="2">任务描述</td><td colspan="4">针对任务 2.5 实例分析并完善某教学楼局部区域平面图，请分析①教室、准备室及公共区域（楼梯、过道、男厕）内的室内照明灯具；②教室和准备室内安装的插座。然后完善平面图中三个区域的开关布置及线路连接。区域 1：室内（教室和准备室）灯具由双联单控暗装开关控制；区域 2：室外（楼梯和过道）由声光控延时开关控制；区域 3：男厕干湿分离两个单独空间，每个房间的灯具都由单联单控暗装开关控制。</td></tr>
<tr><td rowspan="7">课前</td><td rowspan="7">自主探学</td><td rowspan="6">任务分工</td><td colspan="3">□ 合作完成　　□ 独立完成</td></tr>
<tr><td>任务明细</td><td>完成人</td><td>完成时间</td></tr>
<tr><td></td><td></td><td></td></tr>
<tr><td></td><td></td><td></td></tr>
<tr><td></td><td></td><td></td></tr>
<tr><td></td><td></td><td></td></tr>
<tr><td>参考资料</td><td colspan="3"></td></tr>
<tr><td>课中</td><td>互动研学</td><td>完成步骤（用流程图表达）</td><td colspan="3"></td></tr>
</table>

<table>
<tr><td rowspan="14"></td><td colspan="2">本人任务</td><td colspan="6"></td></tr>
<tr><td colspan="2">角色扮演</td><td colspan="6">□有角色 ____________ □无角色</td></tr>
<tr><td colspan="2">岗位职责</td><td colspan="6"></td></tr>
<tr><td colspan="2">提交成果</td><td colspan="6"></td></tr>
<tr><td rowspan="8">任务实施</td><td rowspan="5">完成步骤</td><td>第 1 步</td><td colspan="5"></td></tr>
<tr><td>第 2 步</td><td colspan="5"></td></tr>
<tr><td>第 3 步</td><td colspan="5"></td></tr>
<tr><td>第 4 步</td><td colspan="5"></td></tr>
<tr><td>第 5 步</td><td colspan="5"></td></tr>
<tr><td>问题求助</td><td colspan="6"></td></tr>
<tr><td>难点解决</td><td colspan="6"></td></tr>
<tr><td>重点记录</td><td colspan="6"></td></tr>
<tr><td rowspan="2">学习反思</td><td>不足之处</td><td colspan="6"></td></tr>
<tr><td>待解问题</td><td colspan="6"></td></tr>
<tr><td>课后</td><td>拓展学习</td><td>能力进阶</td><td colspan="6">请通过手机扫码，识读本节拓展知识中的某教学楼照明平面图。完成以下任务：①灯具、开关，插座和配电箱的具体位置及安装方式；②灯具、开关之间的控制关系及具体接线。</td></tr>
<tr><td colspan="2" rowspan="5">过程评价</td><td rowspan="2">自我评价<br>（5 分）</td><td>课前学习</td><td>时间观念</td><td>实施方法</td><td>职业素养</td><td>成果质量</td><td>分值</td></tr>
<tr><td></td><td></td><td></td><td></td><td></td><td></td></tr>
<tr><td rowspan="2">小组评价<br>（5 分）</td><td>任务承担</td><td>时间观念</td><td>团队合作</td><td>能力素养</td><td>成果质量</td><td>分值</td></tr>
<tr><td></td><td></td><td></td><td></td><td></td><td></td></tr>
<tr><td>综合打分</td><td colspan="6">自我评价分值＋小组评价分值：</td></tr>
</table>

# 知识与技能 2.5　电气照明平面图的识读与绘制

2.5-1　任务课件 

2.5-2　任务视频 

2.5-3　规范学习 

## 2.5.1　知识点—电气照明平面图识读

照明施工图的阅读一般按设计说明、照明系统图、照明平面图与详图、设备材料表和图例并进的程序进行。

电气照明平面图表达的内容包括：照明灯具、开关、插座及配电箱等设备的平面位置及其型号、规格、数量、安装方式，照明线路的走向、敷设方式及其导线型号、规格、根数等。

### 1. 识读要点

照明系统图、照明平面图的阅读顺序一般由电流入户方向依次阅读，即：进户线→总配电箱→干线→分配电箱→支线→用电设备。

（1）平面图上显示的信息

1）进户点、进户线的位置及总配电箱、分配电箱的位置。表示配电箱的图例符号还可表明配电箱的安装方式是明装还是暗装，同时根据标注识别电源来路。

2）所有导线（进户线、干线、支线）的走向、导线根数及支线回路的划分，各条导线的敷设部位、敷设方式、导线规格型号、各回路的编号及导线穿管时所用管材管径应标注在图纸上，但有时为了图面整洁，也可以在系统图或施工说明中统一表明。

3）灯具、灯具开关、插座、吊扇等设备的安装位置。灯具的型号、数量、安装容量、安装方式及悬挂高度。

（2）平面图识读方法

1）看建筑物概况。楼层、每层房间数目、墙体厚度、门窗位置、承重梁柱的平面结构。

2）看各支路用电器的种类、功率及布置。灯具标注的一般内容有灯具数量、灯具类型、每个灯具的光源数量、每个光源的功率及灯具的安装高度等。

3）看导线的根数和方向。各条线路导线的根数和方向是电气平面图主要表现的内容，比较好的阅读方法是：首先了解各用电器的控制接线方式，然后再按配线回路情况将建筑物分成若干单元，最后按电源→导线→照明及其他电气设备的顺序将回路连通。

### 2. 电气照明平面图常用图例符号

常用的电气照明设备图形符号如表 2.5-1 所示。

常用的电气照明设备图形符号 表 2.5-1

| 图例符号 | 名称 | 图例符号 | 名称 |
| --- | --- | --- | --- |
| 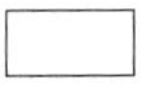 | 屏、台、箱、柜一般符号 |  | 双联单控开关(暗装) |
| | 动力或动力-照明配电箱 |  | 双联单控开关(密闭) |
| | 照明配电箱(屏) |  | 双联单控开关(防爆) |
|  | 事故照明配电箱(屏) |  | 单联拉线开关(明装) |
|  | 单相两极插座(明装) | 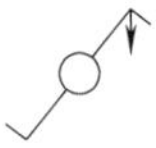 | 单联双控拉线开关(明装) |
|  | 单相两极插座(暗装) | 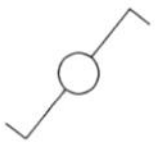 | 单联双控开关(明装) |
|  | 单相两极插座(密闭防水) |  | 声光控延时开关 |
|  | 单相三极插座(明装) | 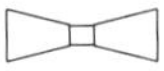 | 吊扇 |
|  | 单相三极插座(暗装) |  | 应急照明灯 |
|  | 单相三极插座(密闭防水) |  E | 应急照明灯 |
|  | 单相三极插座(防爆) | 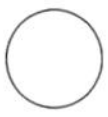 | 灯具一般符号 |
| 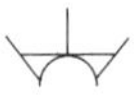 | 三相四极插座(明装) |  | 防水防尘灯 |
|  | 三相四极插座(暗装) | | 在专用电路上的事故照明灯 |
|  | 三相四极插座(密闭防水) |  | 自带电源的事故照明灯 |
|  | 三相四极插座(防爆) |  | 花灯 |
| 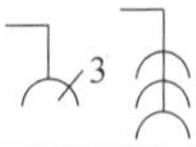 3 | 3 个插座 |  | 壁灯 |
|  | 单联单控开关(明装) | | 顶棚灯 |
|  | 单联单控开关(暗装) |  | 单管荧光灯 |
|  | 单联单控开关(密闭) | 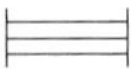 | 三管荧光灯 |
|  | 双联单控开关(明装) | 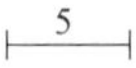 5 | 五管荧光灯 |

### 3. 标注方法

（1）照明配电箱

1）标注方式：X×R（X）×M×L-abcd

2）字母意义：X——配电箱；R（×）——安装方式（R为嵌入式，X为悬挂式）；M——照明用；L——设计序号；a——出线主开关型号（A表示DZ10、DZ20；B表示DZ12；C表示DZ15、DZ47；D表示C45N）；b——进线主开关极数（0表示无主开关；2表示二极主开关；3表示三极主开关）；c——出线回路数；d——出线方式（M表示单相照明；L表示三相动力）。

3）举例：

照明配电箱不是一成不变的，因为所使用的范围比较广泛（比如建筑工地、电厂、民用住宅或者办公大厦等），所以照明配电箱型号也有很多样式。

型号为XRM1-A312M的配电箱："XRM"表示低压嵌入式照明配电箱，"1"表示设计序号为1，"A"表示出线主开关型号DZ10/DZ20，"3"表示进线主开关极数为3，"12"表示出线回路数为12，"M"表示出线方式为单相照明。

（2）开关及断路器

1）标注方式：a-b-c/i；

2）字母意义：a——设备编号（可省）；b——设备型号；c——额定电流（A）；i——整定电流（A）。

3）举例：

① 熔断器标注为RL-2A/3A，表示的意思为螺旋式熔断器，其额定电流为2A，熔体的电流为3A。

注：R：熔断器（C：磁插式，S：快速式，L：螺旋式，T：有填料密闭管式，M：料密闭管式）。

② 断路器标注为C65N/2P＋vigi[1]30mA，25A，表示：小型断路器（空气开关）型号为C65N，极数为2（可同时切断相线和中性线），其脱扣器额定电流为25A，带漏电保护，漏电动作电流30mA。

③ 开关标注为m3-(DZ20Y-200)-200/200，表示：设备编号为m3，开关的型号为DZ20Y-200，额定电流为200A的低压空气断路器，断路器的整定电流值为200A。

（3）导线

1）标注方式：a-b（c×d）e-f。

2）字母意义：a——线路编号，表现形式：线路用途（表2.5-2）＋序号，可省，b——导线材质（表2.5-3），c——导线根数，d——导线的截面积，e——导线敷设方式（表2.5-4），f——导线敷设部位（表2.5-5）。

线路用途常用标注符号　　表2.5-2

| 序号 | 名称 | 符号 | 序号 | 名称 | 符号 |
|---|---|---|---|---|---|
| 1 | 电力线路 | WP | 6 | 电话线路 | WF |
| 2 | 照明线路 | WL | 7 | 声道(广播)线路 | WS |
| 3 | 应急照明线路 | WE | 8 | 电视线路 | WV |
| 4 | 控制线路 | WC | 9 | 插座线路 | WX |
| 5 | 直流线路 | WD | | | |

[1] vigi为一种漏电保护器。

导线材质常用标注符号 表 2.5-3

| 序号 | 导线型号 | 名称 | 主要用途 |
|---|---|---|---|
| 1 | BV/BLV | 铜(铝)芯聚氯乙烯(PVC)绝缘线 | 室内固定明/暗敷 |
| 2 | BVV/BLVV | 铜(铝)芯聚氯乙烯绝缘聚氯乙烯护套线 | 室内明敷 |
| 3 | BX/BLX | 铜(铝)芯橡皮绝缘线 | 固定明/暗敷 |
| 4 | RV(B/V/S) | 铜芯聚氯乙烯绝缘(扁平/聚氯乙烯护套/绞线)软线 | 工业配电领域,如:用于电控柜,配电箱及各种低压电气设备 |
| 5 | YJV | 铜芯交联(J)聚乙烯绝缘(Y)聚氯乙烯护套(V)电力电缆 | 城市电网 |

导线敷设方式常用标注符号 表 2.5-4

| 序号 | 名称 | 符号 | 序号 | 名称 | 符号 |
|---|---|---|---|---|---|
| 1 | 穿焊接钢管敷设 | SC | 9 | 用电缆桥架敷设 | CT |
| 2 | 穿电线管敷设 | TC | 10 | 用塑料夹敷设 | PCL |
| 3 | 穿水煤气管敷设 | RC | 11 | 穿蛇皮管金属软管敷设 | CP |
| 4 | 穿硬聚氯乙烯管敷设 | PC | 12 | 穿阻燃塑料管敷设 | PVC |
| 5 | 穿阻燃半硬聚氯乙烯管敷设 | FPC | 13 | 穿聚氯乙烯塑料波纹电线管敷设 | KPC |
| 6 | 用金属线槽敷设 | MR | 14 | 直接埋设 | DB |
| 7 | 用塑料线槽敷设 | PR | 15 | 电缆沟敷设 | TC |
| 8 | 用钢线槽敷设 | SR | 16 | 混凝土排管敷设 | CR |

导线敷设部位常用标注符号 表 2.5-5

| 序号 | 名称 | 符号 | 序号 | 名称 | 符号 |
|---|---|---|---|---|---|
| 1 | 沿钢索敷设 | SR | 7 | 暗敷设在柱内 | CLC |
| 2 | 沿屋架或跨屋架敷设 | BE | 8 | 暗敷设在墙内 | WC |
| 3 | 沿柱或跨柱敷设 | CLE | 9 | 暗敷设在地面或地板内 | FC |
| 4 | 沿墙面敷设 | WE | 10 | 暗敷设在屋面或顶板内 | CC |
| 5 | 沿顶棚面或顶板面敷设 | CE | 11 | 在能进入的吊顶内敷设 | ACE |
| 6 | 暗敷设在梁内 | BC | 12 | 暗敷设在不能进入的吊顶内 | ACC |

3）举例：

① WL2-BV（3×2.5）SC20-FC，表示：2 号照明线路，聚氯乙烯绝缘导线，相线、中性线和保护线截面积为 2.5mm$^2$，穿直径 20mm 的焊接钢管敷设，暗敷设在地板内。

② N1-YJV（4×95+1×50）SC65-FC，表示：线路编号为 N1，交联聚乙烯绝缘聚氯乙烯护套电力电缆，3 根相线和 1 根中性线截面积为 95mm$^2$，保护线截面积为 50mm$^2$，穿管径为 65mm 的焊接钢管，沿地面暗敷。

（4）灯具

1）标注方式：$a\text{-}b\dfrac{c\times d\times e}{f}g$

2）字母意义：

a——某场所同类型照明灯具的套数；b——灯具型号或编号（表 2.5-6）；c——每套灯具的灯泡或灯管数；d——每个灯泡或灯管的功率（W）；e——光源种类（表 2.5-7）；f——灯具的安装高度（m）；g——灯具的安装方式（表 2.5-8）。

灯具常用标注符号　　表 2.5-6

| 序号 | 名称 | 符号 | 序号 | 名称 | 符号 | 序号 | 名称 | 符号 |
|---|---|---|---|---|---|---|---|---|
| 1 | 荧光灯 | Y | 5 | 普通吊灯 | P | 9 | 工厂一般灯具 | G |
| 2 | 吸顶灯 | D | 6 | 柱灯 | X | 10 | 投光灯 | T |
| 3 | 壁灯 | B | 7 | 搪瓷伞罩灯 | S | 11 | 卤钨探照灯 | L |
| 4 | 花灯 | H | 8 | 防水防尘灯 | F | 12 | 无磨砂玻璃罩万能型灯 | Ww |

光源种类常用标注符号　　表 2.5-7

| 序号 | 名称 | 符号 | 序号 | 名称 | 符号 |
|---|---|---|---|---|---|
| 1 | 荧光灯 | FL | 4 | 钠灯 | Na |
| 2 | 白炽灯 | IN | 5 | 氙灯 | Xe |
| 3 | 碘钨灯 | I | 6 | 汞灯 | Hg |

灯具安装方式常用标注符号　　表 2.5-8

| 序号 | 名称 | 符号 | 序号 | 名称 | 符号 |
|---|---|---|---|---|---|
| 1 | 线吊式 | CP | 9 | 嵌入式(不可进入的顶棚) | R |
| 2 | 固定线吊式 | CP1 | 10 | 顶棚内安装(可进入的顶棚) | CR |
| 3 | 防水线吊式 | CP2 | 11 | 墙壁内安装 | WR |
| 4 | 吊线器式 | CP3 | 12 | 支架上安装 | SP |
| 5 | 链吊式 | CH | 13 | 台上安装 | T |
| 6 | 管吊式 | P | 14 | 座装 | HM |
| 7 | 壁装式 | W | 15 | 柱上安装 | CL |
| 8 | 吸顶式 | S | | | |

3）举例：

① 6-YG2-1 $\frac{100}{2.5}$CH，表示 6 盏 YG2-1 型荧光灯灯具，每套灯具装有 1 个功率为 100W 的光源，灯具安装高度 2.5m，采用链吊式安装方式。

② 6 $\frac{100}{-}$S，表示 6 盏灯具，每盏灯具装有 1 个功率为 100W 的灯管，采用吸顶式安装方式（不必标注安装高度）。

## 2.5.2　知识点—常用照明基本线路

### 1. 基本照明控制线路

（1）一只开关控制一盏灯

最简单的照明控制线路是在一间房内采用一只开关控制一盏灯，如采用管配线暗敷设，其照明平面图如图 2.5-1 所示，实际接线图如图 2.5-2 所示。

平面图和实际接线图是有区别的，电源与灯座的导线和灯座与开关之间的导线都是两根，但其意义是不同的：照明配电箱与灯之间的两根导线，一根为直接接灯的中性线（N），另一根为相线（L）。中性线直接连接灯，相线必须经开关后再接灯。所以，灯与开关之间的两根导线，一根是穿过灯的相线（L），另一根是开关连接灯的受控线（G）。

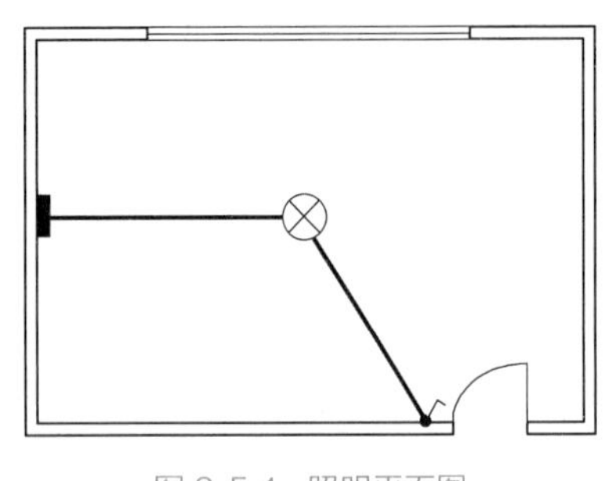
图 2.5-1 照明平面图

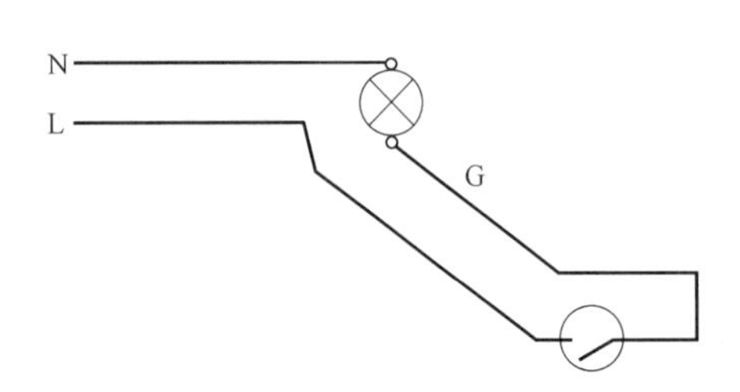

图 2.5-2 实际接线图

（2）两只开关控制一盏灯

用两只双控开关在两处控制一盏灯，通常用于楼梯、过道或客房等处。其平面图如图 2.5-3 所示，实际接线图如图 2.5-4 所示。图中一盏灯由两个双控开关在两处控制，两个双控开关之间的导线都为三根，三根均是一根相线（接灯火线）和两根受控线（L1 双控线和 L2 双控线）。

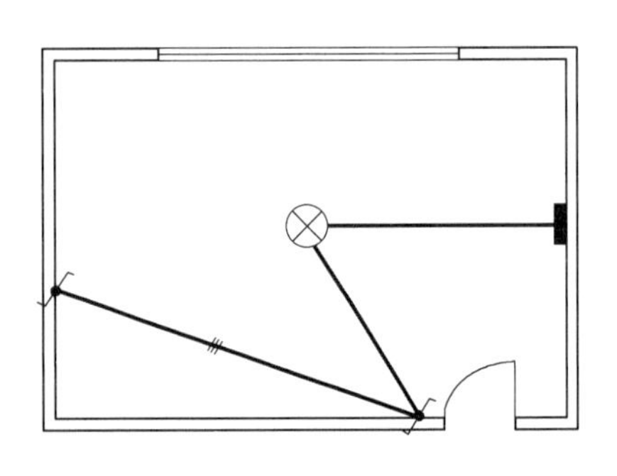
图 2.5-3 照明平面图

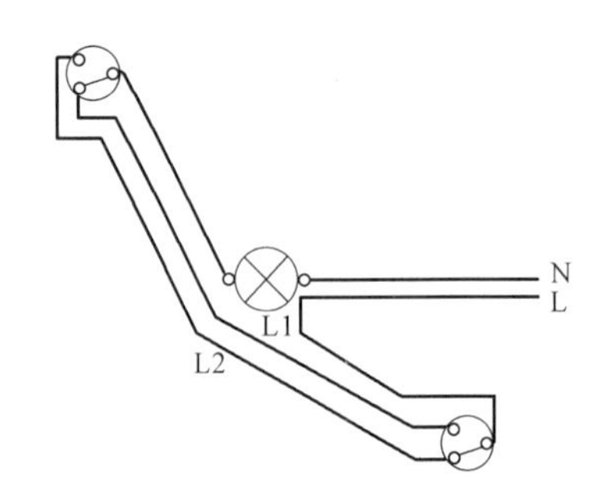

图 2.5-4 实际接线图

（3）多只开关控制多盏灯

图 2.5-5 为两个房间的照明平面图，图中有一个照明配电箱，三盏灯，一个双联单控暗装开关和一个单联单控暗装开关，采用管配线。大房间的两灯之间为三根线，中间一盏灯与双联单控暗装开关之间为三根线，其余管线中均是两根线，因为线管中间一般不许有接头，故接头只能放在灯座盒内或开关盒内。详见与之对应的实际接线图 2.5-6。

由以上的分析可见，在绘制或阅读照明平面图时，应结合灯具、开关、插座的原理接线图或实际接线图并对照明平面图进行分析。借助于照明平面图，了解灯具、开关、插座和线路的具体位置及安装方式，借助原理接线图了解灯具、开关之间的控制关系，借助实际接线图了解灯具、开关之间的具体接线关系。开关、灯具位置、线路并联位置发生变化时，实际接线图也随之发生变化。

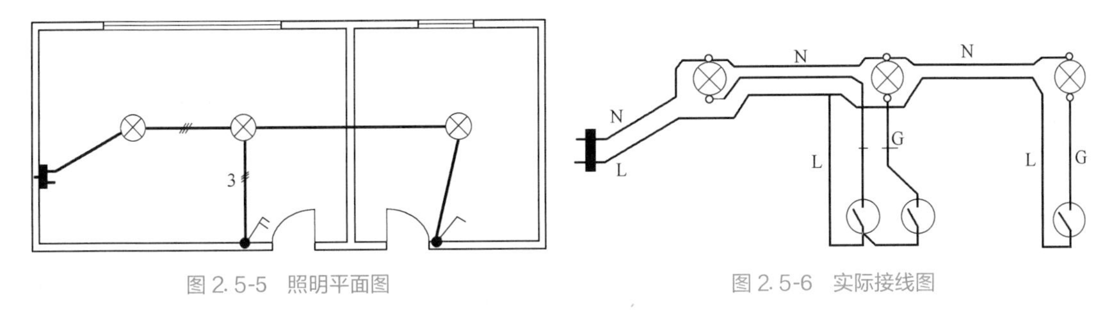


图 2.5-5　照明平面图　　　　图 2.5-6　实际接线图

2. 实例（分析并完善某教学楼局部区域平面图）

(1) 实例分析

图 2.5-7 为未连接线路的某教学楼局部区域照明平面图，由图得知，配电箱 AL2 在教室前后门之间。图中照明设备有三种，如下所示。

1）教室和准备室内的室内照明灯具 13 $\frac{2\times36}{2.6}$P，即这两个区域内共 13 套两管荧光灯，每管荧光灯 36W，安装高度 2.6m，安装方式：管吊式。教室东侧的黑板照明灯具 2 $\frac{36}{2.6}$P，即教室内共 2 套单管荧光灯，每管荧光灯 36W，安装高度 2.6m，安装方式：管吊式。

2）教室和准备室内各安装 4 个单相三极暗装插座。

3）公共区域（楼梯、过道、男厕）照明灯具 6 $\frac{20}{-}$S，即共 6 套灯具，每套灯 20W，安装方式：吸顶式。

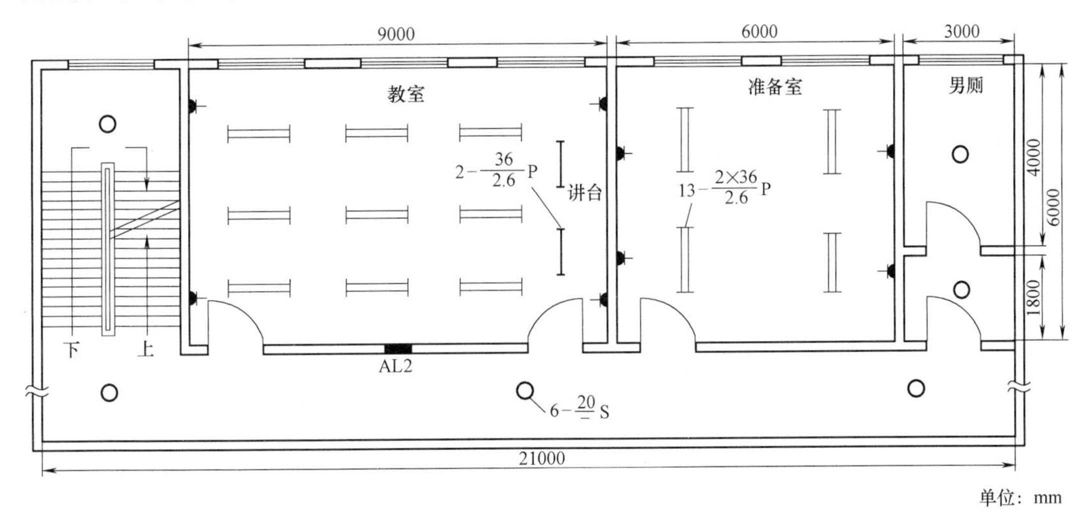


图 2.5-7　未连接线路的某教学楼局部区域照明平面图

(2) 完善照明线路

按照《建筑照明设计标准》GB 50034—2013 中 7.2.5 “电源插座不宜和普通照明灯接在同一分支回路”和室内室外分开控制的原则。AL2 分出三条支路，照明线路 WL1 分配给教室和准备室的照明灯具，照明线路 WL2 分配给公共区域的照明灯具，照明线路

WL3 分配给插座。

开关布置及线路连接如下：

1）室内（教室和准备室）灯具由双联单控暗装开关控制。教室内临楼梯口的门侧开关分别控制临教室北窗户两列灯具（每列 3 套灯具，共 6 套）。另一门侧开关分别控制黑板灯具和临近门一列的灯具（3 套灯具）。准备室内一个双联单控暗装开关分别控制两列灯具（每列 2 套灯具，共 4 套）。

开关到灯之间的线路 3 根，分别是 1 根进开关的相线（L）、两根出，开关分别连接两列灯具的受控线（G），靠楼梯和门两套灯具之间的线路 3 根（2 根 G，1 根 N），其余荧光灯具之间的线路 2 根，分别是 1 根连接灯的受控线（G）和 1 根连接灯的中性线（N）。

2）室外（楼梯和过道）一般采用声光控延时开关，楼梯休息平台和过道 4 盏灯分别由四个开关控制。所以灯与灯之间的线路 2 根，分别是 1 根经过灯座底盒与开关相连的相线（L）和 1 根连接灯的中性线（N）。灯与开关之间的线路 2 根，分别是 1 根进开关的相线（L），1 根开关连接灯的受控线（G）。

3）男厕干湿分离两个单独空间，每个房间的灯具都单独控制，可以采用单联单控暗装开关。灯与开关之间的线路 2 根，分别是 1 根进开关的相线（L），1 根开关连接灯的受控线（G），男厕外间灯与过道灯之间的线路分别是 2 根，分别是 1 根经过灯座底盒与开关相连的相线（L）和 1 根连接灯的中性线（N），如图 2.5-8 所示。

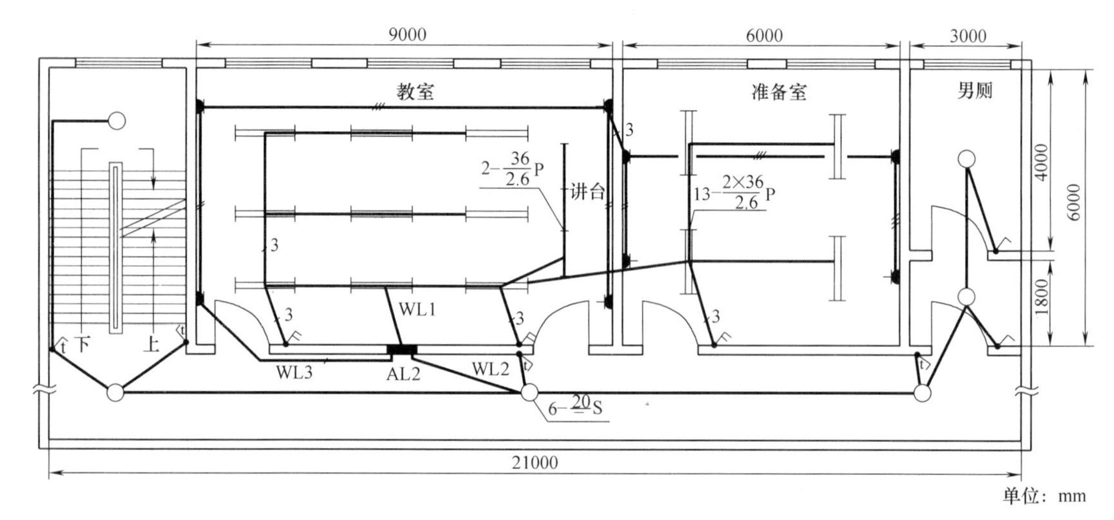


图 2.5-8 完善后的某教学楼局部区照明平面图

## 2.5.3 技能点—电气照明平面图绘制

电气照明施工图一般由设计说明、主要设备材料表、照明系统图、照明平面图等组成。项目 1 介绍了系统图的绘制方法，本知识点从“绘制一般规则”和“绘制步骤”两方面引导大家学习照明平面图的绘制。

### 1. 绘制一般规则

(1) 平面图的布局

1）间隔要均匀，除了计划将要补充内容而预留必要的空白外，应避免图面上出现大的空白。

2）连接线或导线应为直线，尽量避免交叉和折弯。

3）为了图面清晰，当中连接线需要穿越稠密区域时可中断，但应在中断处加注相应的标记，以便迅速查找到中断点。

4）当图中出现多条平行连接线时，为了使图面保持清晰，绘图时采用单线表示法。用单线表示多根导线时，还要标出导线根数。在平面图上，两根导线一般不标注。3根及以上导线的标注方式有两种：第一种在图线上打上斜线表示，斜线根数与导线根数相同。第二种在图线上画一根短斜线，在斜线旁标注与导线根数相同的阿拉伯数字，如图2.5-9所示。

图2.5-9　导线的根数标注示意图

注：图中“$n$”代指导线根数“3、4、5……”。

（2）图形符号的使用

1）在绘制电气平面图时应直接使用《电气简图用图形符号　第1部分：一般要求》GB/T 4728.1—2018所规定的图形符号，保证国内外电气工程图的通用性。

2）符号的大小和图线的宽度一般不影响符号的含义，符号的含义只由其形式定义。

3）《电气简图用图形符号　第1部分：一般要求》GB/T 4728.1—2018中，对某些设备元件给出多个图形符号，选用原则：尽可能采用优选型；应尽量采用最简单的形式（在满足需要的前提下）、在同一图号的图中使用同一种形式。

4）符号的方位不是强制的。为了图面清晰，避免导线的弯折或交叉，在不改变符号含义的前提下，可根据图面布置的需要将符号按90°的倍数旋转或成镜像放置，但文字和指示方向不得倒置。

5）电气图形符号一般都画有引线，但绝大部分只作为位置的示例。在不改变符号含义的原则下，引线可以画在其他位置。

6）为了区分线路，导线符号可以用不同宽度的线条表示。

（3）文字符号的标注

在绘制电气照明平面图时为了便于查找、区分和描述图形符号所表示的对象，须在图形符号近旁标注文字符号。当照明设备或导线水平布置时，一般应标注在其上方。而垂直布置时，应标注在其左方。关于注释和标志、技术数据以及符号或元件在图上的位置等，应按《电气简图用图形符号　第1部分：一般要求》GB/T 4728.1—2018规定标注。

### 2. 绘制步骤

（1）分层绘制。照明平面图应按建筑物不同标高的楼层分别在其建筑平面轮廓图上进行设计。为了强调设计主题，建筑平面轮廓图采用细线条绘制，电气照明部分采用中粗线条绘制。

（2）布置灯具和设备。应遵循既保证灯具和设备的合理使用又方便施工的原则，在建筑平面图的相应位置上，按国家标准图形符号画出配电箱（盘）、灯具、开关、插座及其他用电设备。在照明配电箱旁用文字符号标出其编号（AL），必要时还应标注其进线：在照明灯具旁标注出灯具的数量、型号、灯泡的功率、安装方式及高度。

(3) 绘制线路。

第一步：按室内配电的敷设方式，规划出较理想的布局；

第二步：用单线绘制出干线、支线的位置和走向，连接配电箱至各灯具、插座及其他所有用电设备所构成的回路；

第三步：用文字符号对干线和支线进行标注；

第四步：对干线和支线进行编号，照明干线用 WLM，支线用 WL 标注；

第五步：标注导线的根数。

(4) 文字说明。撰写必要的文字说明，交代未尽事宜，便于阅读者识图。

## 问题思考

1. 在绘制电气平面图时应直接使用____________________所规定的图形符号，来保证国内外电气工程图的通用性。
2. 在绘制电气照明平面图时为了便于查找、区分和描述图形符号所表示的对象，须在图形符号近旁标注________。
3. 某断路器旁标注 C65N/4P＋vigi30mA，63A，请说明其含义。
4. 某配电线路标注 WL1-BVV(4×25＋1×16)SC40-CC，请说明其含义。
5. 某配电线路标注 N1　BLX-3×4-SC20-WC，请说明其含义。
6. 某灯具旁边标注为 10-Y2 $\frac{40}{2.5}$CH，请说明其含义。
7. 某灯具旁边标注为 4-$\frac{2\times40}{2.4}$W，请说明其含义。
8. 请叙述电气照明平面图绘制线路的步骤。

## 知识拓展 2.5　电气照明平面图的识读与绘制

## 拓展学习资源

2.5-4　某教学楼照明平面图

2.5-5　以某教学楼为实例设备标注的识读

2.5-6　以某教学楼为实例导线根数的识读

# 项目 3 建筑用电负荷计算

《民用建筑电气设计标准》 GB 51348—2019提出，“供配电系统的设计应简单可靠，减少电能损耗，便于维护管理，并在满足现有使用要求的同时，适度兼顾未来发展的需要。”这就是说，建筑供配电系统设计过程中，在选择线缆和低压电气设备的时候，其技术参数既不能选择过大，造成浪费，又不能选择偏小，不适应未来发展需求。为实现这一目标，必须正确计算用电负荷的实际用电量，这就要进行用电负荷的负荷计算。

负荷计算是建筑供配电设计的重要内容，是选择线缆和变配电设备、计算电压偏移和线路电能损耗等的主要依据，同时也为系统节能实施提供计算依据。

负荷计算的常用方法有三种：负荷密度法、单位指标法和需要系数法。其中需要系数法是相对精确的计算方法，也是应用最广泛的方法，主要应用于建筑电气的初步设计和施工图设计阶段。

本项目以住宅建筑为载体，按照从配电系统分支回路末端向前逐级计算的流程，介绍需要系数法进行负荷计算的步骤、基本公式和计算要点等，并借助天正电气专业软件，介绍负荷计算书的表达内容和编制要求。

【教学载体】 某住宅小区供配电工程

工程概况：该工程为普通住宅小区，共有6栋住宅建筑，其中2栋多层、4栋高层。小区供电电源取自10kV城市公共电网，经小区10kV/0.4kV预装式变电所降压后为住宅建筑供电。

3.1 高层住宅项目施工图

所提供的工程案例施工图为其中的一个二类高层住宅建筑，共18层，其中，第2层为标准层，第18层为设备层（机房设备）。该高层住宅建筑共三个单元，一梯两户，分两个户型，分别按8kW/户和6kW/户预留用电容量。

【建议学时】 14~16学时

【相关规范】

《民用建筑电气设计标准》 GB 51348—2019

《供配电系统设计规范》 GB 50052—2009

《住宅建筑电气设计规范》 JGJ 242—2011

《20kV及以下变电所设计规范》 GB 50053—2013

《建筑电气常用数据》 19DX101-1

3.2 施工现场负荷计算实例

# 任务 3.1 负荷计算基本知识

负荷计算是供电设计的基础，计算结果对选择电气设备起着决定性的作用，不同的负荷计算参数作为选择变压器、高低压电气设备、线路电缆和导线截面积等的重要依据。

建筑电气工程常用的负荷计算方法有负荷密度法、单位指标法和需要系数法。一般在方案设计阶段采用单位指标法，在工程初步设计和施工图设计阶段宜采用需要系数法。

【教学目标】

| 知识目标 | 能力目标 | 素养目标 | 思政目标 |
|---|---|---|---|
| 1. 认识负荷计算在供配电系统中的作用；<br>2. 熟悉负荷计算的内容及其目的；<br>3. 熟悉负荷计算的方法，理解相关公式；<br>4. 了解专业软件中负荷计算的相关功能。 | 1. 能针对不同建筑明确负荷类型；<br>2. 能根据设计需求，确定计算负荷参数；<br>3. 能在设计不同阶段正确选择计算方法；<br>4. 能独立应用专业软件编制负荷计算书。 | 1. 持有自主学习方法；<br>2. 养成依据规范设计的习惯；<br>3. 培养借助资料和网络独立完成未知领域任务的能力。 | 1. 培养职业成长中需要的探究精神；<br>2. 培养工作完成过程中必备的精益求精的工匠精神。 |

思维导图 3.1　负荷计算基本知识

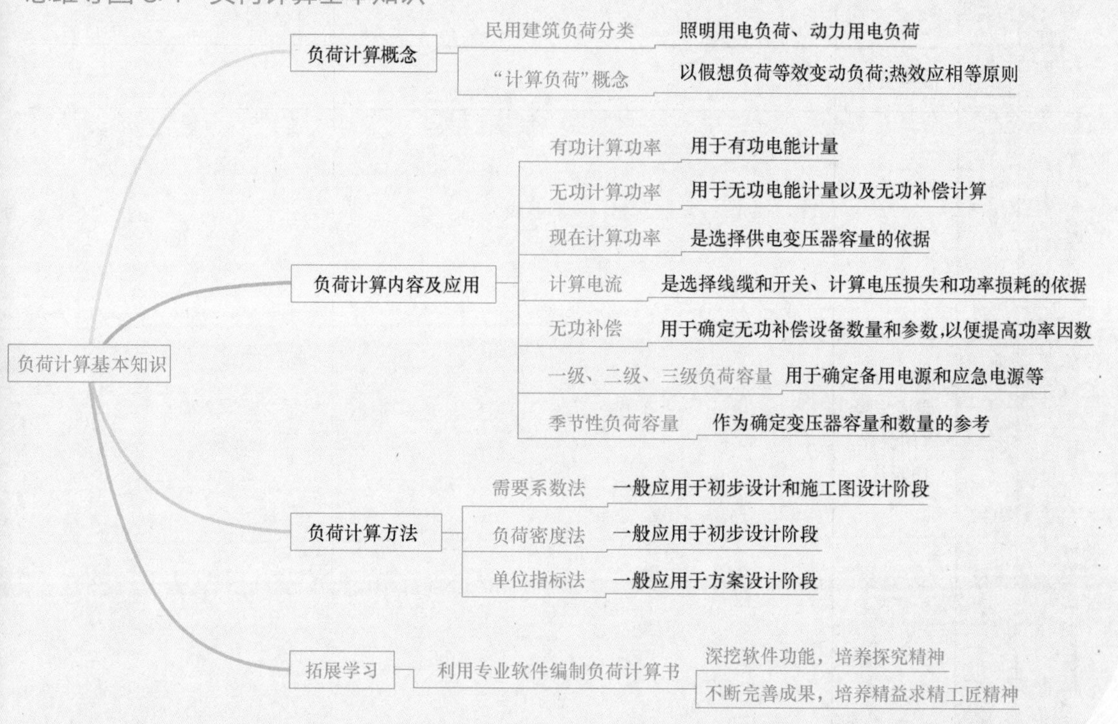

# 学生任务单 3.1 负荷计算基本知识

<table>
<tr><td>任务名称</td><td colspan="3">负荷计算基本知识</td></tr>
<tr><td>学生姓名</td><td></td><td>班级学号</td><td></td></tr>
<tr><td>同组成员</td><td colspan="3"></td></tr>
<tr><td>负责任务</td><td colspan="3"></td></tr>
<tr><td>完成日期</td><td></td><td>完成效果</td><td></td></tr>
</table>

<table>
<tr><td colspan="3">任务描述</td><td colspan="3">基本任务:①用思维导图的形式,回答负荷计算的内容及其应用(计算目的);②用表格的形式比较负荷计算不同方法的特点及其应用;③用流程图的形式总结需要系数法进行负荷计算的步骤及其公式。<br>互动研学:针对项目 3 的高层住宅项目施工图中的 18 层高层住宅建筑的相关系统图,进行其负荷计算的分析:说明负荷计算使用的方法、每个配电箱负荷计算的范围、计算目的、计算公式等。</td></tr>
<tr><td rowspan="7">课前</td><td rowspan="7">自主探学</td><td rowspan="6">任务分工</td><td>□ 合作完成</td><td colspan="2">□ 独立完成</td></tr>
<tr><td>任务明细</td><td>完成人</td><td>完成时间</td></tr>
<tr><td></td><td></td><td></td></tr>
<tr><td></td><td></td><td></td></tr>
<tr><td></td><td></td><td></td></tr>
<tr><td></td><td></td><td></td></tr>
<tr><td>参考资料</td><td colspan="3"></td></tr>
<tr><td>课中</td><td>互动研学</td><td>完成步骤(用流程图表达)</td><td colspan="3"></td></tr>
</table>

<table>
<tr><td rowspan="14">课中</td><td colspan="2">本人任务</td><td colspan="6"></td></tr>
<tr><td colspan="2">角色扮演</td><td colspan="6">□有角色 ________ □无角色</td></tr>
<tr><td colspan="2">岗位职责</td><td colspan="6"></td></tr>
<tr><td colspan="2">提交成果</td><td colspan="6"></td></tr>
<tr><td rowspan="8">任务实施</td><td rowspan="5">完成步骤</td><td>第 1 步</td><td colspan="5"></td></tr>
<tr><td>第 2 步</td><td colspan="5"></td></tr>
<tr><td>第 3 步</td><td colspan="5"></td></tr>
<tr><td>第 4 步</td><td colspan="5"></td></tr>
<tr><td>第 5 步</td><td colspan="5"></td></tr>
<tr><td>问题求助</td><td colspan="6"></td></tr>
<tr><td>难点解决</td><td colspan="6"></td></tr>
<tr><td>重点记录</td><td colspan="6"></td></tr>
<tr><td rowspan="2">学习反思</td><td>不足之处</td><td colspan="6"></td></tr>
<tr><td>待解问题</td><td colspan="6"></td></tr>
<tr><td>课后</td><td>拓展学习</td><td>能力进阶</td><td colspan="6">在学习“知识拓展”的基础上，完成以下任务：<br>(1)在个人使用电脑上安装天正电气软件。<br>(2)熟悉天正电气软件中负荷计算的相关功能。<br>(3)利用天正电气软件，针对项目 3 中给定的“高层住宅项目施工图”中的 18 层高层住宅建筑的任意一个系统图，独立完成其负荷计算书的编制与输出。</td></tr>
<tr><td colspan="2" rowspan="5">过程评价</td><td rowspan="2">自我评价<br>(5 分)</td><td>课前学习</td><td>时间观念</td><td>实施方法</td><td>职业素养</td><td>成果质量</td><td>分值</td></tr>
<tr><td></td><td></td><td></td><td></td><td></td><td></td></tr>
<tr><td rowspan="2">小组评价<br>(5 分)</td><td>任务承担</td><td>时间观念</td><td>团队合作</td><td>能力素养</td><td>成果质量</td><td>分值</td></tr>
<tr><td></td><td></td><td></td><td></td><td></td><td></td></tr>
<tr><td>综合打分</td><td colspan="6">自我评价分值＋小组评价分值：</td></tr>
</table>

# 知识与技能 3.1 负荷计算基本知识

3.1-1 任务课件

## 3.1.1 知识点—计算负荷概念

### 1. 民用建筑用电负荷的种类

"用电负荷"是指电能用户的用电设备向电力系统取用的电功率的总和，即用电设备的大小。其另一层含义是"用电负载"，指一般的用电设备。

民用建筑的用电负荷分为照明用电负荷和动力用电负荷。照明用电负荷为单相用电负荷，包括灯具、插座等插接用电设备等。动力负荷包括三相用电负荷及单相用电负荷，如：民用建筑中的给水泵、排污泵、电梯、排风机、排烟机、消防泵等均为三相用电负荷；单相动力用电负荷一般存在于工业建筑中，如单相电焊机等。

### 2. 计算负荷的含义

所谓"计算负荷"是指一组用电负载实际运行时，在线路中形成的或负载自身消耗的最大平均功率。用电负荷不是恒定值，是随时间而变化的变动值，因为用电设备并不同时运行，即使同时运行，也并不是都能达到额定容量。另外，各用电设备的工作制也不一样，有长期工作制、短时工作制、重复短时工作制之分。在设计时，如果简单地把各用电设备的容量加起来作为选择导线、电缆截面和电气设备容量的依据，那么，过大会使设备欠载，造成投资和有色金属的浪费，过小则又会出现过载运行，其结果不是不经济，就是出现过热绝缘损坏、线损增加，影响导线、电缆或电气设备的安全运行，严重时，会造成火灾事故。因此，负荷计算也只能力求接近实际。

为避免这种情况的发生，设计时，用一个假想的持续负荷代替实际用电负荷，这个假想的负荷就是"计算负荷"，其热效应与同一时间内实际变动负荷所产生的最大热效应相等。在配电设计中，通常采用 30min 的最大平均负荷作为按发热条件选择电器或导体的依据。

## 3.1.2 技能点—确定负荷计算参数

### 1. 负荷计算的内容

3.1-2 负荷计算的内容、目的、公式

从前面的学习可以看出，负荷计算就是计算电路所消耗功率的大小，也可以说是求线路电流的大小，但并不是求功率和电流的实际值，而是求"计算功率"和"计算电流"，两者常被作为民用建筑负荷计算的主要内容。

按照《民用建筑电气设计标准》GB 51348—2019 规定，负荷计算应包括下列内容：

（1）有功功率、无功功率、视在功率、无功补偿；

（2）一级、二级及三级负荷容量；

（3）季节性负荷容量。

在民用建筑中，季节性负荷少见，一般不进行计算。除了上述计算内容外，通常情况下还需要根据有功功率或视在功率的计算结果求出对应的电流。因此，民用建筑负荷计算的参数主要有：有功计算负荷、无功计算负荷、视在计算负荷、计算电流、无功补偿功率以及一级和二级负荷。

### 2. 确定负荷计算参数

负荷计算包含的内容很多，所计算的技术参数，在供配电系统中应用不同，分别作为电能计量、电力变压器容量选择、线缆规格选择、开关设备选择、无功补偿设备选择以及线路上电压损失和功率损耗的计算依据。因此，我们在进行供配电系统设计时，需要根据实际需求，选择合理的方法，求出所需要的计算负荷技术参数。

首先，要明确计算的目的是什么？其次了解该目的与哪个负荷计算参数有关，然后有的放矢地进行必要参数的负荷计算。

负荷计算中各个参数应用如下（负荷计算的目的）：

（1）有功功率、无功功率、视在功率、无功补偿

用于作为按发热条件选择配电变压器、导体及电器的依据，并用来计算电压损失和功率损耗。在工程上为方便设计，亦可作为电能消耗量及无功功率补偿的计算依据。

（2）一级、二级、三级负荷容量

用于确定备用电源或应急电源等。

（3）季节性负荷容量

用于从经济运行条件出发，用以考虑变压器的台数和容量。

民用建筑负荷计算的内容及其应用如表 3.1-1 所示。

民用建筑负荷计算的内容及其应用　　表 3.1-1

| 计算内容 | 计算目的与应用 | 符号表达 | | 计算单位 |
|---|---|---|---|---|
| | | 工程表达 | 一般表达 | |
| 有功计算负荷 | 有功电能的计量 | $P_{js}$ | $P_c$ | kW(千瓦) |
| 无功计算负荷 | 无功电能的计量<br>无功补偿计算 | $Q_{js}$ | $Q_c$ | kvar(千乏尔) |
| 视在计算负荷 | 选择供电变压器容量 | $S_{js}$ | $S_c$ | kVA(千伏安) |
| 计算电流 | 选择导线<br>选择低压电气设备<br>进行线路电压损失计算等 | $I_{js}$ | $I_c$ | A(安) |
| 无功补偿功率 | 确定无功补偿设备 | $\Delta Q_c$ | $\Delta Q_c$ | kvar(千乏尔) |
| 一级、二级、三级负荷<br>(通常用视在功率表示) | 选择变压器数量<br>确定备用电源和应急电源<br>确定电源的运行方式 | $S_{js(\text{Ⅰ})}$<br>$S_{js(\text{Ⅱ})}$<br>$S_{js(\text{Ⅲ})}$ | $S_{c(\text{Ⅰ})}$<br>$S_{c(\text{Ⅱ})}$<br>$S_{c(\text{Ⅲ})}$ | kVA(千伏安) |

## 3.1.3 技能点—负荷计算的工程表达

负荷计算结果在工程设计中主要从两个方面呈现：系统图和负荷计算书。

在施工图中，负荷计算的标注属于配电箱系统图表达内容之一，如图 3.1-1 所示。通常情况下，表达的信息有：设备功率、需要系数、有功计算功率、功率因数以及计算电流等。

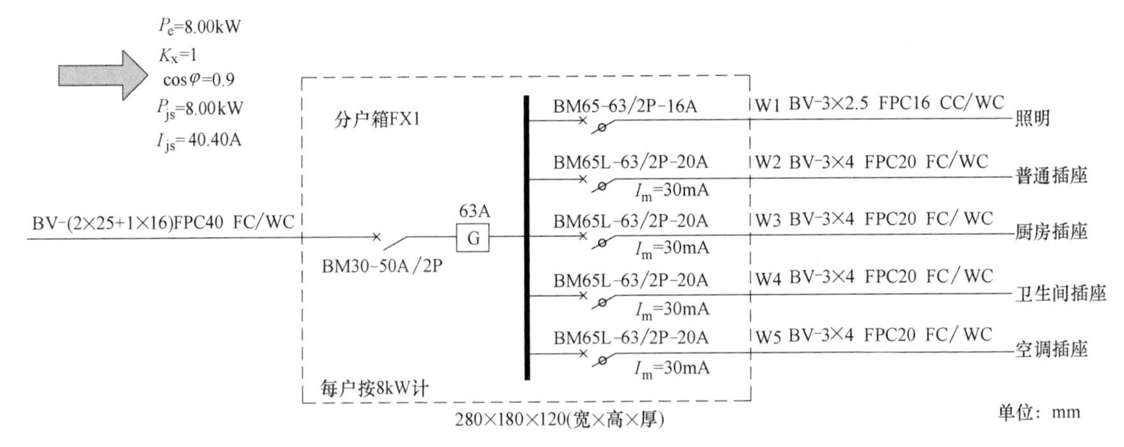


图 3.1-1　计量配电箱系统图中负荷计算结果的表达

### 3.1.4　知识点—负荷计算方法及应用

3.1-3　负荷计算的需要系统法

建筑电气工程常用的负荷计算方法有负荷密度法、单位指标法和需要系数法，其中，单位指标法和负荷密度法是估算的方法，需要系数法是比较精确的计算方法，应用最为广泛。单位指标法多用于方案设计阶段，而在工程初步设计和施工图设计阶段通常采用需要系数法。

#### 1. 需要系数法

需要系数法是用电设备的总容量乘以需要系数，从而求出计算负荷的一种简便方法，基本公式如下：

$$P_{js}=K_d P_e \tag{3.1-1}$$

式中，$K_d$（或 $K_x$）为需要系数，表示用电设备使用的程度，影响需要系数的因素很多，但它可以通过不同行业设备（组）的需要系数表查得，其值不大于1；$P_e$ 为负荷计算范围中设备（组）的设备总容量，取决于设备（组）中的所有设备的额定功率和工作制，其计算方法将在任务 3.2 中介绍。

无功计算负荷和视在计算负荷用下列公式分别求出：

$$Q_{js}=P_{js}\tan\varphi \quad (\text{kvar}) \tag{3.1-2}$$

$$S_{js}=\sqrt{P_{js}^2+Q_{js}^2} \quad (\text{kVA}) \tag{3.1-3}$$

在求计算电流时，要分析计算范围存在几个功率因数 $\cos\varphi$ 值，如果计算范围只有一种设备，即仅存在一个 $\cos\varphi$ 时，则用 $P_{js}$ 求 $I_{js}$，否则，用 $S_{js}$ 求 $I_{js}$。计算公式如下：

若为单相线路，则：

$$I_{js}=\frac{P_{js}}{U\cos\varphi} \quad (\text{A}) \tag{3.1-4}$$

$$I_{js}=\frac{S_{js}}{U} \quad (\text{A}) \tag{3.1-5}$$

若为三相线路，则：

$$I_{js}=\frac{P_{js}}{\sqrt{3}U\cos\varphi} \quad (\text{A}) \tag{3.1-6}$$

$$I_{js}=\frac{S_{js}}{\sqrt{3}U} \quad (\text{A}) \tag{3.1-7}$$

需要说明的是，在一般民用建筑中，单相时，$U$ 取值 220V，三相时，$U$ 取值 380V。

需要系数法特别适合于计算范围较大，设备的额定功率差距不太大的情况，比如民用建筑的照明负荷、城市交通的照明负荷等。

2. 负荷密度法

负荷密度估算法是照明负荷的估算方法，一般在初步设计中计算用电量时使用。负荷密度估算法是根据不同类型的负荷在单位面积上的需求量，乘以建筑面积或使用面积得到的负荷量。其估算有功功率 $P_{js}$ 的公式如下：

$$P_{js}=\frac{P_0 \cdot A}{1000} \quad (\mathrm{kW}) \tag{3.1-8}$$

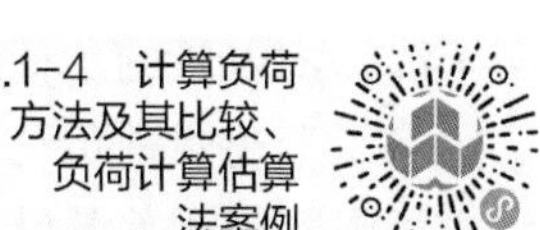


式中　$P_0$——单位面积功率，即负荷密度，$\mathrm{W/m^2}$；

$A$——建筑面积，$\mathrm{m^2}$。

从上面的公式可以看出，使用负荷密度估算法的计算负荷是否准确，完全取决于单位面积功率 $P_0$ 的准确程度。因此，在选择确定单位面积功率时，应综合考虑多方面的因素。

表 3.1-2 给出了民用建筑负荷密度及需要系数取值表。

民用建筑负荷密度及需要系数取值表　　表 3.1-2

| 建筑类别 | 有功负荷密度($\mathrm{W/m^2}$) | 视在功率密度($\mathrm{VA/m^2}$) | 需要系数 $K_d$ |
|---|---|---|---|
| 公寓建筑 | 30～50 | 40～70 | 0.6～0.7 |
| 旅馆建筑 | 40～70 | 60～100 | 0.7～0.9 |
| 办公建筑 | 30～70 | 50～100 | 0.7～0.8 |
| 商业建筑 | 一般 40～80 | 60～120 | 0.85～0.95 |
| | 大中型 60～120 | 90～180 | |
| 体育建筑 | 40～70 | 60～100 | 0.65～0.75 |
| 剧场建筑 | 50～80 | 80～120 | 0.6～0.7 |
| 医疗建筑 | 40～70 | 60～100 | 0.5～0.7 |
| 教学建筑 | 大专院校 20～40 | 30～60 | 0.8～0.9 |
| | 中小学 12～20 | 20～30 | |
| 展览建筑 | 50～80 | 80～120 | 0.6～0.7 |
| 演播室 | 250～500 | 400～800 | 0.6～0.7 |
| 汽车库 | 8～15 | 10～20 | 0.6～0.7 |

3. 单位指标法

单位指标法与负荷密度估算法基本相同，是根据已有的单位用电指标来估算计算负荷的方法。具体方法是已知不同类型的负荷在核算单位上的需求量，乘以核算单位的数量得到负荷量。其有功计算负荷的计算公式为：

$$P_{js}=\frac{P_e' \cdot N}{1000} \quad (\mathrm{kW}) \tag{3.1-9}$$

式中　$P_e'$——有功负荷的单位指标，W/床、W/户、W/人等；

$N$——核算单位的数量，床、户、人等。

应该注意的是，单位用电指标的确定与国家经济形势的发展、电力政策及人们消费水平的高低有很直接的关系，因此，不是一成不变的数值。而且由于不同城市的经济发展水平不同，单位用电指标也会有很大的差别。

4. 负荷计算方法的应用

（1）在方案阶段可采用单位指标法，在初步设计及施工图阶段，宜采用需要系数法。对于住宅，在设计的各个阶段均可采用单位指标法。

（2）用电设备台数较多，各台设备用电容量相差不悬殊，宜采用需要系数法，一般用于干线、配电所的负荷计算。

除了上述两种负荷计算方法外，还有二项式法，主要适合于用电设备台数较少，各台设备用电容量相差悬殊时的情况，如工业企业用电负荷计算。

## 问题思考

1. 负荷计算主要计算内容有________________________________。
2. ________是选择导线截面的依据。
3. ________是选择变压器容量的依据。
4. ________用来进行无功补偿计算。
5. 写出采用需要系数法进行负荷计算的主要公式。
6. 试说明对于民用建筑设计的不同阶段，宜选用什么方法进行负荷计算？
7. 试分析在建筑供配电系统设计时，如果负荷计算过大或过小时会有什么后果？

## 知识拓展

建筑电气设计主要成果是施工图和计算书，而负荷计算书是计算书中重要的内容。负荷计算书既可以手工编制也可以用专业的电气软件生成输出，从结构上看，负荷计算书包括工程概况和计算过程与结果两个部分，正确进行负荷计算书的编制，能够为建筑供配电设计提供准确的依据。

## 拓展学习资源

3.1-5 用专业软件编制负荷计算书

3.1-6 负荷计算书样例

3.1-7 专业软件版负荷计算书

# 任务 3.2 设备支路负荷计算

设备支路是指直接连接用电设备的线路，属于建筑供配电系统最末端的部分，如：住宅的照明回路、插座回路、施工现场的用电设备回路等。进行设备支路负荷计算的目的，主要是求出设备支路中实际流过的电流大小，以便正确选择设备支路的导线规格和开关参数，进行设备支路上电压损失或功率损耗的相关计算等。

【教学目标】

| 知识目标 | 能力目标 | 素养目标 | 思政目标 |
|---|---|---|---|
| 1. 掌握设备功率的含义和计算方法；<br>2. 明确设备支路负荷计算的意义；<br>3. 熟悉设备支路负荷计算的步骤和基本公式；<br>4. 熟悉负荷计算表的表达内容。 | 1. 会求不同设备的设备功率；<br>2. 能根据实际需求确定设备支路负荷计算参数；<br>3. 能独自完成设备支路负荷计算；<br>4. 能正确填写负荷计算表。 | 1. 持有自主学习方法；<br>2. 养成依据规范思考问题的习惯；<br>3. 在计算设计中培养细致负责的职业素养；<br>4. 培养可靠、安全、经济、高效的职业精神。 | 1. 通过观看视频和问题思考，树立电气安全观；<br>2. 通过从职业角度分析负荷计算与电气火灾的内在联系，从而树立职业责任感和使命感。 |

思维导图 3.2 设备支路负荷计算

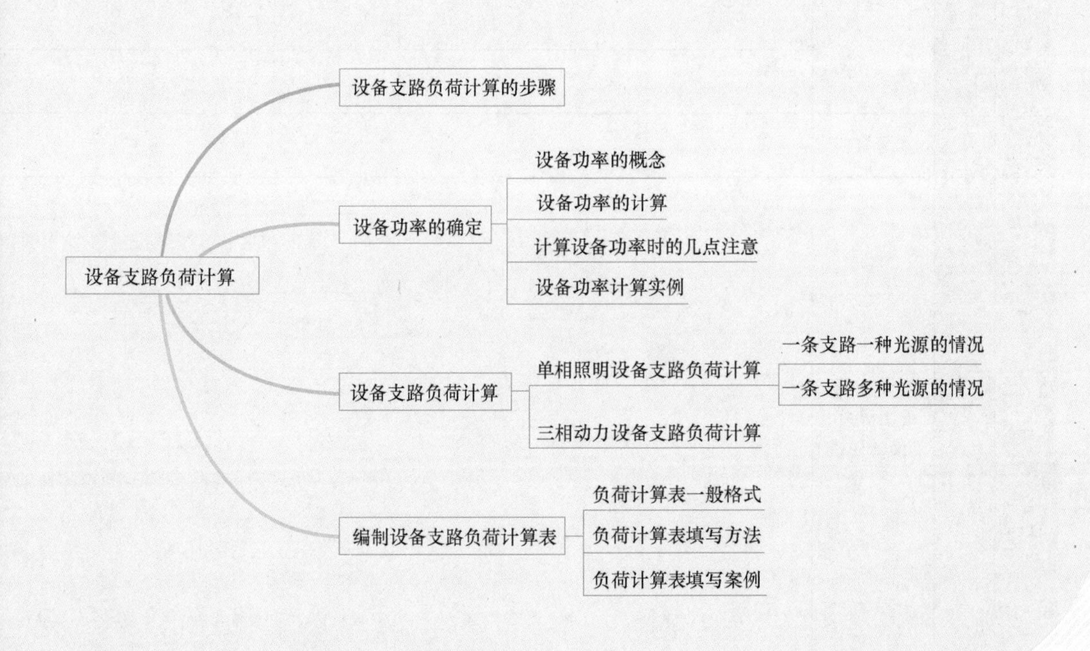

# 学生任务单 3.2 设备支路负荷计算

| 任务名称 | 设备支路负荷计算 | | |
|---|---|---|---|
| 学生姓名 | | 班级学号 | |
| 同组成员 | | | |
| 负责任务 | | | |
| 完成日期 | | 完成效果 | |

**任务描述**

任务条件：已知四条用电设备支路，其负荷计算参数如下表，其中，照明设备为 220V 单相，动力设备为 380V 三相。

| 负荷名称 | $P_e$ (kW) | $K_d$ | $\cos\varphi$ | $\tan\varphi$ | $P_{js}$ (kW) | $Q_{js}$ (kvar) | $S_{js}$ (kVA) | $I_{js}$ (A) |
|---|---|---|---|---|---|---|---|---|
| LED 灯照明支路 | 0.3 | 1.0 | 1 | 0 | | | | |
| 金属卤化物灯支路 | 1.2 | 1.0 | 0.5 | 1.73 | | | | |
| 电焊机支路 $\varepsilon_N=40\%$ | 30 | 1.0 | 0.7 | 1.02 | | | | |
| 起重机支路 $\varepsilon_N=40\%$ | 24 | 1.0 | 0.6 | 1.33 | | | | |

任务要求：(1)进行设备支路的负荷计算，写计算过程。

(2)将计算结果填写在负荷计算表中。

**课前 自主探学**

任务分工：

☐ 合作完成　　☐ 独立完成

| 任务明细 | 完成人 | 完成时间 |
|---|---|---|
| | | |
| | | |
| | | |
| | | |

参考资料：

**课中 互动研学**

完成步骤（用流程图表达）：

<table>
<tr><td rowspan="14">课中</td><td colspan="2">本人任务</td><td colspan="6"></td></tr>
<tr><td colspan="2">角色扮演</td><td colspan="6">□有角色 ____________　□无角色</td></tr>
<tr><td colspan="2">岗位职责</td><td colspan="6"></td></tr>
<tr><td colspan="2">提交成果</td><td colspan="6"></td></tr>
<tr><td rowspan="8">任务实施</td><td rowspan="5">完成步骤</td><td>第1步</td><td colspan="5"></td></tr>
<tr><td>第2步</td><td colspan="5"></td></tr>
<tr><td>第3步</td><td colspan="5"></td></tr>
<tr><td>第4步</td><td colspan="5"></td></tr>
<tr><td>第5步</td><td colspan="5"></td></tr>
<tr><td>问题求助</td><td colspan="6"></td></tr>
<tr><td>难点解决</td><td colspan="6"></td></tr>
<tr><td>重点记录</td><td colspan="6"></td></tr>
<tr><td rowspan="2">学习反思</td><td>不足之处</td><td colspan="6"></td></tr>
<tr><td>待解问题</td><td colspan="6"></td></tr>
<tr><td>课后</td><td>拓展学习</td><td>能力进阶</td><td colspan="6">在学习“知识拓展”的基础上，完成以下任务：<br>任务条件：若本任务中的LED灯支路是由30W的10个灯具并联组成，每个灯具安装位置相隔2m，离供电配电箱最近的LED灯具与配电箱的距离是10m，该照明支路采用2.5mm²BV线。<br>任务要求：试计算该照明支路上的总电压损失，并分析是否超过一般情况下照明回路电压偏差规定值。</td></tr>
<tr><td colspan="2" rowspan="5">过程评价</td><td rowspan="2">自我评价（5分）</td><td>课前学习</td><td>时间观念</td><td>实施方法</td><td>职业素养</td><td>成果质量</td><td>分值</td></tr>
<tr><td></td><td></td><td></td><td></td><td></td><td></td></tr>
<tr><td rowspan="2">小组评价（5分）</td><td>任务承担</td><td>时间观念</td><td>团队合作</td><td>能力素养</td><td>成果质量</td><td>分值</td></tr>
<tr><td></td><td></td><td></td><td></td><td></td><td></td></tr>
<tr><td>综合打分</td><td colspan="6">自我评价分值＋小组评价分值：</td></tr>
</table>

## 知识与技能 3.2　设备支路负荷计算

3.2-1　任务课件

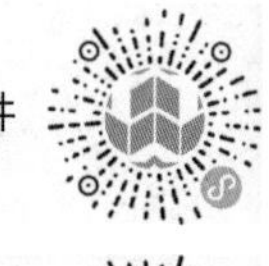

3.2-2　设备支路负荷计算表填写案例

扫右侧二维码看视频思考：

1. 除了电线接触不良和电线老化外，电气火灾还可能是什么原因造成的？

2. 出现电气火灾该怎么做？

3. 分析负荷计算与电气火灾的内在联系？

4. 如何以职业人角度树立电气安全观？

### 3.2.1　知识点一设备支路负荷计算的步骤

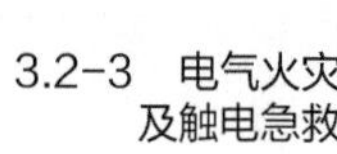

设备支路负荷计算基本思路如图 3.2-1 所示，计算步骤如下：

第 1 步：由计算支路所连接设备的额定功率计算出其设备功率 $P_e$；

第 2 步：由设备功率 $P_e$ 按照式（3.1-1）计算出设备支路的有功计算功率 $P_{js}$，此时一般取 $K_d=1$，但当设备支路连接多个设备时，如某照明支路连接灯具 20 个，这种情况下如果确定存在 20 个灯具可能不同时使用的情况下，可以适当降低需要系数的取值，如取 $K_d=0.9$；

第 3 步：由有功计算功率 $P_{js}$ 按照式（3.1-2）计算出设备支路的无功计算功率 $Q_{js}$；

第 4 步：由式（3.1-3）或公式 $S_{js}=\dfrac{P_{js}}{\cos\varphi}$ 计算出设备支路的视在计算功率 $S_{js}$；

第 5 步：求设备支路的计算电流 $I_{js}$。单相设备时，设备支路的计算电流由式（3.1-4）或式（3.1-5）求出；三相设备时，设备支路的计算电流由式（3.1-6）或式（3.1-7）求出。

我们知道，设备支路负荷计算主要是想计算出流过设备支路的计算电流的大小，以此为依据确定支路导线的截面大小以及支路上的开关和保护设备的规格等，因此，从设备支路的角度分析，一般情况下不需要计算 $Q_{js}$ 和 $S_{js}$，但由于在进行干线的负荷计算时，需要设备支路的无功计算负荷的值，所以，在上述步骤中，通常略去第 4 步。

图 3.2-1　设备支路负荷计算基本思路

### 3.2.2　技能点一设备功率的确定

由设备支路负荷计算的步骤可以看出：求设备功率是进行负荷计算的前提。

#### 1. 设备功率的概念

3.2-4　用电设备的工作制类型

设备功率 $P_e$ 是指设备在实际工作时所消耗的功率（kW）。在供电系统中用电设备的铭牌都标有额定功率 $P_N$，但设备在实际工作中所消耗的功率并不一定就是其额定功率，两者的关系取决于设备的工作制、设备的工作条件、设备是否有附加元器件（即附加损耗）等因素。设备的额定功率经过换算至统一规定的工作制下的“额定功率”称为设备容量，即设备功率。

### 2. 设备功率的计算

针对民用建筑常见用电设备，计算其设备功率见表3.2-1、表3.2-2。

民用建筑常见设备功率计算汇总表　　表3.2-1

| 设备名称 | 设备工作制 | $P_e$计算公式(kW) | 备注 |
|---|---|---|---|
| 热辐射光源(白炽灯、卤钨灯等)、LED光源 | 长期连续工作制 | $P_e=P_N$ | |
| 气体放电光源(如荧光灯、低压钠灯、HID灯、金属卤化物灯等) | 长期连续工作制 | $P_e=P_N(1+\alpha)$ | $\alpha$为电光源镇流器的功率损耗系数，取值详见表3.2-2 |
| 通风机、给水泵、排污泵等 | 长期连续工作制 | $P_e=P_N$ | |
| 消防水泵、锅炉补水泵等 | 短时工作制 | $P_e=0$ | 消防水泵设备功率计算还要参考《民用建筑电气设计标准》GB 51348—2019中3.5.3和3.5.4的规定 |
| 电焊机(施工现场用电设备) | 反复短时工作制 | $P_e=\sqrt{\varepsilon_N}P_N=\sqrt{\varepsilon_N}S_N\cos\varphi$ | $\varepsilon_N$为电焊机的额定暂载率 |
| 吊车、升降机、电动葫芦等施工现场的起重设备、电梯设备 | 反复短时工作制 | $P_e=2\sqrt{\varepsilon_N}P_N$ | $\varepsilon_N$为设备的额定暂载率 |
| 整流设备(即交流变直流设备) | 长期连续工作制 | $P_e=P_{输入}$ | 整流设备额定功率是指输出的直流电功率，而其实际消耗的是输入的交流电功率 |
| 设备组中的备用设备 | | $P_e=0$ | |
| 一般电动机类设备 | | $P_e=\frac{P_N}{\eta}$ | $\eta$为电动机的额定工作效率 |

电光源镇流器功率损耗系数表　　表3.2-2

| 电光源种类名称 | 功率损耗系数$\alpha$ | 电光源种类名称 | 功率损耗系数$\alpha$ |
|---|---|---|---|
| 电感型镇流器荧光灯 | 0.2 | 电子型镇流器荧光灯 | 0.08 |
| 高压汞灯 | 0.08～0.3 | 金属卤化物灯 | 0.14～0.23 |
| 自镇流的高压汞灯 | 0.08～0.15 | 高压钠灯 | 0.12～0.2 |

在工业建筑中，除了上述列出的用电设备外，还存在大量的机械加工等设备，这些设备的设备功率的计算也是根据其工作制情况由它们的额定功率求出。

### 3. 设备功率计算中的几点注意

(1) 在计算范围内的单相负荷容量的和小于或等于总容量的15%时，按三相平衡负荷确定，即：$P_e=P_{ea}+P_{eb}+P_{ec}$；

(2) 若单相设备容量的和大于总容量的15%时，取三相中最大的3倍，即：$P_e=3P_{max}$；

(3) 在实际照明工程中要做到三相负荷平衡是很困难的，照明干线的设备功率应按三相负荷中负荷最大的一相进行计算，即认为三相等效负荷为最大相单相负荷的3倍，即：$P_e=3P_{max}$；

（4）一条线路接多台设备，即成为设备组，设备组的总设备功率为各个设备的设备功率之和，需要说明的是，只有同类设备才可以接在一个设备组中。

4. 设备功率计算实例

3.2-5 照明用电负荷设备功率计算实例

3.2-6 施工现场用电负荷设备功率计算实例

3.2-7 车间动力用电负荷设备功率计算实例

3.2-8 设备功率的确定视频

### 3.2.3 技能点—设备支路负荷计算

1. 单相照明设备支路负荷计算

由于民用建筑照明设备为单相的，所以照明支路也为单相，其负荷计算时电压取220V。照明干线配电均为三相配电，所以，干线及更大范围的负荷计算时，电压应取380V，在进行负荷计算时要加以区分。

（1）照明支路仅接一种电光源的情况

按照规范要求，每条照明回路所接光源数或发光二极管灯具数不宜超过25个，也就是说，一条照明支路通常接多个电光源。如，某照明支路共接荧光灯20盏，每盏功率（含镇流器功率损耗）40W，则该支路的负荷计算过程如下：

支路的总设备功率：$P_{e支}=\sum P_{e}=40\times20=800\text{W}=0.8\text{kW}$

末端支路的需要系数一般取1，即$K_{d}=1$

支路的有功计算功率为：$P_{js}=K_{d}P_{e支}=1\times0.8=0.8\text{kW}$

对于照明电路有：$\cos\varphi=0.9$　　$\tan\varphi=0.48$

支路的无功计算功率为：$Q_{js}=P_{js}\tan\varphi=0.8\times0.48=0.384\text{kvar}$

支路的计算电流为：$I_{js}=\dfrac{P_{js}}{U\cos\varphi}=\dfrac{0.8\times1000}{220\times0.9}=4.04\text{A}$

在实际工程中，民用建筑的照明支路导线一般选截面积为$2.5\text{mm}^2$的BV线，其载流量远远满足实际电流的要求。

（2）照明支路接多种电光源的情况

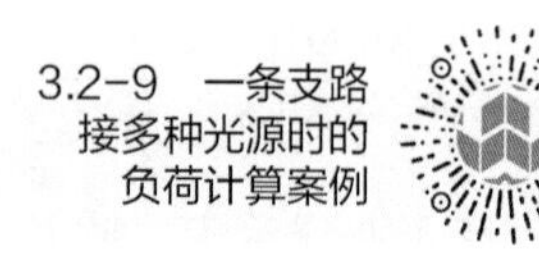
3.2-9 一条支路接多种光源时的负荷计算案例

当一条照明回路同时连接多种电光源时，按照下面的方法进行照明支路的负荷计算：

第1步：求出每种光源的$I_{js}$值

第2步：求出每种光源的$I_{js}$值的有功及无功分量：

$I_{js(P)}=I_{js}\cos\varphi$　　$I_{js(q)}=I_{js}\sin\varphi$

第3步：求总计算电流$I_{js}$的值：$I_{js}=\sqrt{(\sum I_{js(p)})^2+(\sum I_{js(q)})^2}$

2. 三相动力设备支路负荷计算

动力负荷多为三相，并且通常情况下一个设备一条支路，比如，施工现场临时用电中，相关规范提出“一机、一箱”的要求。在工业企业中，在生产工艺允许的情况下，功率较小的同类多台设备也可以接在同一条设备支路中。三相动力设备支路负荷计算过程如下：

第 1 步：求出设备支路总的设备功率 $P_{e支}$；

第 2 步：求出设备支路有功计算功率，公式为 $P_{js}=K_{d}P_{e支}$，此时 $K_{d}$ 根据设备类型和数量确定，在实际中，设备支路的需要系数多取 0.9～1；

第 3 步：求出设备支路无功计算功率，公式为 $Q_{js}=P_{js}\tan\varphi$

第 4 步：求出设备支路的计算电流，公式为 $I_{js}=\dfrac{P_{js}}{\sqrt{3}U\cos\varphi}$，由于设备是三相的，所以电压 $U$ 为 380V。

## 3.2.4　技能点—编制设备支路负荷计算表

### 1. 设备支路负荷计算表一般格式

负荷计算表用来呈现负荷计算的结果，同时也一定程度上表达负荷计算中各个参数之间的关系。设备支路的负荷计算表格式见表 3.2-3。

设备支路负荷计算表　　表 3.2-3

| 负荷名称 | $P_{e}$ (kW) | $K_{d}$ | $\cos\varphi$ | $\tan\varphi$ | $P_{js}$ (kW) | $Q_{js}$ (kvar) | $S_{js}$(kVA) | $I_{js}$ (A) | 导线选择（类型、规格） |
|---|---|---|---|---|---|---|---|---|---|
| | | | | | | | | | |
| | | | | | | | | | |
| | | | | | | | | | |
| | | | | | | | | | |

负荷计算表的格式可以根据实际需要增减，如：最后列“导线选择”在许多实际工程设计的负荷计算表中不加以呈现；又如：设备支路在很多情况下不用计算视在的计算负荷，所以“$S_{js}$”列有时不用计算和填写结果，但是为了与后面学习的低压干线和母线处负荷计算表格式对应一致，这里也需要列出此列。

### 2. 负荷计算表填写方法

在表 3.2-3 中，“负荷名称”填写各个设备支路所接用电设备的名称；“$P_{e}$”是指每条支路所连接设备的设备功率之和；“$K_{d}$”是指设备的需要系数，“$\cos\varphi$”是设备的功率因数，对于民用建筑一般取 0.9；“$\tan\varphi$”是设备的功率因数对应的正切函数值，如当 $\cos\varphi=0.9$ 时，对应的 $\tan\varphi=0.48$，这三个常数可以通过查表的方式获得。以上五项是负荷计算时的已知条件。“$P_{js}$”“$Q_{js}$”“$S_{js}$”和“$I_{js}$”计算公式可以用式（3.1-1）～式（3.1-7）分别求出。

### 3. 负荷计算表填写案例

某蒸汽锅炉房共有用电设备 21 台，每台设备的用电容量、需要系数等技术参数扫码可见，资源中介绍了各个设备的支路负荷计算的过程及负荷计算表填制方法。

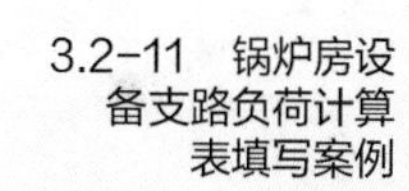

3.2-12　设备支路
负荷计算表填写
说明

## 问题思考

1. 设备功率是指______________________________。

2. 若卤钨灯的额定功率为200W，则其设备功率为________W。

3. 已知某三相电焊机额定容量为22kVA，额定暂载率为60%，额定功率因数为0.6，则该电焊机的设备功率为__________kW。

4. 已知三相供配电线路上接若干照明设备，其中L1、L2和L3相上分别接1.1kW、1.2kW和1.0kW，则该三相供配电线路总的设备功率为__________kW。

5. 已知某插座回路共接插座9组，则该插座回路上的负荷计算结果为：

$P_e=$_________kW，$P_{js}=$_________kW，$Q_{js}=$_________kvar，$I_{js}=$__________A。

6. 写出负荷计算的基本公式。

7. 在进行设备支路负荷计算时，通常需要系数取_______。

8. 简述设备支路负荷计算的步骤。

9. 扫码完成负荷计算表的填写训练。

3.2-13 第9题负荷计算表填写训练

## 知识拓展

电压质量是考核电力系统运行质量的重要内容之一。在《民用建筑电气设计标准》GB 51348—2019中规定了用电设备正常运行情况下的电压偏差允许值，以确保用电安全及设备运行质量。

造成电压偏差的原因之一就是线路上的电压损失，求线路上的计算电流是进行电压损失计算的基础。电压损失主要受系统电压、供电线路导线线径、供电线路长度（供电半径）、用电负荷等因素影响。我们可以采用升高供电电压、增加导线线径、减小供电半径、提高用电设备功率因数等措施，达到降低线路上的电压损失和电能损耗的目的，从而实现节能。

## 拓展学习资源

3.2-14 电压损失计算方法

3.2-15 电压损失计算案例

# 任务 3.3 单体建筑负荷计算

按使用功能分类，建筑分为居住建筑、公共建筑、工业建筑、农业建筑等。相对于建筑群而言，每一个独立的建筑物均称为单体建筑，本任务以高层住宅建筑和动力用房负荷建筑为载体，介绍典型民用建筑负荷计算的内容、流程以及需要注意的相关问题，强调计算结果在实际工程中的具体应用，为后续学习供配电系统的线缆选择、设备选择、供电变压器选择等奠定基础。

通过本任务的学习，做到自觉依据规范，准确确定技术参数，独立完成典型建筑负荷计算。

【教学目标】

| 知识目标 | 能力目标 | 素养目标 | 思政目标 |
|---|---|---|---|
| 1. 掌握单体建筑负荷计算的内容和目的；<br>2. 熟悉单体建筑负荷计算流程；<br>3. 熟悉不同建筑类型建筑负荷计算的区别和要点；<br>4. 理解同时运行系数的含义。 | 1. 能独立完成住宅建筑的负荷计算；<br>2. 能针对非照明负荷准确分组并进行逐级的负荷计算；<br>3. 能根据负荷计算位置正确选择同时系数；<br>4. 能正确填写单体建筑负荷计算表。 | 1. 持有自主学习方法；<br>2. 养成依据规范思考问题的习惯；<br>3. 在计算设计中培养细致负责的职业素养；<br>4. 能从职业角度认识每项工作任务的重要性，养成职业习惯。 | 1. 通过程序化技能训练，追求工作中的"精细、精确、精技"培养敬业的价值观；<br>2. 通过引导互动，提高学生对负荷计算与节约高效之间关系的认识，从而树立职业责任感和使命感。 |

思维导图 3.3　单体建筑负荷计算

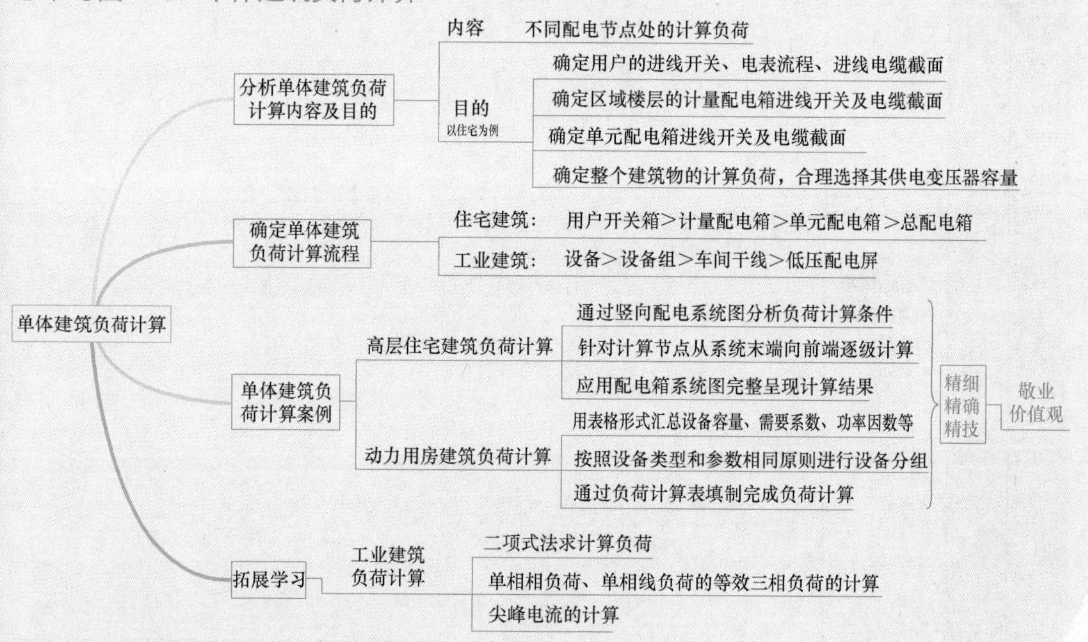

# 学生任务单 3.3 单体建筑负荷计算

| 任务名称 | 单体建筑负荷计算 | | |
| --- | --- | --- | --- |
| 学生姓名 | | 班级学号 | |
| 同组成员 | | | |
| 负责任务 | | | |
| 完成日期 | | 完成效果 | |

<table>
<tr><td colspan="3">任务描述</td><td colspan="3">针对项目3的高层住宅项目施工图中的18层高层住宅建筑，若两个户型的用户预留负荷由原来的6kW和8kW改为4kW和6kW，重新进行以下负荷计算：①两个户型的末端用户开关箱的负荷计算；②计量配电箱负荷计算；③单元配电箱负荷计算；④住宅建筑一般照明总负荷计算。</td></tr>
<tr><td rowspan="7">课前</td><td rowspan="7">自主探学</td><td rowspan="6">任务分工</td><td colspan="3">□ 合作完成　　□ 独立完成</td></tr>
<tr><td>任务明细</td><td>完成人</td><td>完成时间</td></tr>
<tr><td></td><td></td><td></td></tr>
<tr><td></td><td></td><td></td></tr>
<tr><td></td><td></td><td></td></tr>
<tr><td></td><td></td><td></td></tr>
<tr><td>参考资料</td><td colspan="3"></td></tr>
<tr><td>课中</td><td>互动研学</td><td>完成步骤（用流程图表达）</td><td colspan="3"></td></tr>
</table>

<table>
<tr><td rowspan="14">课中</td><td colspan="2">本人任务</td><td colspan="7"></td></tr>
<tr><td colspan="2">角色扮演</td><td colspan="7">□有角色 ______________ □无角色</td></tr>
<tr><td colspan="2">岗位职责</td><td colspan="7"></td></tr>
<tr><td colspan="2">提交成果</td><td colspan="7"></td></tr>
<tr><td rowspan="8">任务实施</td><td rowspan="5">完成步骤</td><td>第1步</td><td colspan="6"></td></tr>
<tr><td>第2步</td><td colspan="6"></td></tr>
<tr><td>第3步</td><td colspan="6"></td></tr>
<tr><td>第4步</td><td colspan="6"></td></tr>
<tr><td>第5步</td><td colspan="6"></td></tr>
<tr><td>问题求助</td><td colspan="7"></td></tr>
<tr><td>难点解决</td><td colspan="7"></td></tr>
<tr><td>重点记录</td><td colspan="7"></td></tr>
<tr><td rowspan="2">学习反思</td><td>不足之处</td><td colspan="7"></td></tr>
<tr><td>待解问题</td><td colspan="7"></td></tr>
<tr><td>课后</td><td>拓展学习</td><td>能力进阶</td><td colspan="7">在学习“知识拓展”的基础上，回答以下问题：<br>(1)如何求仅存在220V的单相用电负荷的三相等效负荷？<br>(2)如何求仅存在380V的单相用电负荷的三相等效负荷？<br>(3)如果某三相供电系统同时存在220V和380V的单相用电负荷，如何求三相等效负荷？</td></tr>
<tr><td colspan="2" rowspan="5">过程评价</td><td rowspan="2">自我评价（5分）</td><td>课前学习</td><td>时间观念</td><td>实施方法</td><td>职业素养</td><td>成果质量</td><td colspan="2">分值</td></tr>
<tr><td></td><td></td><td></td><td></td><td></td><td colspan="2"></td></tr>
<tr><td rowspan="2">小组评价（5分）</td><td>任务承担</td><td>时间观念</td><td>团队合作</td><td>能力素养</td><td>成果质量</td><td colspan="2">分值</td></tr>
<tr><td></td><td></td><td></td><td></td><td></td><td colspan="2"></td></tr>
<tr><td>综合打分</td><td colspan="7">自我评价分值＋小组评价分值：</td></tr>
</table>

# 知识与技能 3.3 单体建筑负荷计算

3.3-1 任务课件

3.3-2 单体建筑负荷计算分析

## 3.3.1 知识点—单体建筑负荷计算内容、目的

### 1. 单体建筑负荷计算内容

单体建筑负荷计算任务主要包括：建筑内支干线、干线以及进户线处的计算负荷，在实际计算时，通常以各级配电节点为研究对象，即针对各级配电装置（配电箱/柜等），计算其进线回路及配出回路的计算负荷。

### 2. 单体建筑负荷计算目的

单体建筑负荷计算的目的主要有以下几个方面：

（1）确定建筑物的用电计算负荷，以便正确合理地选择电气设备；

（2）确定用户的进线开关、电表量程、进线电缆截面积；

（3）确定区域楼层的配电箱进线开关及电缆截面积；

（4）确定整个建筑物的计算负荷，合理选择其供电变压器容量；

（5）确定当地供电部门规定的补偿电容的容量；

（6）确定线路损耗及电能损耗。

## 3.3.2 技能点—确定单体建筑负荷计算流程

### 1. 单体建筑负荷计算流程

负荷计算要从线路末端开始逐级往前计算，单体建筑负荷计算亦如此，假设每个单体建筑配置一个变电所，则其负荷计算流程如图 3.3-1 所示。

图 3.3-1 单体建筑负荷计算流程图

基于上述负荷计算流程，对于最常见的单体建筑类型——住宅建筑而言，结合需要系数法的基本计算公式，形成如图 3.3-2 所示的负荷计算的整体思路。

住宅建筑用电负荷的特点是，照明负荷不用进行设备分组，用户所有用电设备（包括非照明设备）均可视为功率因数为 0.9 的同类用电负荷，因此，在求设备功率的时候，按照以下两种情况计算即可：

（1）在计算范围内的单相负荷容量的和小于或等于总容量的 15%时，按三相平衡负荷确定，即：$P_e = P_{e(L1)} + P_{e(L2)} + P_{e(L3)}$。

举例：某住宅单元，在尽量均衡配相的前提下，三相配电如下：$P_{L1} = 40\text{kW}$，$P_{L2} = 38\text{kW}$，$P_{L3} = 36\text{kW}$，则单元配电箱总设备功率 $P_{e(单元)} = 40 + 38 + 36 = 114\text{kW}$。

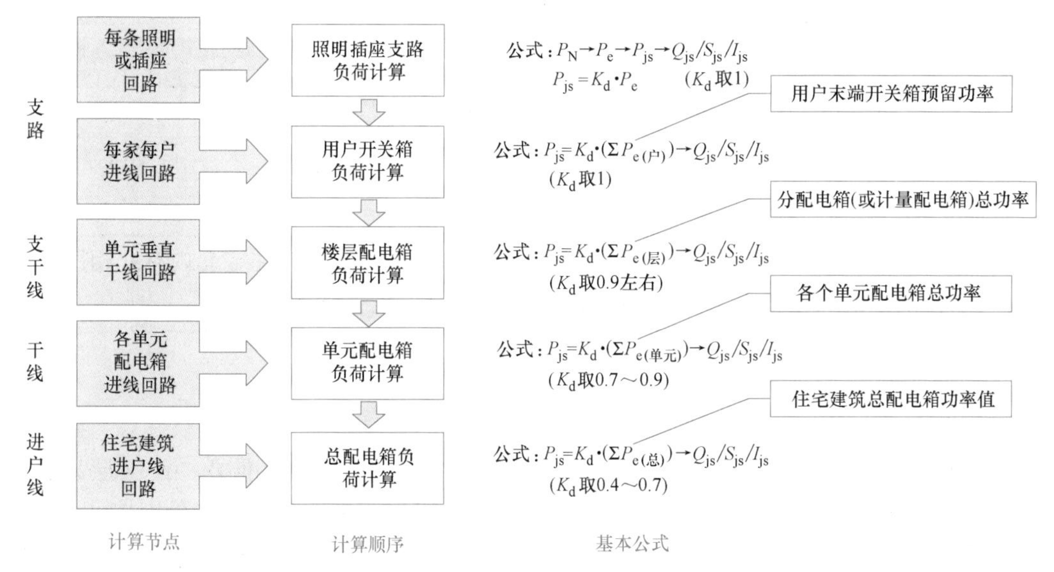

图 3.3-2　住宅建筑用需要系数法进行负荷计算的整体思路

（2）若单相设备容量的和大于总容量的 15%时，取三相中最大值的 3 倍，即：$P_e=3P_{max}$。

举例：某住宅单元，在尽量均衡配相的前提下，三相配电如下：$P_{L1}=P_{L3}=40$kW，$P_{L2}=30$kW，则单元配电箱总设备功率 $P_{e(单元)}=40\times3=120$kW。

结论：住宅用电负荷均为单相，单相用电负荷应尽可能均匀分配到三相配电系统中，如果三相配置“基本均衡”，则三相总设备功率为 L1、L2 和 L3 各相的设备功率之和。如果三相配置“不够均衡”，则三相总设备功率为最大相设备功率的 3 倍。

## 2. 住宅建筑负荷计算起点

需要说明的是，对于住宅建筑负荷计算，由于工程设计时，结合规范条款和工程经验，一般情况下用户末端回路中照明支路选 2.5mm² 的 BV 导线、普通插座回路选 4.0mm² 的 BV 导线、大功率家电设备（空调、热水器等）根据需要可选 6.0mm² 的 BV 导线等，所以不需要计算照明和插座支路的计算负荷，直接按照末端用户开关箱预留的容量（6kW、8kW 等）从用户开关箱进线开始计算即可。

3.3-3　电能表设置与安装

3.3-4　单相电能表规格的选择

依据《住宅建筑电气设计规范》JGJ 242—2011 规定，结合当前住宅建筑发展，每套住宅的用电负荷和电能表的选择可参考表 3.3-1 数据。当然，影响住宅用电符合标准的因素很多，如：所在地的气候条件、地区发展水平、居民生活习惯、建筑规模大小、建设标准高低、用电负荷特点等，在设计时要综合考虑。

每套住宅用电负荷和电能表选择　　表 3.3-1

| 套型 | 建筑面积 $S$(m²) | 用电负荷标准 | 电能表规格(单相) |
|---|---|---|---|
| A | $S\leq50$ | 3kW/户 | 5(20)A |
| B | $50<S\leq90$ | 4kW/户 | 10(40)A |

续表

| 套型 | 建筑面积 S(m²) | 用电负荷标准 | 电能表规格(单相) |
|---|---|---|---|
| C | 90<S≤150 | 6～8kW/户 | 10(40)A |
| D | 150<S≤200 | 8～10kW/户 | 15(60)A |
| E | 200<S≤300 | 15kW/户 | 20(80)A |

每套住宅应采用单相电源进户，至少配置一块单相电能表，当住宅套内有三相用电设备时（如：别墅电梯设备），三相用电设备应配置三相电能表计量。

### 3.3.3 技能点—单体建筑负荷计算案例

#### 1. 高层住宅建筑负荷计算案例

案例提供项目为某二类高层住宅，共 18 层，其中，第 2 层为标准层，第 18 层为设备层（机房设备），该高层住宅建筑共三个单元，一梯三户，分两个户型，分别按 8kW/户和 6kW/户预留用电容量。除了住宅用户用电负荷外，高层建筑内还有公共照明、应急照明、电梯、风机、排污泵等公共用电设备。

（1）住宅建筑一般照明负荷计算

如前所述，住宅用户有两个户型，分别按每户 8kW 和 6kW 设计，属于三级负荷。图 3.3-3 为高层住宅建筑竖向干线系统图，图 3.3-4 为高层住宅建筑单元配电系统图。

1）分析负荷计算节点

我们先来分析一下高层建筑配电线路上负荷计算的节点，前面讲过，负荷计算要从线路末端向前逐级计算，因此分析计算节点时，也按照从后向前的顺序进行。在图 3.3-3 中，最末端的负荷计算节点是用户开关箱进线，然后依次是计量配电箱进线、单元配电箱进线，如果该高层建筑总配电箱只有一个，那么最前面的负荷计算节点就是总配电箱进线。下面按照这样的思路分析该高层建筑负荷计算的过程。

2）分析单相用户配相

从图 3.3-4 可以看出，每层的三个单相用户分别配在 L1（8kW）、L2（6kW）和 L3（8kW）相上，由于用户预留容量不同，造成三相总容量不够均衡，因此，在后续的负荷计算中，求三相等效设备功率的时候需要加以注意分析。

3）用户开关箱负荷计算

① 对于 6kW 用户：$P_e=6\text{kW}$，$K_d=1$，$\cos\varphi=0.9$，$\tan\varphi=0.48$

则：$P_{js}=K_dP_e=1\times6=6\text{kW}$　$Q_{js}=P_{js}\cdot\tan\varphi=6\times0.48=2.88\text{kvar}$

$$I_{js}=\frac{P_{js}}{U\cos\varphi}=\frac{6000}{220\times0.9}=30.3\text{A}$$

负荷计算结果如图 3.3-5 所示。

② 对于 8kW 用户：$P_e=8\text{kW}$，$K_d=1$，$\cos\varphi=0.9$，$\tan\varphi=0.48$

则：$P_{js}=K_dP_e=1\times8=8\text{kW}$　$Q_{js}=P_{js}\cdot\tan\varphi=8\times0.48=3.84\text{kvar}$

$$I_{js}=\frac{P_{js}}{U\cos\varphi}=\frac{8000}{220\times0.9}=40.4\text{A}$$

负荷计算结果如图 3.3-6 所示。

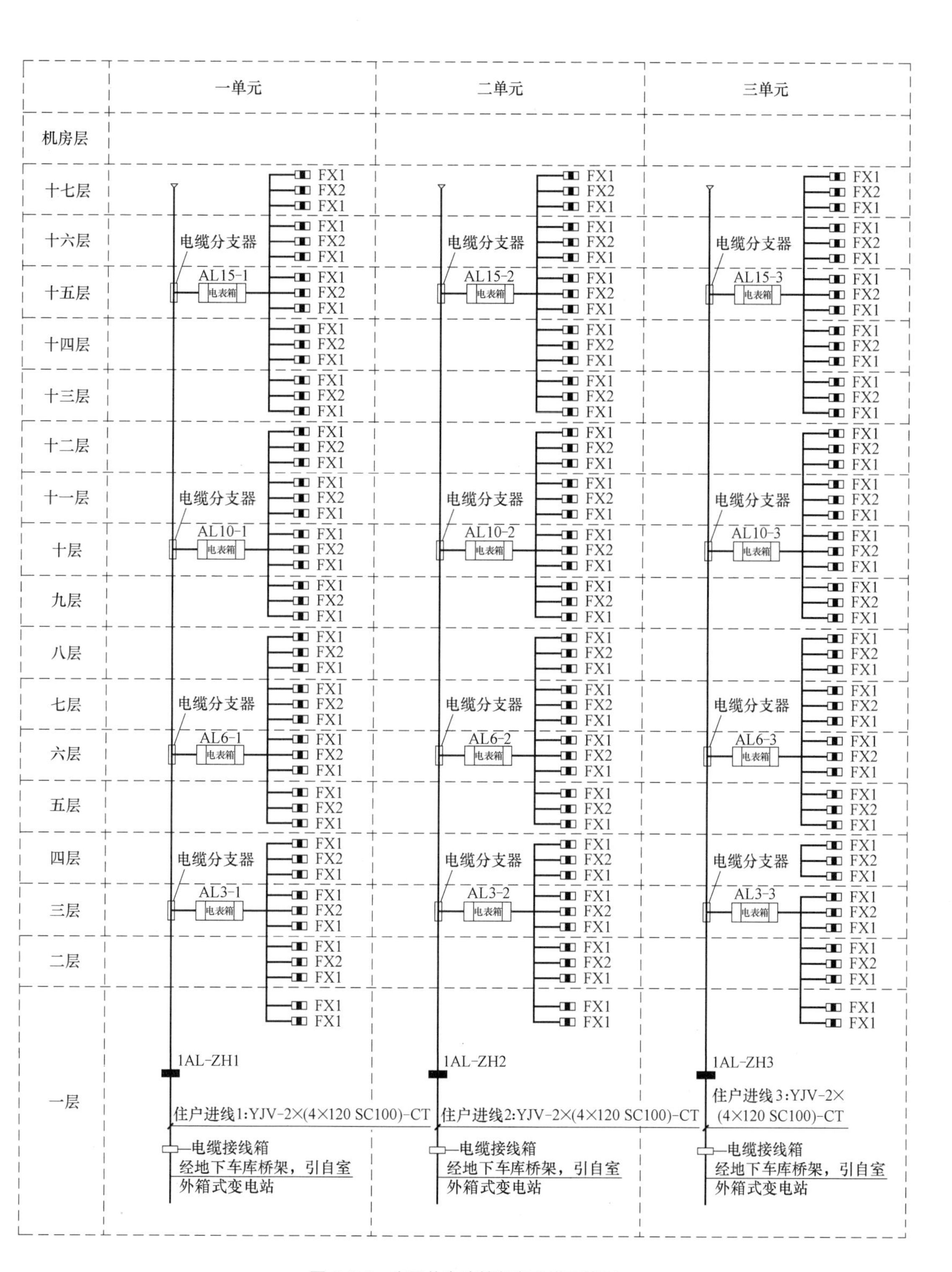


图 3.3-3 高层住宅建筑竖向干线系统图

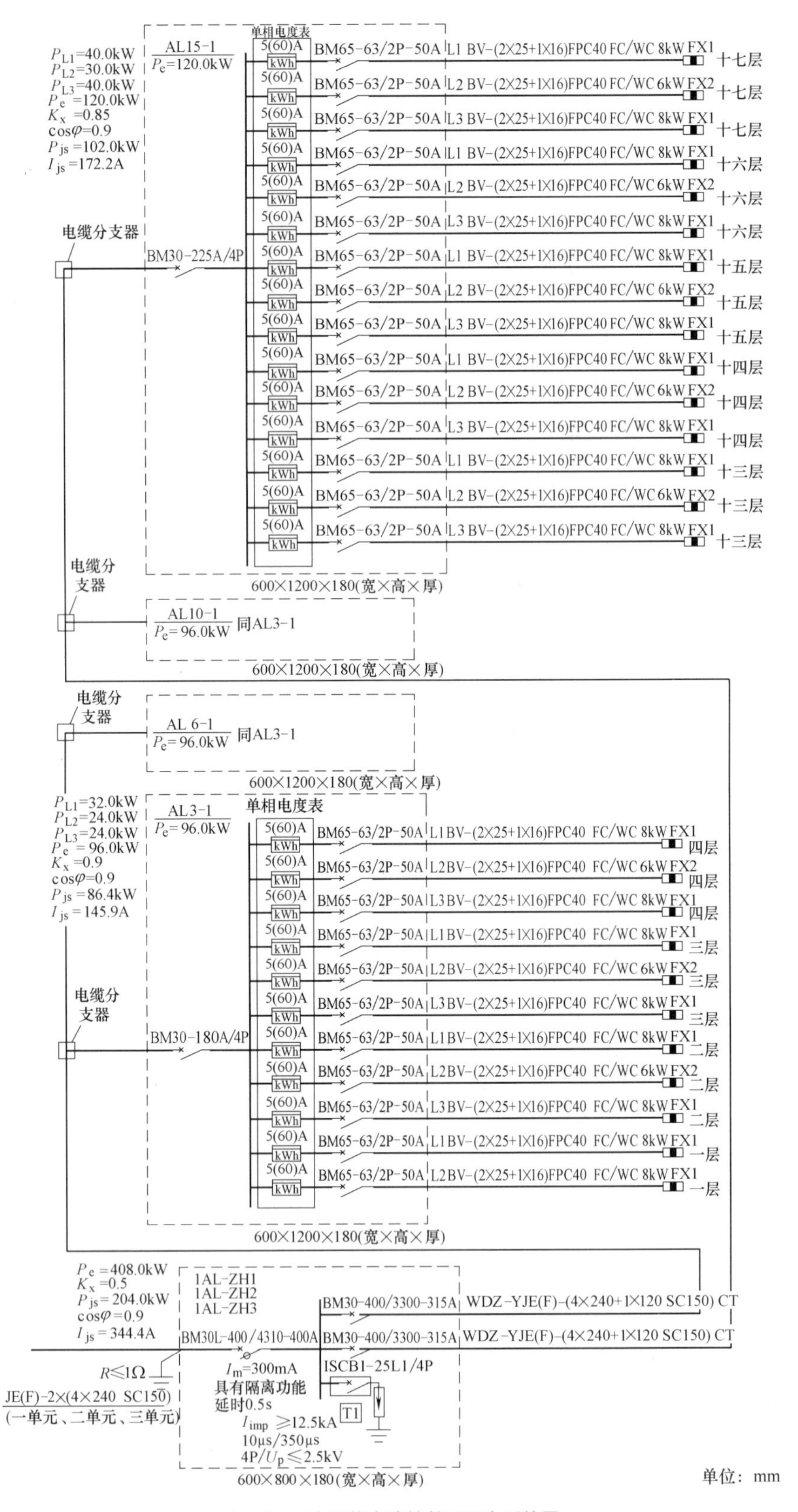


图 3.3-4 高层住宅建筑单元配电系统图

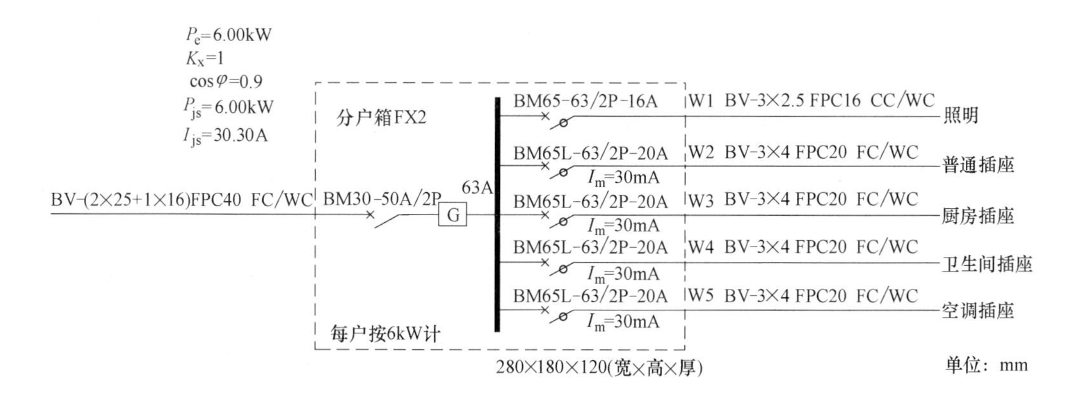


图 3.3-5　6kW 用户开关箱系统图

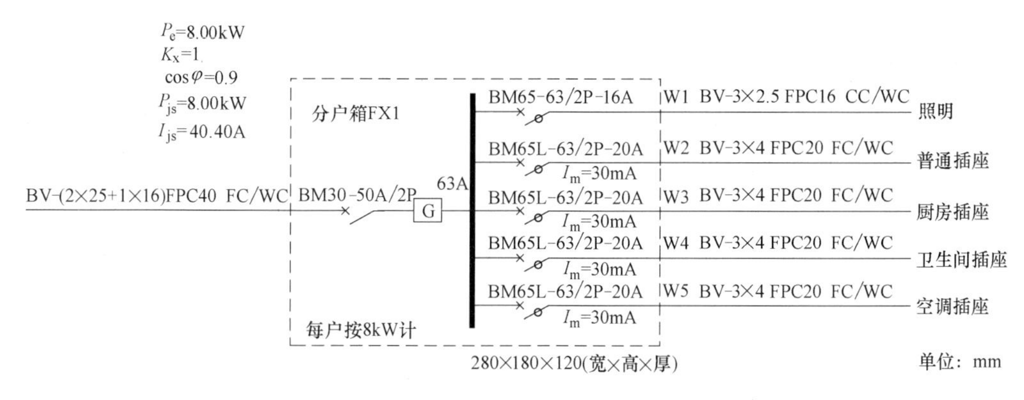


图 3.3-6　8kW 用户开关箱系统图

4）计量配电箱负荷计算

① 计量箱 AL3-1 的负荷计算

从上面的用户开关箱系统图得知 FX1 为 8kW 用户，FX2 为 6kW 用户。在图 3.3-3 中，计量箱 AL3-1 负责一～四层共 11 个开关箱，其中 FX1 共 8 个、FX2 共 3 个。

取计量箱的需要系数 $K_d=0.9$，$\cos\varphi=0.9$，$\tan\varphi=0.48$，计算过程如下：

$P_{L1}=8\times4=32\text{kW}$　$P_{L2}=6\times3+8=26\text{kW}$　$P_{L3}=8\times3=24\text{kW}$　则：$\sum P_e=32\times3=96\text{kW}$

$P_{js}=K_d\cdot\sum P_e=0.9\times96=86.4\text{kW}$　　$Q_{js}=P_{js}\cdot\tan\varphi=86.4\times0.48=41.5\text{kvar}$

$S_{js}=\sqrt{86.4^2+41.5^2}=95.85\text{kVA}$　　$I_{js}=\dfrac{P_{js}}{\sqrt{3}U\cos\varphi}=\dfrac{86400}{\sqrt{3}\times380\times0.9}=145.9\text{A}$

所有的 $I_{js}$ 也均可以由 $S_{js}$ 求得，本案例由于在计算范围内，只存在一个 $\cos\varphi$ 值，因此，也可以由 $P_{js}$ 求得，两种方法计算结果一样。

② 计量箱 AL6-1、AL10-1 的负荷计算

在图 3.3-3 中，计量箱 AL6-1 和 AL10-1 分别负责五～八层、九～十二层，每个计量箱接 12 个开关箱，其中 FX1 共 8 个、FX2 共 4 个。

取计量箱的需要系数 $K_d=0.9$，$\cos\varphi=0.9$，$\tan\varphi=0.48$，计算过程如下：

$P_{L1}=8\times4=32kW$ $P_{L2}=6\times4=24kW$ $P_{L3}=8\times4=32kW$ 则：$\sum P_e=32\times3=96kW$

$P_{js}=K_d\cdot\sum P_e=0.9\times96=86.4kW$ $Q_{js}=P_{js}\cdot\tan\varphi=86.4\times0.48=41.5kvar$

$S_{js}=\sqrt{86.4^2+41.5^2}=95.85kVA$ $I_{js}=\dfrac{P_{js}}{\sqrt{3}U\cos\varphi}=\dfrac{86400}{\sqrt{3}\times380\times0.9}=145.9A$

这里的 $I_{js}$ 也可以由 $S_{js}$ 求得，上述计算结果与图 3.3-4 呈现的负荷计算标注相一致。

③ 计量箱 AL15-1 的负荷计算

在图 3.3-3 中，计量箱 AL15-1 负责十三～十七层共 15 个开关箱，其中 FX1 共 10 个、FX2 共 5 个。

取计量箱的需要系数 $K_d=0.85$，$\cos\varphi=0.9$，$\tan\varphi=0.48$，计算过程如下：

$P_{L1}=8\times5=40kW$ $P_{L2}=6\times5=30kW$ $P_{L3}=8\times5=40kW$ 则：$\sum P_e=40\times3=120kW$

$P_{js}=K_d\cdot\sum P_e=0.85\times120=102kW$ $Q_{js}=P_{js}\cdot\tan\varphi=102\times0.48=49.0kvar$

$S_{js}=\sqrt{102^2+48.96^2}=113.1kVA$ $I_{js}=\dfrac{P_{js}}{\sqrt{3}U\cos\varphi}=\dfrac{102000}{\sqrt{3}\times380\times0.9}=172.2A$

这里的 $I_{js}$ 也可以由 $S_{js}$ 求得，上述计算结果与图 3.3-4 呈现的负荷计算标注相一致。

3.3-5 建筑负荷计算需要系数取值表

5）单元配电箱负荷计算

通过以上分析知道，图 3.3-4 所示的单元最大相负荷容量为 8×17=136kW，由已知条件每个单元 50 户，扫码查表取单元配电干线需要系数 $K_d=0.5$，计算结果如下：

$\sum P_e=136\times3=408kW$ $P_{js}=0.5\times408=204kW$ $Q_{js}=204\times0.48=98.0kvar$

$S_{js}=\sqrt{204^2+98^2}=226.3kVA$ $I_{js}=\dfrac{204000}{\sqrt{3}\times380\times0.9}=344.4A$

这里的 $I_{js}$ 也可以由 $S_{js}$ 求得，上述计算结果与图 3.3-4 呈现的负荷计算标注相一致。

6）住宅建筑套内用电总负荷计算

该高层住宅建筑有 3 个单元共 150 户，扫码查表取建筑配电干线需要系数 $K_d=0.45$，则套内用电负荷计算结果如下：

$\sum P_e=408\times3=1224kW$ $P_{js}=0.45\times1224=550.8kW$ $Q_{js}=550.8\times0.48=264.4kvar$

$S_{js}=\sqrt{550.8^2+264.4^2}=611.0kVA$ $I_{js}=\dfrac{611000}{\sqrt{3}\times380\times0.9}=1031.5A$

特别强调，需要系数的选取，视负荷计算范围而定，计算范围越大，需要系数取值越小。高层建筑总负荷计算，需要系数多取 0.4～0.7。

（2）住宅建筑公共用电负荷计算

高层住宅的动力负荷一般包括电梯、生活水泵、排污泵、通风机、走廊和电梯前厅的公共照明、应急照明灯，按照规范规定，18 层高层建筑中的这些用电负荷属于二级负荷。

在本案例中，住宅建筑公共用电设备负荷计算包括电梯用电负荷计算、公共照明用电负荷计算、应急照明用电负荷计算、风机设备用电负荷计算、排污泵设备用电负荷计算等，其配电系统图及其负荷计算书（用天正电气软件计算）详见下面的二维码资源，学习者可以对照系统图和对应的计算书部分内容自行学习，这里不再赘述。

特别提醒，《民用建筑电气设计标准》GB 51348—2019 中 3.5.3 规定“当消防用电设备的计算负荷大于火灾切除的非消防负荷时，应按未切除的非消防负荷加上消防负荷计算总负荷。否则，计算总负荷时不应考虑消防负荷容量”。就是说在实际工程设计中，常遇到消防负荷中含有平时兼作他用的负荷，如消防排烟风机除火灾时排烟外，平时还用于通风（有些情况下排烟和通风状态下的用电容量尚有不同），因此需特别注意除了在计算消防负荷时应计入其消防部分的电量以外，在计算正常情况下的用电负荷时还应计入其平时使用的用电容量。

3.3-6 住宅建筑公共照明负荷计算书

3.3-7 住宅建筑应急照明负荷计算书

3.3-8 住宅建筑电梯设备配电系统图及负荷计算

3.3-9 住宅建筑风机、排污泵配电系统图及负荷计算

3.3-10 住宅建筑公共用电设备总负荷计算书

（3）高层住宅建筑总用电负荷的计算

① 套内用电负荷：由前面计算结果得：$P_{js}=550.8\text{kW}$，$Q_{js}=264.4\text{kvar}$。

② 公共设备用电负荷：由上面二维码资源“住宅建筑公共用电设备总负荷计算书”知：$P_{js}=145\text{kW}$，$\cos\varphi=0.8$，$\tan\varphi=0.75$，则：$Q_{js}=145\times0.75=108.75\text{kvar}$

③ 高层建筑总用电负荷：取 $K_{\sum p}=K_{\sum q}=0.9$，则：

$$P_{js(总)}=0.9\times(550.8+145)=626.22\text{kW} \quad Q_{js(总)}=0.9\times(264.4+108.75)=335.84\text{kvar}$$

$$S_{js(总)}=\sqrt{626.22^2+335.84^2}=710.6\text{kVA} \qquad I_{js(总)}=\frac{710600}{\sqrt{3}\times380}=1079.7\text{A}$$

$S_{js}$ 是选择高层住宅建筑供电变压器容量的主要依据。思考一下，如果变压器同时为几栋住宅建筑供电，总用电负荷如何计算？

## 2. 动力用房建筑负荷计算案例

区别于住宅建筑负荷计算，动力用房建筑负荷计算相对复杂，一方面，用电设备为单相或三相动力设备，在进行设备功率计算时，要考虑工作制等特点。另一方面，用电设备的功率因数不一样，在负荷计算之前需要首先进行设备分组，设备分组的原则是将需要系数和功率因数一样的同类设备分在一个设备组，然后按照下面的负荷计算顺序进行建筑的负荷计算。

第 1 步：求设备支路的计算负荷。

第 2 步：求设备组的计算负荷。

第 3 步：求工业建筑低压干线的计算负荷。

第 4 步：求工业建筑低压母线的计算负荷。

第 5 步：求工业建筑总进线的计算负荷。

下面以锅炉房动力负荷建筑为例，介绍负荷计算过程。锅炉房建筑内用电设备及其分组情况详见表 3.3-2。

某锅炉房建筑用电设备及分组表　　表 3.3-2

| 设备分组 | 负荷名称 | $P_e$(kW) | 数量 | $K_d$ | cosφ | tanφ |
|---|---|---|---|---|---|---|
| 设备组 1<br>AT1 控制台 | 锅炉引风机 | 30 | 3 | 1.0 | 0.7 | 1.02 |
| | 锅炉鼓风机 | 7.5 | 3 | | | |
| 设备组 2<br>AT2 控制台 | 除渣机 | 5.5 | 1 | 0.8 | 0.7 | 1.02 |
| | 给煤机 | 4 | 1 | | | |
| | 粉碎机 | 11 | 1 | | | |
| | 斜角上煤机 | 7.5 | 1 | | | |
| | 水平上煤机 | 4 | 1 | | | |
| | 电磁除铁器 | 1.5 | 1 | | | |
| | 电动葫芦 | 2.5 | 1 | | | |
| | 锅炉给水泵 | 5.5 | 3 | | | |
| 设备组 3<br>水处理设备组 AKZ | 爆气塔、反应箱 | 0.6 | 1 | 1.0 | 0.8 | 0.75 |
| | 工作泵 | 3 | 2 | | | |
| | 全自动常温除氧器 | 5.5 | 2 | | | |
| 设备组 4<br>照明设备组 | 照明设备 | 20 | | 0.8 | 0.9 | 0.48 |
| 设备组 5<br>换热机设备组 AP | 智能换热器 | 4 | 2 | 1.0 | 0.8 | 0.75 |

（1）锅炉房用电负荷设备支路负荷计算

表 3.3-2 中列出的锅炉房设备均按长期连续工作制考虑。设备支路负荷计算在任务 3.2 中已详细讲过，这里不再赘述。

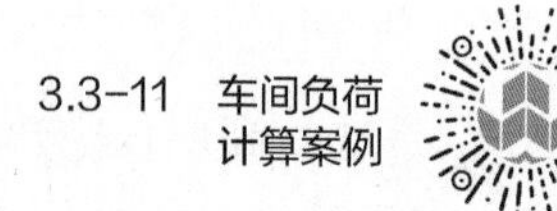


（2）锅炉房设备组的负荷计算

以设备组 2 为例：

1）设备组 2 总设备功率：

$\sum P_{e2}=5.5+4+11+7.5+4+1.5+2.5+5.5\times3=52.5\text{kW}$

2）设备组 2 总有功计算功率：$P_{js2}=K_{d2}\cdot\sum P_{e2}=0.8\times52.5=42\text{kW}$

3）设备组 2 总无功计算功率：$Q_{js2}=P_{js2}\cdot\tan\varphi_2=42\times1.02=42.8\text{kvar}$

4）设备组 2 总视在计算功率：$S_{js2}=\sqrt{P_{js2}^2+Q_{js2}^2}=\sqrt{42^2+42.8^2}=60.0\text{kVA}$

5）设备组 2 总计算电流：$I_{js2}=\dfrac{S_{js2}}{\sqrt{3}U}=\dfrac{60000}{\sqrt{3}\times380}=91.2\text{A}$

其他设备组负荷计算过程略，锅炉房设备组负荷计算结果如表 3.3-3 所示。

设备组与电源进线负荷计算　　表3.3-3

| 负荷名称 | $P_e$ (kW) | $K_d$ | $\cos\varphi$ | $\tan\varphi$ | $P_{js}$ (kW) | $Q_{js}$ (kvar) | $S_{js}$ (kVA) | $I_{js}$ (A) | $K_{\Sigma p}$ | $K_{\Sigma q}$ |
|---|---|---|---|---|---|---|---|---|---|---|
| AT1控制台 | 112.5 | 1.0 | 0.7 | 1.02 | 112.5 | 114.8 | 160.7 | 244.2 | | |
| AT2控制台 | 52.5 | 0.8 | 0.7 | 1.02 | 42 | 42.8 | 60.0 | 91.2 | | |
| 水处理设备组AKZ | 17.6 | 1.0 | 0.8 | 0.75 | 17.6 | 13.2 | 22 | 33.4 | | |
| 照明设备组AL1-1 | 20 | 0.8 | 0.9 | 0.48 | 16 | 7.7 | 17.75 | 27.0 | | |
| 换热机设备组AP | 8 | 1.0 | 0.8 | 0.75 | 8 | 6 | 10 | 15.19 | | |
| 以上小计 | 210.6 | | | | 196.1 | 184.5 | 269.2 | 409.0 | | |
| 同时运行系数 | | | | | | | | | 0.92 | 0.95 |
| 低压干线负荷计算 | | | 0.72 | | 180.4 | 175.3 | 251.5 | 382.1 | | |

(3) 锅炉房干线总负荷计算

由前面分析可知，干线连接5个设备组，而这5个设备组的需要系数和功率因数不都相同，这是与住宅建筑负荷计算的不同之处。这种情况下，进行干线负荷计算时，要引入"同时运行系数"的概念，即认为干线所接的设备组不一定同时工作，在进行干线负荷计算时，需要乘上一个小于1的系数，这个系数就是同时运行系数，同时运行系数分为有功同时运行系数$K_{\Sigma p}$和无功同时运行系数$K_{\Sigma q}$，计算范围越大，其值越小，一般情况下，低压干线处同时运行系数取0.90～0.95，低压母线处同时运行系数取0.85～0.90，并且无功同时运行系数略高于有功同时运行系数。

锅炉房干线总计算负荷计算过程如下：

总有功计算功率：$P_{js(总)}=K_{\Sigma p}\cdot(P_{js1}+P_{js2}+P_{js3}+P_{js4}+P_{js5})=0.92\times196.1=180.4\text{kW}$

总无功计算功率：$Q_{js(总)}=K_{\Sigma q}\cdot(Q_{js1}+Q_{js2}+Q_{js3}+Q_{js4}+Q_{js5})=0.95\times184.5=175.3\text{kvar}$

总视在计算功率：$S_{js(总)}=\sqrt{P_{js(总)}^2+Q_{js(总)}^2}=\sqrt{180.4^2+175.3^2}=251.5\text{kVA}$

总计算电流：$I_{js(总)}=\dfrac{S_{js(总)}}{\sqrt{3}U}=\dfrac{251500}{\sqrt{3}\times380}=382.1\text{A}$

此时，锅炉房的进线处功率因数为：$\cos\varphi=\dfrac{P_{js(总)}}{S_{js(总)}}=\dfrac{180.4}{251.5}=0.72$，一般情况，工业建筑功率因数要求不低于0.85，所以，此案例情况下，需要进行无功功率的补偿以提高功率因数，无功补偿计算将在任务4.3中介绍。

问题思考

1. 单体建筑是指________________________________。

2. 对于高层住宅建筑，进行单元配电箱负荷计算时，需要系数一般取__________。

3. 已知民用建筑照明负荷共400kW，其中，L1和L3相各接150kW，L2相接100kW，则该建筑的三相等效用电负荷为________kW。

4. 已知住宅建筑2个单元，30层，一梯三户，每户6kW，每个单元公共照明用电2kW，单相负荷配相如下：每层三户均分别配到L1、L2和L3相，单元公共照明用电负荷均配到L2相，则该住宅建筑的三相等效用电负荷为__________kW。

5. 简述单体建筑负荷计算的步骤及其相关公式。

6. 某高校实训车间 380V 线路上，接有金属冷加工机床组 40 台共 100kW，通风机 5 台共 7.5kW，电阻炉 5 台共 8kW，如图 3.3-7 所示。根据需要系数法确定此线路上的计算负荷和计算电流。

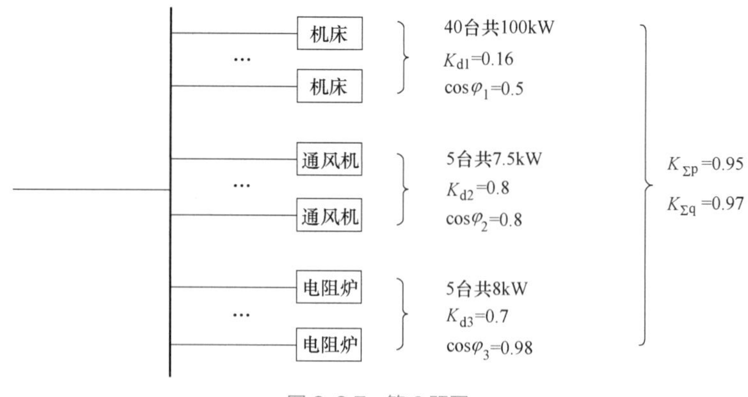


图 3.3-7 第 6 题图

## 知识拓展

工业建筑作为建筑类型之一，其用电负荷计算也比较重要。工业建筑的用电负荷相对复杂，不但有单相负荷和三相负荷之分，单相负荷还有单相 220V 的相负荷和单相 380V 的线负荷之分，因此在工业建筑的供配电系统中，会存在以下几种情况：

1. 仅存在三相用电设备。
2. 仅存在 220V 单相用电设备。
3. 仅存在 380V 单相用电设备。
4. 同时存在 220V 和 380V 单相用电设备。
5. 既有单相用电设备又有三相用电设备。

工业建筑用电负荷计算可以采用需要系数法和二项式法，二者的应用区别在于，需要系数法适合于设备数量较多，每台设备用电容量差别不大的情况；而二项式法适合于设备数量不多，但用电容量相差很大的情况。

工业建筑一般还需要进行供配电线路的尖峰电流的计算，尖峰电流是指单台或多台用电设备持续 1～2s 的短时最大负荷电流，尖峰电流一般出现在电动机启动过程中，尖峰电流主要用来计算电压波动、选择熔断器和低压断路器、整定继电保护装置及检验电动机自启动条件等。

## 拓展学习资源

3.3-12 负荷计算二项式法

3.3-13 单相设备的三相等效负荷计算

3.3-14 尖峰电流计算方法

# CHAPTER 4

# 项目 4

# 建筑电气设备选择与安装

任务4.1 变压器的选择
任务4.2 柴油发电机的选择与安装
任务4.3 无功补偿装置的选择
任务4.4 线缆的选择与敷设
任务4.5 低压保护设备的选择

建筑电气设备，主要指变配电所及分配电所的设备和就地分散的动力、照明配电箱，包括干式电力变压器、成套高压低压配电柜、控制操动用直流柜（带蓄电池）、备用不间断电源柜、照明配电箱、动力配电箱（柜）、功率因数电容补偿柜以及备用柴油发电机组等。建筑电气设备的选择应根据民用建筑工程的建筑分类、耐火等级、负荷性质、用电容量、系统规模和发展规划以及当地供电条件确定选择方案，合理选型，选择的设备应简单可靠，减少电能损耗，便于维护管理，并在满足现有使用要求的同时，适度兼顾未来发展的需要。

电气设备安装，是依据设计与生产工艺的要求，依照施工平面图、规程规范、设计文件、施工标准图集等技术文件的具体规定，按特定的线路保护和敷设方式将电能合理分配输送至已安装就绪的用电设备及用电器具上：通电前，经过元器件各种性能的测试，系统的调整试验，在试验合格的基础上，送电试运行，使之与生产工艺系统配套，使系统具备使用和投产条件。其安装质量必须符合设计要求，符合施工及验收规范，符合施工质量检验评定标准。

合理选择电气设备，能按图施工、准确安装是从事建筑电气施工、造价、设计、监理等岗位以及从事工程管理工作的必备技能。

【教学载体】 某住宅小区供配电工程

工程概况：所提供的工程案例施工图为某小区建筑变配电，该工程有照明负荷共 70kW，配有 2 台 75kW、2 台 37kW 和 4 台 18.5kW 风机，还配有 2 台 3kW 和 4 台 7.5kW 水泵，地下室应急负荷配备有室内消火栓 22kW，消防潜水泵 8.0kW，稳压泵 1.1kW，其他消防设施及发电机房、配电室值班室、水泵房照明等 25kW。

4 工程案例

【建议学时】 18～20 学时

【相关规范】

《民用建筑设计统一标准》 GB 50352—2019

《民用建筑电气设计标准》 GB 51348—2019

《供配电系统设计规范》 GB 50052—2009

《建筑设计防火规范（2018 年版）》 GB 50016—2014

《住宅建筑电气设计规范》 JGJ 242—2011

《20kV 及以下变电所设计规范》 GB 50053—2013

《柴油发电机组设计与安装》 15D 202-2

# 任务 4.1 变压器的选择

在我国的电力供配电系统中，普遍采用三相三线制或三相四线制供、配电，因而广泛使用三相变压器。它是供配电系统中最关键的设备，其作用是将供配电系统中的电力电压升高或降低，以利于电力的合理输送、分配和使用。作为电气技术人员，只有掌握了三相变压器的基本知识，才能安全可靠地使用它，充分发挥它的作用。

【教学目标】

| 知识目标 | 能力目标 | 素养目标 | 思政目标 |
|---|---|---|---|
| 1. 理解变压器工作原理及型号参数；<br>2. 熟悉常用变压器种类；<br>3. 掌握变压器的选用原则。 | 1. 能准确判断常见变压器适用范围；<br>2. 能根据建筑负荷等级确定变压器选用原则；<br>3. 能根据工程情况合理确定合适的变压器。 | 1. 持有自主学习方法；<br>2. 养成依据规范及标准进行设计的习惯；<br>3. 具备节能设计理念；<br>4. 体现将安全、发展等融入供电变压器的选用。 | 1. 培养电气安全意识，提升社会责任感；<br>2. 培养电气节能意识，助创节约型社会，增强职业荣誉感；<br>3. 激发求知欲望，提升服务社会本领。 |

思维导图 4.1　变压器的选择

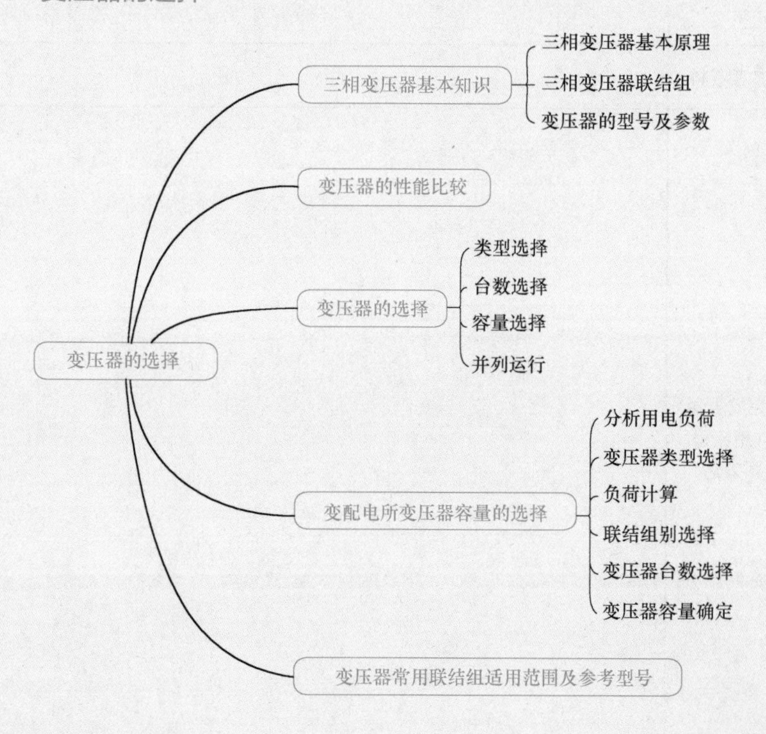

# 学生任务单 4.1 变压器的选择

<table>
<tr><td>任务名称</td><td colspan="3">变压器的选择</td></tr>
<tr><td>学生姓名</td><td></td><td>班级学号</td><td></td></tr>
<tr><td>同组成员</td><td colspan="3"></td></tr>
<tr><td>负责任务</td><td colspan="3"></td></tr>
<tr><td>完成日期</td><td></td><td>完成效果</td><td></td></tr>
</table>

<table>
<tr><td colspan="2">任务描述</td><td colspan="4">某小区建筑变配电所有照明负荷 70kW，配有 2 台 75kW、2 台 37kW 和 4 台 18.5kW 风机，还配有 2 台 3kW 和 4 台 7.5kW 水泵，地下室应急负荷配备有室内消火栓 22kW，消防潜水泵 8.0kW，稳压泵 1.1kW，其他消防设施及发电机房、配电室值班室、水泵房照明等 25kW，如何选择该变配电所合适的变压器？试确定该变压器容量。</td></tr>
<tr><td rowspan="7">课前</td><td rowspan="7">自主探学</td><td rowspan="6">任务分工</td><td colspan="3">□ 合作完成 □ 独立完成</td></tr>
<tr><td>任务明细</td><td>完成人</td><td>完成时间</td></tr>
<tr><td></td><td></td><td></td></tr>
<tr><td></td><td></td><td></td></tr>
<tr><td></td><td></td><td></td></tr>
<tr><td></td><td></td><td></td></tr>
<tr><td>参考资料</td><td colspan="3"></td></tr>
<tr><td>课中</td><td>互动研学</td><td>完成步骤（用流程图表达）</td><td colspan="3"></td></tr>
</table>

<table>
<tr><td rowspan="14">课中</td><td colspan="2">本人任务</td><td colspan="6"></td></tr>
<tr><td colspan="2">角色扮演</td><td colspan="6">□有角色 ______________ □无角色</td></tr>
<tr><td colspan="2">岗位职责</td><td colspan="6"></td></tr>
<tr><td colspan="2">提交成果</td><td colspan="6"></td></tr>
<tr><td rowspan="8">任务实施</td><td rowspan="5">完成步骤</td><td>第 1 步</td><td colspan="5"></td></tr>
<tr><td>第 2 步</td><td colspan="5"></td></tr>
<tr><td>第 3 步</td><td colspan="5"></td></tr>
<tr><td>第 4 步</td><td colspan="5"></td></tr>
<tr><td>第 5 步</td><td colspan="5"></td></tr>
<tr><td>问题求助</td><td colspan="6"></td></tr>
<tr><td>难点解决</td><td colspan="6"></td></tr>
<tr><td>重点记录</td><td colspan="6"></td></tr>
<tr><td rowspan="2">学习反思</td><td>不足之处</td><td colspan="6"></td></tr>
<tr><td>待解问题</td><td colspan="6"></td></tr>
<tr><td>课后</td><td>拓展学习</td><td>能力进阶</td><td colspan="6">已知某建筑工地的临时用电设备，有电压为 380V 的三相电机 7.5kW 13 台，4kW 18 台，1.5kW20 台，1kW51 台。如何选择该临时变配电所的变压器？</td></tr>
<tr><td colspan="2" rowspan="5">过程评价</td><td rowspan="2">自我评价（5 分）</td><td>课前学习</td><td>时间观念</td><td>实施方法</td><td>职业素养</td><td>成果质量</td><td>分值</td></tr>
<tr><td></td><td></td><td></td><td></td><td></td><td></td></tr>
<tr><td rowspan="2">小组评价（5 分）</td><td>任务承担</td><td>时间观念</td><td>团队合作</td><td>能力素养</td><td>成果质量</td><td>分值</td></tr>
<tr><td></td><td></td><td></td><td></td><td></td><td></td></tr>
<tr><td>综合打分</td><td colspan="6">自我评价分值＋小组评价分值：</td></tr>
</table>

# 知识与技能 4.1　变压器的选择

4.1-1　任务课件

## 4.1.1　知识点—三相变压器基本知识

### 1. 三相变压器基本原理

变压器就是一种利用电磁互感效应，变换交流电压、电流和阻抗的电气设备。三相变压器是三个相同容量的单相变压器的组合，它有三个铁芯柱，每个铁芯柱都围绕着同一相的两个线圈，一个是高压线圈，一个是低压线圈，工作原理具体如图 4.1-1 所示。三相变压器是电力工业常用的变压器，如图 4.1-2 所示。

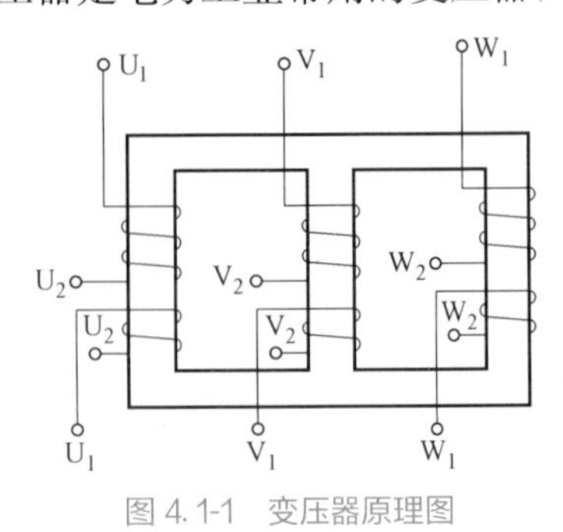


图 4.1-1　变压器原理图

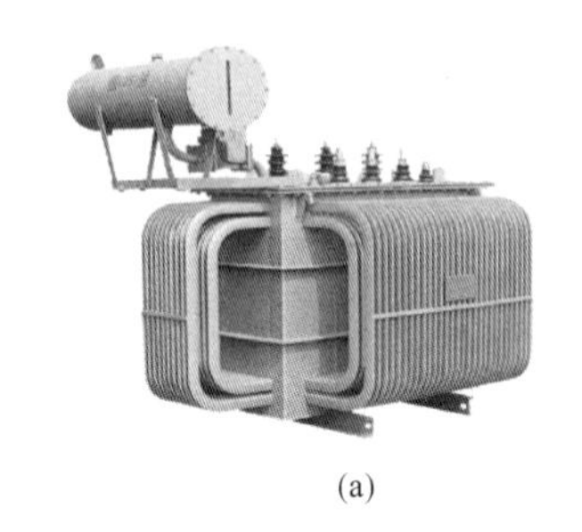

(a)

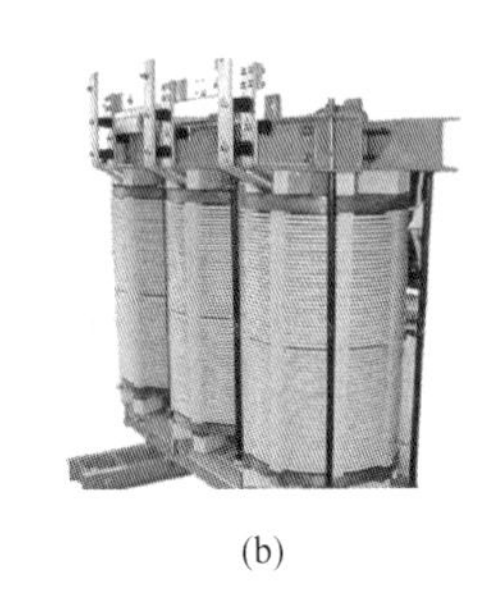

(b)

图 4.1-2　变压器实物图

(a) 油浸式变压器；(b) 干式变压器

### 2. 三相变压器联结组

三相变压器联结组别采用时钟表示法，相量图以高压绕组线电势作为时钟的长针，以 L1 相指向 12 点钟为基准，低压绕组 L1 相的相量按感应电压关系确定，以低压绕组的线电势作为短针，并根据高、低压绕组线电势之间的相位指向不同的钟点。相量图的旋转方向按逆时针方向旋转，相序 L1-L2-L3。三相变压器的三个相绕组或组成三相绕组的三台单相变压器同一电压的绕组联结成星形、三角形或曲折形时，对高压绕组应用大写字母 Y、D 或 Z 表示，对中压或低压绕组用同一字母的小写形式 y、d 或 z 表示，对有中性点引出的星形或曲折形联结应用 YN（yn）或 ZN（zn）表示，这样，常见的联结组有 Yyn0、Dyn0、Yd11、YNd11、Dyn11、Yzn11。Yyn0 联结组的二次侧可引出中性线，成为三相四线制，用作配电变压器时可兼供动力和照明负载，Yd11 联结组用于二次侧电压超过 400V 的电路中，这时二次侧接成三角形，对运行有利，YNd11 联结组主要用于高压输电线路中，使电力系统的高压侧有可能接地。

### 3. 变压器的型号及参数

为了使变压器安全、经济合理地运行，同时使用户对变压器的性能有所了解，变压器出厂时安装了一块铭牌，上面标明了其型号及各种额定数据，用户使用变压器时，必须掌握其铭牌上的数据。

(1) 变压器的型号

变压器的型号表明了变压器的结构特点、额定容量（kVA）和高低压侧电压等级（kV）。按照《电力变压器　第 1 部分：总则》GB 1094.1—2013 中规定，基本型号字母所表示的含义如表 4.1-1 所示。

变压器型号含义 表 4.1-1

| 分类项目 | 代表符号 | 分类项目 | 代表符号 | 分类项目 | 代表符号 |
| --- | --- | --- | --- | --- | --- |
| 单相变压器 | D | 双绕组变压器 | — | 有载调压 | Z |
| 三相交压器 | S | 绕组变压器 | S | 铝线变压器 | L |
| 油浸式 | — | 自耦变压器 | O | 铜线变压器 | — |
| 空气冷却 | A | 分裂变压器 | F | 干式空气自冷变压器 | G |
| 水冷式 | W | 无励磁变压器 | — | 干式浇注绝缘变压器 | C |

对于干式变压器，冷却方式的标志按《电力变压器 第11部分：干式变压器》GB/T 1094.11—2022的规定，对于油浸式变压器，按照《油浸式电力变压器技术参数和要求》GB/T 6451—2015的规定，用四个字母顺序代号标志其冷却方式，分别如下所示。

1）第一个字母表示与绕组接触的内部冷却介质，用O、K、L表示：

O——矿物油或燃点不大于300℃的绝缘液体；

K——燃点大于300℃的绝缘液体；

L——燃点不可测出的绝缘液体。

2）第二个字母表示内部冷却介质的循环方式，用N、F、D表示：

N——流经冷却设备和绕组内部的油流是自然的热对流循环；

F——冷却设备中的油流是强迫循环，流经绕组内部的油流是热对流循环；

D——冷却设备中的油流是强迫循环，（至少）在主要绕组内的油流是强迫导向循环。

3）第三个字母表示外部冷却介质，用A、W表示：

A——空气；

W——水。

4）第四个字母表示外部冷却介质的循环方式，用N、F表示：

N——自然对流；

F——强迫循环（风扇、泵等）。

一台变压器规定有几种不同的冷却方式时，在说明书中和铭牌上，应给出不同冷却方式下的容量值。在最大冷却能力下的相应容量便是变压器的（或多绕组变压器中某一绕组的）额定容量。

（2）变压器的额定值

额定值是制造厂对变压器在指定工作条件下运行时所规定的一些量值。

1）额定容量$S_N$：指额定运行时的视在功率，以VA、kVA或MVA表示。由于变压器的效率很高，通常一、二次侧的额定容量设计成相等。

2）额定电压$U_{1N}$和$U_{2N}$：正常运行时规定加在一次侧的端电压称为变压器一次侧的额定电压。二次侧的额定电压$U_{2N}$是指变压器一次侧加额定电压时二次侧的空载电压。额定电压以V或kV表示。三相变压器，额定电压是指线电压。

3）额定电流$I_{1N}$和$I_{2N}$：

$$I_{1N}=\frac{S_N}{\sqrt{3}U_{1N}} \tag{4.1-1}$$

$$I_{2N}=\frac{S_N}{\sqrt{3}U_{2N}} \tag{4.1-2}$$

4）额定频率 $f_N$：我国规定标准工频为 50Hz。

5）短路电压：表示二次绕组在额定运行情况下的电压降落。

此外，额定运行变压器的效率、温升等均属于额定值。

## 4.1.2 知识点—变压器的性能比较

4.1-3 变压器性能比较表

工程常见的变压器有油浸式变压器、气体绝缘变压器、干式变压器等，其性能比较见表 4.1-2。

各类变压器性能比较 表 4.1-2

| 类别 | 油浸式变压器 | | 气体绝缘变压器 | 干式变压器 | |
|---|---|---|---|---|---|
| | 矿物油变压器 | 硅油变压器 | 六氟化硫变压器 | 非包封绕组干式变压器 | 环氧树脂浇铸变压器 |
| 价格 | 低 | 中 | 高 | 较高 | 较高 |
| 安装面积 | 中 | 中 | 中 | 小 | 小 |
| 绝缘等级 | A | H | E | C | H 或 F |
| 燃烧性 | 可燃 | 难燃 | 不燃 | 难燃 | 难燃 |
| 耐湿性 | 良好 | 良好 | 良好 | 弱 | 优 |
| 耐潮性 | 良好 | 良好 | 良好 | 弱 | 良好 |
| 损耗 | 大 | 大 | 稍小 | 大 | 小 |
| 噪声 | 低 | 低 | 低 | 高 | 低 |
| 重量 | 重 | 较重 | 中 | 轻 | 轻 |

## 4.1.3 技能点—变压器的选择

### 1. 变压器类型的选择

（1）常用变压器类型选择

变压器选择应根据负荷性质和用电情况、环境条件确定，并应选择低损耗、低噪声变压器。多层或高层主体建筑内应选用不燃或难燃介质的变压器。

（2）专用变压器选用

在一般情况下，电力和照明宜共用变压器，当符合下列条件之一时，可设专用变压器：

1）电力和照明采用共用变压器将严重影响照明质量及光源寿命时，可设照明专用变压器。

2）单台单相负荷很大时，宜设单相变压器。

3）单相负荷容量较大，由于不平衡负荷引起中性导体电流超过变压器低压绕组额定电流 25%时，或只有单相负荷其容量不是很大时，宜设专用变压器。

4）冲击性负荷（试验设备、电焊机群及大型电焊设备等）较大，严重影响电能质量时可设专用变压器。

5）季节性的负荷容量较大时（如大型民用建筑中的空调冷机等负荷），可设专用变压器。

6）出于功能需要的某些特殊设备，可设专用变压器。

7）在 IT 系统的低压电网中，照明负荷应设专用变压器。

8）化工腐蚀环境应选用防腐型变压器。

### 2. 变压器台数的选择

选择变配电所主变压器台数时，除应满足用电负荷时对供电可靠性的要求外，还应考虑下列原则：

（1）变压器台数应根据负荷特点和经济运行进行选择，具体如下：有大量一级或二级负荷，宜采用两台变压器，以便当一台变压器发生故障或检修时，另一台变压器能保证对一、二级负荷继续供电。季节性负荷变化较大或昼夜负荷变动较大的变电所，可采用两台变压器，以便实行经济运行方式。集中负荷较大，虽为三级负荷，也可采用两台或两台以上变压器，以降低单台变压器容量及提高供电可靠性。

（2）对只有二、三级负荷的变电所，如果低压侧有与其他变电所相连的联络线作为备用电源，也可采用一台变压器。

（3）在确定变电所主变压器台数时，应适当考虑近期负荷的发展。

### 3. 变压器容量的选择

变压器容量应根据计算负荷选择，变压器的长期负荷率不宜大于 85%，选择变配电所主变压器容量时需遵守下列原则：

（1）只装一台主变压器的变电所：为避免或减少主变压器过负荷运行，主变压器的实际额定容量 $S_{N\cdot T}$ 应满足全部用电设备总视在计算负荷 $S_{30}$（即 $S_{js}$）的需要。即：

$$S_{N\cdot T} \geqslant S_{30} \tag{4.1-3}$$

（2）装有两台主变压器的变电所：每台主变压器容量 $S_{N\cdot T}$ 应同时满足以下两条件：

1）任一台变压器单独运行时，可承担总视在计算负荷 $S_{30}$ 的 60%～70%，即：

$$S_{N\cdot T} = (0.6 \sim 0.7) S_{30} \tag{4.1-4}$$

2）任一台变压器单独运行时，应满足所有一、二级负荷 $S_{30(\text{I、II})}$ 的需要，即：

$$S_{N\cdot T} \geqslant S_{30(\text{I、II})} \tag{4.1-5}$$

（3）对昼夜或季节性波动较大的负荷，供电变压器经技术经济比较后可采用容量不一致的变压器。

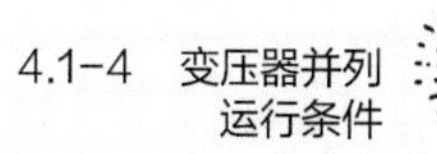

### 4. 变压器并列运行

两台或多台变压器并列运行时，必须满足表 4.1-3 的要求。

变压器并列运行条件　　表 4.1-3

| 序号 | 并列运行条件 | 技术要求 |
| --- | --- | --- |
| 1 | 额定电压和变压比相同 | 变压比差值不得超过 0.5%，调压范围与每级电压要相同 |
| 2 | 联结组别相同 | 联结方式、极性、相序都必须相同 |
| 3 | 短路电压(即阻抗电压)相等 | 短路电压值不得超过±10% |
| 4 | 容量相等或相近 | 两变压器容量比不宜超过 3∶1 |

### 4.1.4 技能点—变配电所变压器容量的选择

1. 工程条件

(1) 工程情况简介

该工程为某小区建筑变配电，有照明负荷共 70kW，配有 2 台 75kW、2 台 37kW 和 4 台 18.5kW 风机，还配有 2 台 3kW 和 4 台 7.5kW 水泵，地下室应急负荷配备有室内消火栓 22kW，消防潜水泵 8.0kW，稳压泵 1.1kW，其他消防设施及发电机房、配电室值班室、水泵房照明等 25kW。

(2) 工程条件说明

该变配电所与二期变电所相连，互为备用电源，负荷同时系数 $K_{\Sigma p}=0.93$、$K_{\Sigma q}=1$。

2. 变压器容量选择

(1) 分析用电负荷：根据《住宅建筑电气设计规范》JGJ 242—2011 中 3.2.1，该建筑的室内消火栓、消防潜水泵、稳压泵、风机、生活水泵、其他消防设施及发电机房、配电室值班室、水泵房照明等，属于二级负荷，其余用电负荷均为三级负荷。

(2) 变压器类型选择：根据该工程负荷性质和用电情况、环境条件，可以选用干式变压器。

(3) 负荷计算：用需要系数法进行负荷计算，查表并计算各用电负荷，形成计算表，如表 4.1-4。

负荷计算表　　　　表 4.1-4

| 用电设备组 | | 需要系数 $K_d$ | $\cos\varphi$ | $\tan\varphi$ | 需要负荷 | | 有功同期系数 $K_{\Sigma p}$ | 无功同期系数 $K_{\Sigma q}$ | 计算负荷 | | |
|---|---|---|---|---|---|---|---|---|---|---|---|
| 负荷性质 | 设备功率 (kW) | | | | $P$ (kW) | $Q$ (kvar) | | | $P_C$ (kW) | $Q_C$ (kvar) | $S_C$ (kVA) |
| 消火栓 | 22.0 | 1.0 | 0.8 | 0.75 | 22.0 | 16.5 | | | | | |
| 潜水泵 | 8.0 | 1.0 | 0.8 | 0.75 | 8.0 | 6.0 | | | | | |
| 稳压泵 | 1.1 | 1.0 | 0.8 | 0.75 | 1.1 | 0.8 | | | | | |
| 其他消防设施 | 25.0 | 1.0 | 0.8 | 0.75 | 25.0 | 18.7 | | | | | |
| 照明 | 70 | 0.8 | 0.8 | 0.75 | 56 | 42 | | | | | |
| 风机 | 298 | 0.75 | 0.8 | 0.75 | 223.5 | 167.6 | | | | | |
| 水泵 | 36 | 0.65 | 0.8 | 0.75 | 23.4 | 17.6 | | | | | |
| 合计 | 460.1 | | 0.779 | 0.806 | 359.0 | 269.2 | 0.93 | 1.0 | 333.9 | 269.2 | 428.9 |

(4) 变压器联结组别选择：可选用 Dyn11 联结组别的变压器。

(5) 变压器台数：应根据负荷特点和经济运行选择确定变压器的台数，对该变电所只有二、三级负荷，且低压侧有与其他变电所相连的联络线作为备用电源，可采用一台变压器。

(6) 确定变压器的容量：根据变压器容量选择条件，装一台主变压器的变电所。

$$S_{N\cdot T}\geqslant S_{30}=428.9\text{kVA}$$

考虑到节能和留有余量，变压器的负荷率一般取 70%～85%，以 70%为例，则变压

器的容量

$$428.9/0.7=612.7\text{kVA}$$

满足：

$$S_{N\cdot T}\geqslant S_{30}$$

$$S_{N\cdot T}\geqslant S_{30(\mathrm{I}、\mathrm{II})}$$

故选用变压器额定容量为 $S_{N\cdot T}=630\text{kVA}$。

## 问题思考

1. 三相变压器常见的联结组有哪些？
2. 解释变压器铭牌上 ONAN/ONAF 每个字母的含义。
3. 简述变压器的并列运行条件。
4. 变压器常用的参数包括哪些？
5. 简述变压器的选择原则。

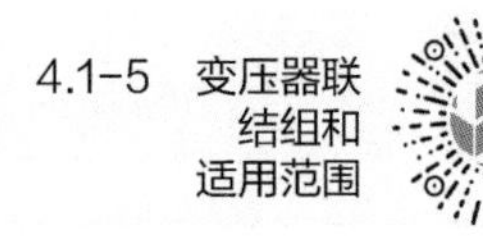


## 知识拓展

1. 三相变压器常用联结组和适用范围见表 4.1-5。

三相变压器常用联结组和适用范围　　表 4.1-5

| 变压器联结组 | 绕组接线简图 | 适用范围 |
| --- | --- | --- |
| Yyn0 | L1 L2 L3 L1 L3 L2<br>L1 L2 L3 0 L1 L3 0 L2 | (1)三相负荷基本平衡，其低压中性线电流不致超过低压绕组额定电流 25%时。如要考虑电压的对称性(如为了照明供电)，则中性点的连续负载应不超过 10%额定电流。<br>(2)供电系统中谐波干扰不严重时。<br>(3)用于 10kV 配电系统。<br>(4)新建工程尽量不采用此接线方式 |
| Dyn0 | L1 L2 L3 L1 L3 L2<br>L1 L2 L3 0 L1 0 L3 L2 | (1)供电系统中存在着较大的“谐波源”，高次谐波电流比较突出时。<br>(2)中性点可承受绕组额定电流。<br>(3)由单相不平衡负荷引起的中性线电流超过变压器低压绕组额定电流 25%时 |
| Yd11 | L1 L2 L3 L1 L3 0 L2<br>L1 L2 L3 L1 L1 L2 L3 | 用于 110kV/10kV 配电系统主变压器 |

续表

| 变压器联结组 | 绕组接线简图 | 适用范围 |
| --- | --- | --- |
| Dyn11 | 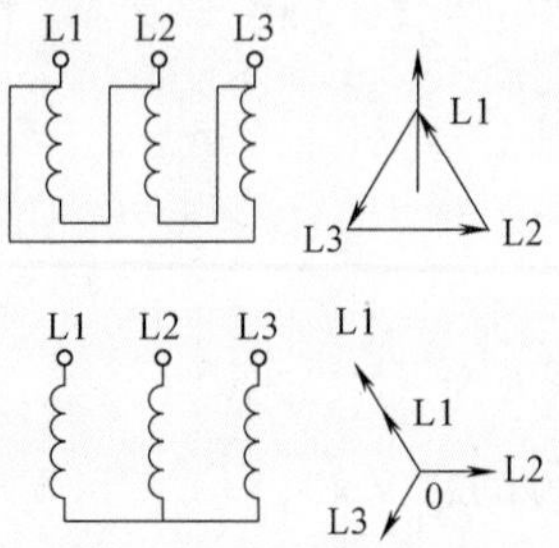 L1 L2 L3 L1 L2 L3<br>L1 L2 L3 L1 L1 L2 L3 0 | (1)由单相不平衡负荷引起的中性线电流超过变压器低压绕组额定电流 25%时。<br>(2)供电系统中存在着较大的"谐波源",3*n* 次谐波电流比较突出时。<br>(3)用于 10kV 配电系统。<br>(4)用于多雷地区 |
| Yzn11 | 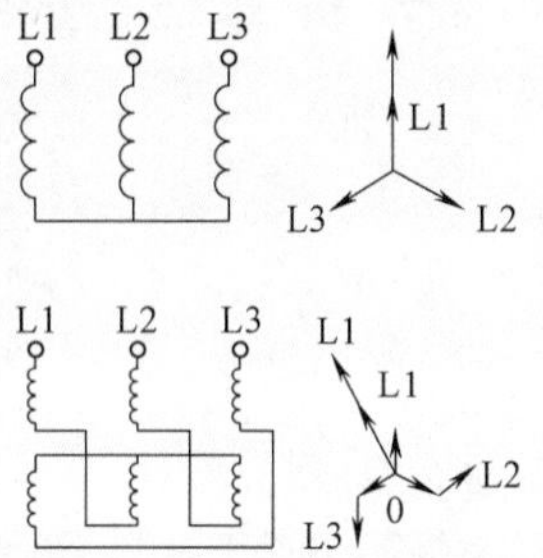 L1 L2 L3 L1 L2 L3<br>L1 L2 L3 L1 L1 L2 L3 0 | (1)曲折结线的变压器既具有三角形接线变压器可以承担单相负荷的特点,同时也有星形结线变压器具有的中性点的特点。<br>(2)曲折形结线方式有利于防止过电压和雷击造成的损害,多用于多雷地区 |

2. 各类变压器的适用范围和参考型号详见表 4.1-6。

变压器的适用范围和参考型号　　表 4.1-6

| 变压器形式 | 适用范图 | 参考型号 |
| --- | --- | --- |
| 普通油浸式 | 一般正常环境的变电站 | 应优先选用 S13、S14 油浸变压器,SH13、SH15 非晶合金油浸变压器 |
| 干式 | (1)用于防火要求较高场所;<br>(2)环氧树脂浇铸变压器用于潮湿、多尘环境的变电站 | 应优先选用 SC(B)13 等系列环氧树脂浇铸变压器,SG13 非包封线圈干式变压器,SC(B)13-RL 立体卷铁芯干式变压器,SC(B) H15 非晶合金干式变压器,SC(B)H14-RL、SC(B)H16-RL 非晶合金立体卷铁芯干式变压器 |
| 密封式 | 用于具有化学腐蚀性气体、蒸汽或具有导电及可燃粉尘、纤维会严重影响变压器安全运行的场所 | 应优先选用 S13-M、S14-M 配电变压器,S13-M-RI、S14-M-RI 立体卷铁芯配电变压器,SH (B)15-M、S(B)H16-M 非晶合金配电变压器:S(B) H15-M-RL、S (B) H6-M-RL 非晶合金立体卷铁芯变压器 |
| 防雷式 | 用于多雷区及土壤电阻率较高的山区 | SZ 等系列防雷变压器,具有良好的防雷性能,承受单相负荷能力也较强。变压器绕组联结方法一般为 Dzn0 及 Yzn11 |
| 地埋式 | 地埋式变压器是一种将变压器、保护用熔断器等安装在同一油箱内的紧凑型配电设施,箱体外壳采用不锈钢或同类材质制作并涂防腐涂层,高、低压进出线采用全密封、全绝缘、全屏蔽方式,具有不占用地表空间,可在一定时间内浸没在水中运行及免维护的特点,适用于人口密集的中心城区和街道、高速公路、桥梁、隧道、停车机场、港口、旅游景点、道路照明等供配电系统 | S13-MRD 油浸式卷铁芯地埋式变压器 |

# 任务 4.2 柴油发电机的选择与安装

柴油发电机是由柴油机和发电机组成，柴油机作动力带动发电机发电。柴油发电机组具有热效率高、启动迅速、结构紧凑、燃料存储方便、占地面积小、工程量小、维护操作简单等特点，是在工程建筑中作为备用电源或应急电源首选的设备。

【教学目标】

| 知识目标 | 能力目标 | 素养目标 | 思政目标 |
| --- | --- | --- | --- |
| 1. 理解柴油发电机组的性能等级；<br>2. 熟悉应急柴油发电机组的功能；<br>3. 掌握应急柴油发电机组容量的选择；<br>4. 熟悉柴油发电机组的安装。 | 1. 能正确安装柴油发电机组；<br>2. 能根据建筑负荷等级确定选择柴油发电机组容量；<br>3. 能根据工程情况合理确定合适的柴油发电机组容量。 | 1. 持有自主学习方法；<br>2. 养成依据规范和图集施工的习惯；<br>3. 具备节能设计理念；<br>4. 体现将安全、发展等融入柴油发电机组选择与安装中。 | 1. 培养电气安全意识，提升社会责任感；<br>2. 培养电气节能意识，助创节约型社会，增强职业荣誉感；<br>3. 激发求知欲望，提升服务社会本领。 |

思维导图 4.2 柴油发电机的选择与安装

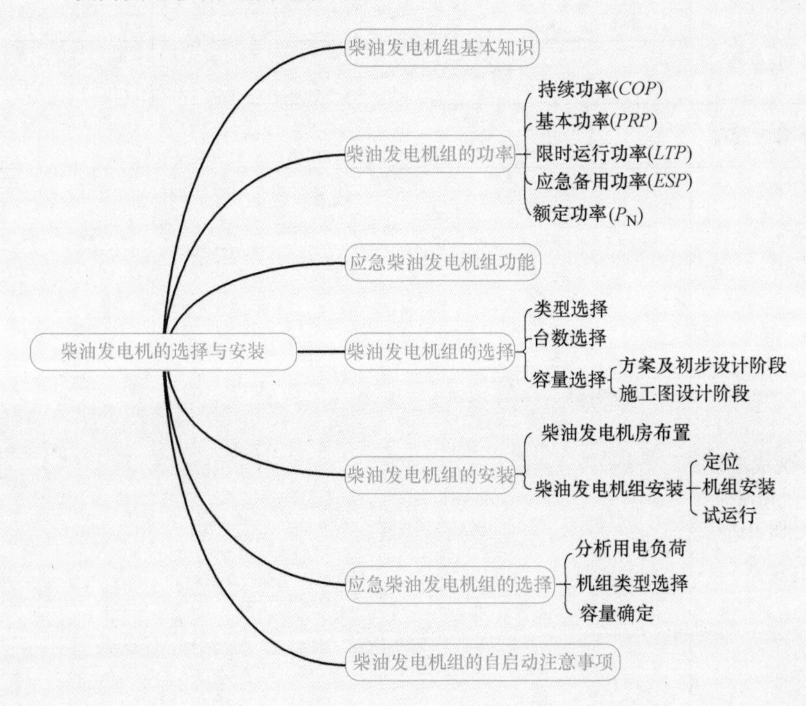

# 学生任务单 4.2 柴油发电机的选择与安装

| 任务名称 | 柴油发电机的选择与安装 | | |
| --- | --- | --- | --- |
| 学生姓名 | | 班级学号 | |
| 同组成员 | | | |
| 负责任务 | | | |
| 完成日期 | | 完成效果 | |

<table>
<tr><td colspan="3">任务描述</td><td colspan="3">某建筑配备有室内消火栓(22kW),消防潜水泵(8.0kW),稳压泵(1.1kW),其他消防设施及发电机房、配电室值班室、水泵房照明等(25kW),该应急系统负荷率为0.9,拟设计采用65%抽头自耦降压启动,如何确定合适的应急发电机组。</td></tr>
<tr><td rowspan="7">课前</td><td rowspan="7">自主探学</td><td rowspan="6">任务分工</td><td>□ 合作完成</td><td colspan="2">□ 独立完成</td></tr>
<tr><td>任务明细</td><td>完成人</td><td>完成时间</td></tr>
<tr><td></td><td></td><td></td></tr>
<tr><td></td><td></td><td></td></tr>
<tr><td></td><td></td><td></td></tr>
<tr><td></td><td></td><td></td></tr>
<tr><td>参考资料</td><td colspan="3"></td></tr>
<tr><td>课中</td><td>互动研学</td><td>完成步骤(用流程图表达)</td><td colspan="3"></td></tr>
</table>

<table>
<tr><td rowspan="14">课中</td><td colspan="2">本人任务</td><td colspan="6"></td></tr>
<tr><td colspan="2">角色扮演</td><td colspan="6">□有角色 ________________ □无角色</td></tr>
<tr><td colspan="2">岗位职责</td><td colspan="6"></td></tr>
<tr><td colspan="2">提交成果</td><td colspan="6"></td></tr>
<tr><td rowspan="8">任务实施</td><td rowspan="5">完成步骤</td><td>第 1 步</td><td colspan="5"></td></tr>
<tr><td>第 2 步</td><td colspan="5"></td></tr>
<tr><td>第 3 步</td><td colspan="5"></td></tr>
<tr><td>第 4 步</td><td colspan="5"></td></tr>
<tr><td>第 5 步</td><td colspan="5"></td></tr>
<tr><td>问题求助</td><td colspan="6"></td></tr>
<tr><td>难点解决</td><td colspan="6"></td></tr>
<tr><td>重点记录</td><td colspan="6"></td></tr>
<tr><td rowspan="2">学习反思</td><td>不足之处</td><td colspan="6"></td></tr>
<tr><td>待解问题</td><td colspan="6"></td></tr>
<tr><td>课后</td><td>拓展学习</td><td>能力进阶</td><td colspan="6">某建筑配备有室内消火栓(18kW),消防潜水泵(24kW),应急照明灯(8kW),该应急系统负荷率为 0.9,拟设计采用 65%抽头自耦降压启动,机房尺寸长 10m,宽 8m,如何选择应急发电机组并正确布置。</td></tr>
<tr><td colspan="2" rowspan="5">过程评价</td><td rowspan="2">自我评价(5 分)</td><td>课前学习</td><td>时间观念</td><td>实施方法</td><td>职业素养</td><td>成果质量</td><td>分值</td></tr>
<tr><td></td><td></td><td></td><td></td><td></td><td></td></tr>
<tr><td rowspan="2">小组评价(5 分)</td><td>任务承担</td><td>时间观念</td><td>团队合作</td><td>能力素养</td><td>成果质量</td><td>分值</td></tr>
<tr><td></td><td></td><td></td><td></td><td></td><td></td></tr>
<tr><td>综合打分</td><td colspan="6">自我评价分值+小组评价分值:</td></tr>
</table>

# 知识与技能 4.2 柴油发电机的选择与安装

## 4.2.1 知识点—柴油发电机基本知识

4.2-1 任务课件

柴油发电机由于其体积小、灵活、轻便、配套齐全，便于操作和维护，广泛应用于矿山、铁路、野外工地、道路交通维护、工厂、企业、医院等部门，还用于没有连接到电网的地方，或者在电网故障时用作应急电源，以及用于更复杂的应用，例如峰值跳闸、电网支持和电网输出，是工程、建筑中作为备用电源或应急电源首选设备。

4.2-2 柴油发电机组自动化等级

4.2-3 柴油发电机组性能等级

柴油发电机组主要由柴油机、发电机和控制屏三部分组成，如图 4.2-1 所示，柴油机曲轴旋转带动发电机转动发电，发电机有直流发电机和交流发电机。这些设备可以组装在一个公共底盘上形成移动式柴油发电机组，也可以把柴油机和发电机组装在一个公共底盘上，控制屏和某些附属设备单独设置，形成固定式柴油发电机组。

图 4.2-1 柴油发电机组实物图

柴油发电机组的自动化等级分为三级，详见表 4.2-1。

柴油发电机组自动化等级 表 4.2-1

| 自动化等级 | 自动化等级特征 |
|---|---|
| 1 | 维持准备运行状态等的自动控制、保护和显示 |
| 2 | 1 级的特征，燃油、机油、冷却介质的自动补给以及并联运行等的自动控制 |
| 3 | (1)1 级的特征以及远程计算机通信控制功能的自动控制<br>(2)大于 2 级的特征以及远程计算机通信控制功能的自动控制、集中监控和故障自诊断 |

柴油发电机组性能等级有 G1～G4 级共 4 级，其用途详见表 4.2-2。

柴油发电机组性能等级 表 4.2-2

| 性能等级 | 定义 | 用途 |
|---|---|---|
| G1 级 | 用于只需规定其基本电压和频率参数的连接负载 | 一般用途(照明和其他简单的电气负载) |
| G2 级 | 用于对其电压特性与公用电力系统有相同要求的负载。当负载变化时，可有暂时的然而是允许的电压和频率的偏差 | 照明系统，泵、风机和卷扬机 |

续表

| 性能等级 | 定义 | 用途 |
| --- | --- | --- |
| G3级 | 用于对频率、电压和波形特性有严格要求的连接设备(整流器和晶闸管整流器控制的负载对发电机电压波形影响需要特殊考虑) | 无线电通信和晶闸管整流器控制的负载 |
| G4级 | 用于对发电机组的频率、电压和波形特性有特别严格要求的负载 | 数据处理设备或计算机系统 |

### 4.2.2 知识点—柴油发电机组的功率

柴油发电机组的功率是发电机组端子处为用户负载输出的功率，不包括基本独立辅助设备所吸收的电功率。柴油发电机组的功率定额种类如下：

1. 持续功率（COP）

在规定的运行条件下，并按制造商规定的维修间隔和方法实施维护保养，发电机组每年运行时间不受限制地为恒定负载持续供电的最大功率。

2. 基本功率（PRP）

在规定的运行条件下，并按制造商规定的维修间隔和方法实施维护保养，发电机组能每年运行时间不受限制地为可变负载持续供电的最大功率。

3. 限时运行功率（LTP）

在规定的运行条件下，并按制造商规定的维修间隔和方法实施维护保养，发电机组每年供电达500h的最大功率，100%的限时运行功率每年运行时间最多不超过500h。

4. 应急备用功率（ESP）

在规定的运行条件下，并按制造商规定的维修间隔和方法实施维护保养，当公共电网出现故障或在试验条件下，发电机组每年运行达200h的某一可变功率系列中的最大功率。

5. 额定功率（$P_N$）

除非另有规定，柴油发电机组的功率定额是指在额定频率、功率因数$\cos\varphi=0.8$时用千瓦（kW）表示的功率，系指外界大气压力为100kPa、大气温度为25℃、空气相对湿度为30%的情况下，保证能连续运行12h的功率（包括超负荷110%运行1h）。如气压、气温、湿度与上述规定不同，则需对柴油发电机的额定功率进行修正。

实际使用中以持续功率为发电机组的基础功率，其余的功率都是在此基础上的强化功率，通过限制使用时间、平均负载、降低寿命和可靠性来提高最大的功率。

### 4.2.3 知识点—应急柴油发电机组功能

应急电源应选用G2级以上自动化柴油发电机组，需具备以下功能：

（1）自动维持准备运行状态。机组应急启动和快速加载时的机油压力、机油温度、冷却水温度应符合产品技术条件的规定。

（2）自动启动和加载。接自控或遥控指令或市电供电中断后，机组能自动启动并供电。机组允许三次自动启动，每次启动时间8～12s，启动间隔5～10s。第三次启动失败时，应发出启动失败的声光报警信号。设有备用机组时，应能自动地将启动信号传递给备用机组，机组自动启动的成功率不低于98%，市电失电后恢复向负荷供电时间一般为8～20s。对于额定功率不大于250kW柴油发电机，首次加载量不小于50%额定负载，大于

250kW 柴油发电机按产品技术条件规定。

(3) 自动停机。接自控或遥控的停机指令后，机组应能自动停机。当电网恢复正常后，机组应能自动切换和自动停机，由电网向负载供电。

(4) 有表明正常运行或非正常运行的声光信号系统。

### 4.2.4 技能点—柴油发电机组的选择

#### 1. 柴油发电机组类型选择

柴油发电机组的选择宜选用高速柴油发电机组和无刷励磁交流同步发电机，配自动电压调整装置，选用的机组应装设快速自启动装置和电源自动切换装置。

#### 2. 柴油发电机组台数选择

柴油发电机组台数应根据应急负荷大小和投入顺序以及单台电动机最大启动容量等因素综合确定。当应急负荷较大时，可采用多机并列运行，机组台数宜为 2～4 台。当受并列条件限制，可实施分区供电。当用电负荷谐波较大时，应考虑其对发电机的影响。多台机组时，应选择型号、规格和特性相同的机组和配套设备。

#### 3. 柴油发电机组容量选择

柴油发电机组的长期允许容量，应能满足机组安全停机最低限度连续运行的负荷的需要。

(1) 在方案及初步设计阶段，柴油发电机容量可按配电变压器总容量的 10%～20% 进行估算。

(2) 在施工图设计阶段，可根据一级负荷、消防负荷以及某些重要二级负荷的容量，按下列方法计算的最大容量确定：

1) 按稳定负荷计算发电机容量：

$$S_{e1}=\alpha\frac{P_{\Sigma}}{\eta_{\Sigma}\times\cos\varphi} \tag{4.2-1}$$

$$S_{e1}=\alpha\left(\frac{P_1}{\eta_1}+\frac{P_2}{\eta_2}+\cdots+\frac{P_n}{\eta_n}\right)\frac{1}{\cos\varphi}=\frac{\alpha}{\cos\varphi}\sum_{k=1}^{n}\frac{P_{\mathrm{k}}}{\eta_{\mathrm{k}}} \tag{4.2-2}$$

式中　$S_{e1}$——按稳定负荷计算发电机组容量，kVA；

$P_{\Sigma}$——总负荷，kW；

$P_{\mathrm{k}}$——每个或每组负荷容量，kW；

$\eta_{\mathrm{k}}$——每个或每组负荷的效率；

$\eta_{\Sigma}$——总负荷的计算效率，一般取 0.82～0.88；

$\alpha$——负荷率；

$\cos\varphi$——发电机额定功率因数，可取 0.8。

2) 按最大的单台电动机或成组电动机启动的需要，计算发电机容量：

$$S_{e2}=\left(\frac{P_{\Sigma}-P_{\mathrm{m}}}{\eta_{\Sigma}}+\frac{P_{\mathrm{m}}}{\cos\varphi_1}\times K\times C\times\cos\varphi_{\mathrm{m}}\right)\frac{1}{\cos\varphi} \tag{4.2-3}$$

式中　$S_{e2}$——按最大的单台电动机或成组电动机启动计算发电机容量，kVA；

$P_{\mathrm{m}}$——启动容量最大的单台电动机或成组电动机的容量，kW；

$\cos\varphi_{\mathrm{m}}$——电动机的启动功率因素，一般取 0.4；

$K$——电动机的启动倍数；

$C$——按电动机启动方式确定的系数，全压启动 $C=1.0$；Y-△启动 $C=0.67$。自耦变压器启动：50%抽头 $C=0.25$，65%抽头 $C=0.42$，80%抽头 $C=0.64$。

3）按启动电动机时，发电机母线允许电压降计算发电机容量：

$$S_{e3}=P_nKCX''_d\left(\frac{1}{\Delta E}-1\right) \tag{4.2-4}$$

式中 $S_{e3}$——启动电动机时母线容许电压降计算发电机容量，kVA；

$P_n$——电动机总负荷，kW；

$X''_d$——电动机暂载电抗，一般取 0.25；

$\Delta E$——应急负荷中心母线允许的瞬时电压降，一般取 0.25～0.3，有电梯时取 0.2。

当有电梯负荷时，在全电压启动最大容量笼型电动机情况下，发电机母线电压不应低于额定电压的 80%。当无电梯负荷时，其母线电压不应低于额定电压的 75%。当条件允许时，电动机可采用降压启动方式。

柴油发电机组容量确定后，可根据相关产品样本进行技术经济分析并确定机组型号及尺寸。

### 4.2.5 知识点—柴油发电机组的安装

#### 1. 柴油发电机房布置

柴油发电机房宜设有发电机间、控制及配电室、储油间、备品备件储藏间等，单机容量小于或等于 500kW 的装集式单台机组可不设控制室，单机容量大于 500kW 的多台机组宜设控制室。机房可布置于建筑物的首层、地下一层或地下二层，不应布置在地下三层及以下。当布置在地下层时，应有通风、防潮、机组的排烟、消声和减振等措施并满足环保要求。机房布置方式及各部位有关最小尺寸应符合机组运行维护、辅助设备布置、进排风以及施工安装等需要。

（1）机房布置。机房布置以横向布置（垂直布置）为主，如图 4.2-2 所示，机组中心线与机房的轴线相垂直，操作管理方便，管线短，布置紧凑。

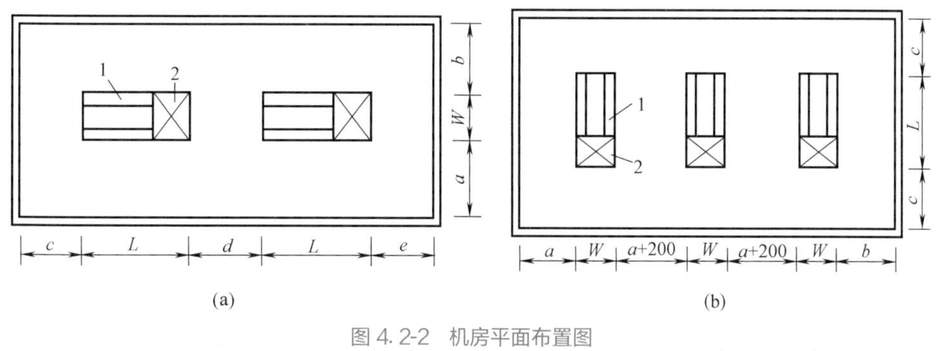


图 4.2-2　机房平面布置图

（a）横向布置；（b）垂直布置

1—柴油机；2—发电机

$a$—机组操作面尺寸；$b$—机组背面尺寸；$c$—柴油机端尺寸；$d$—机组间距；$e$—发电机端尺寸；

$L$—机组长度；$W$—机组宽度；$L$ 和 $W$ 尺寸根据厂家产品而定。

（2）机组布置尺寸。机组之间、机组外廊至墙的净距应满足设备运输、就地操作、维护检修或布置辅助设备的需要，并不应小于表4.2-3的规定。

常用柴油发电机组布置尺寸（m） 表4.2-3

| 机组容量(kW) | 64以下 | 75～150 | 200～400 | 500～1500 | 1600～200 |
|---|---|---|---|---|---|
| 机组操作面尺寸 $a$ | 1.5 | 1.5 | 1.5 | 1.5～2.0 | 2.0～2.5 |
| 机组尺寸 $b$ | 1.5 | 1.5 | 1.5 | 1.8 | 2.0 |
| 柴油机端尺寸 $c$ | 0.7 | 0.7 | 1.0 | 1.0～1.5 | 1.5 |
| 机组间距 $d$ | 1.5 | 1.5 | 1.5 | 1.5～2.0 | 2.5 |
| 发电机端尺寸 $e$ | 1.5 | 1.5 | 1.5 | 1.8 | 2.0～2.5 |
| 机房净高 $h$ | 2.5 | 3.0 | 3.0 | 4.0～5.0 | 5.0～7.0 |

注：当机组按水冷却设计时，柴油机端距离可适当缩小，当机组需要做消声工程时，尺寸另外考虑。

### 2. 柴油发电机组安装

（1）定位

按照机组平面布置图所标注的机组与墙或者柱中心之间、机组与机组之间的关系尺寸，划定机组安装地点的纵、横基准线。机组中心与墙或者柱中心之间的允许偏差为20mm，机组与机组之间的允许偏差为10mm。

（2）机组安装

1）设备基础

机组基础应采取减振措施，当机组设置在主体建筑内或地下层时，应防止与房屋产生共振。基础宜采取防油浸的设施，可设置排油污沟槽，机房内管沟和电缆沟内应有0.3%的坡度和排水、排油措施。柴油发电机组的混凝土基础应符合柴油发电机组制造厂家的要求，基础上安装机组地脚螺栓孔，采用二次灌浆，其孔距尺寸应按机组外形安装图确定。基座的混凝土强度等级必须符合设计要求。机组在就位前，应依照图纸“放线”画出基础和机组的纵横中心线及减振器定位线。

2）吊装机组

如果安装现场允许吊车作业时，用吊车将机组整体吊起，把随机配的减振器装在机组的底下。在柴油发电机组施工完成的基础上，放置好机组。一般情况下，减振器无须固定，只需在减振器下垫一层薄薄的橡胶板。如果需要固定，画好减振器的地脚螺栓孔的位置，吊起机组，埋好地脚螺栓后，放好机组，最后拧紧地脚螺栓。现场不允许吊车作业，可将机组放在滚杠上，滚至选定位置。用千斤顶（千斤顶规格根据机组重量选定）将机组一端抬高，注意机组两边的升高一致，直至底座下的间隙能安装抬高一端的减振器。然后释放千斤顶，再抬机组另一端，装好剩余的减振器，撤出滚杠，释放千斤顶。

3）机组就位

柴油发电机组就位之前，首先应对机组进行复查、调整和准备工作。发电机组各联轴器的连接螺栓应紧固。机座地脚螺栓应紧固。安装时应检查主轴承盖、连杆、气缸体、贯穿螺栓、气缸盖等的螺栓与螺母的紧固情况，不应松动。柴油机与发电机用联轴器连接时，其不同轴度应符合规范要求，所设置的仪表应完好齐全，位置应正确，操作系统的动作灵活可靠。

4）调校机组

机组就位后，首先调整机组的水平度，找正找平，紧固地脚螺栓牢固、可靠，并应设有防松措施。柴油发电机组的水平度一般不应超过0.05/1000，机组连接螺栓拧紧后，柴油机组的不水平度仍应在0.05/1000范围内。调校油路、传动系统、发电系统（电流、电压、频率）、控制系统等。发电机、发电机的励磁系统、发电机控制箱调试数据，应符合设计要求和技术标准的规定。

5）接地

配电变压器高压侧工作于不接地系统且保护接地电阻不大于4Ω。变压器室为高式，全密封油浸变压器。发电机中性导体（工作零线）应与接地母线引出线直接连接，螺栓防松装置齐全，有接地标志。发电机本体和机械部分的可接触导体均应保护接地（PE）或接地线（PEN），且有标志。

6）安装机组附属设备

发电机控制箱（屏）是同步发电机组的配套设备，主要是控制发电机送电及调压。小容量发电机的控制箱一般（经减振器）直接安装在机组上，大容量发电机的控制屏则固定在机房的地面上，或安装在与机组隔离的控制室内。

7）机组接线

发电机及控制箱接线应正确可靠，馈电出线两端的相序必须与电源原供电系统的相序一致。发电机随机的配电柜和控制柜接线应正确无误，所有紧固件应紧固牢固，无遗漏脱落。开关、保护装置的型号、规格必须符合设计要求。

8）机组检测

柴油发电机的试验必须符合设计要求和相关技术标准的规定，发电机的试验必须符合发电机交接试验的规定。发电机至配电柜的馈电线路其相间、相对地间的绝缘电阻值大于0.5MΩ，塑料绝缘电缆出线，其直流耐压试验为2.4kV，时间15min，泄漏电流稳定，无击穿现象。

（3）试运行

柴油机的废气用外接排气管引至室外，引出管不宜过长，管路转弯不宜过急，弯头不宜多于3个。外接排气管内径应符合设计技术文件规定，一般非增压柴油机不小于75mm，增压型柴油机不小于90mm，增压柴油机的排气背压不得超过6kPa，排气温度约450℃，排气管的走向应能够防火，安装时应特别注意。调试运行中要对上述要求进行核查。

受电侧的开关设备、自动或手动切换装置和保护装置等试验合格，应按设计的使用分配方案，进行负荷试验，机组和电气装置连续运行12h无故障，方可做交接验收。

## 4.2.6 技能点—应急柴油发电机组的选择

1. 工程条件

（1）工程情况简介

某小区建筑配备有室内消火栓（22kW），消防潜水泵（8.0kW），稳压泵（1.1kW），其他消防设施及发电机房、配电室值班室、水泵房照明等（25kW）。

（2）供电条件说明

采用65%抽头自耦降压启动，负荷率为90%。

### 2. 设计过程

（1）分析用电负荷：根据《住宅建筑电气设计规范》JGJ 242—2011 中 3.2.1，该小区建筑的室内消火栓、消防潜水泵、稳压泵、其他消防设施及发电机房、配电室值班室、水泵房照明等属于二级负荷，单台最大容量为室内消火栓 22kW。

（2）机组类型选择：可选用 1 台高速柴油发电机，配自动电压调整装置，同时机组装设有快速自启动装置和电源自动切换装置。

（3）负荷计算：查表计算本小区建筑最大应急负荷，包括最不利情况下公共设施用房发生火灾时，应急发电机所需提供给消防设施的用电量，小区建筑最大应急负荷计算书见表 4.2-4。

某小区建筑最大应急负荷计算书 **表 4.2-4**

| 用电负荷组名称 | 设备容量 $P_e$(kW) | 需要系数 $K_x$ | 功率因数 $\cos\varphi$ | 计算负荷 | | 备注 |
|---|---|---|---|---|---|---|
| | | | | $P_{js}$(kW) | $Q_{js}$(kvar) | |
| 室内消火栓 | 22.0 | 1.0 | 0.8 | 22.0 | 16.5 | |
| 消防潜水泵 | 8.0 | 1.0 | 0.8 | 8.0 | 6.0 | |
| 稳压泵 | 1.1 | 1.0 | 0.8 | 1.1 | 0.8 | |
| 其他消防设施及发电机房、配电室值班室、水泵房照明 | 25.0 | 1.0 | 0.8 | 25.0 | 18.7 | |
| 合计 | | | 0.8 | 56.1 | 42.0 | |

（4）柴油发电机组容量的确定：

1）按稳定负荷计算发电机容量

根据最大应急负荷计算表可得，$P_{\Sigma}=56.1\text{kW}$

$$S_{e1}=\alpha\frac{P_{\Sigma}}{\eta_{\Sigma}\times\cos\varphi}=0.9\times\frac{56.1}{0.9\times0.8}=70.1\text{kVA}$$

2）按最大单台电动机启动需要计算发电机容量

$$S_{e2}=\left(\frac{P_{\Sigma}-P_{m}}{\eta_{\Sigma}}+\frac{P_{m}}{\cos\varphi1}\times K\times C\times\cos\varphi_{m}\right)\frac{1}{\cos\varphi}=\left(\frac{56.1-22}{0.9}+\frac{22}{0.8}\times7\times0.42\times0.4\right)\times\frac{1}{0.8}$$
$$=87.7\text{kVA}$$

3）按启动电动机时母线容许电压降计算发电机容量：

$$S_{e3}=P_{n}\times K\times C\times X''_{d}\left(\frac{1}{\Delta E}-1\right)=22\times7\times0.42\times0.25\times\left(\frac{1}{0.2}-1\right)=64.5\text{kVA}$$

可选用柴油发电机容量为 88.0kVA>87.7kVA。

### 问题思考

1. 柴油发电机组的组成有哪些？
2. 简述柴油发电机的功率定额。
3. 柴油发动机机房布置以____________和____________为主。
4. 简述柴油发动机组的安装程序。
5. 进行负荷试验，机组和电气装置连续运行________h 无故障，方可做交接验收。
6. 简述柴油发动机组容量选择原则。

## 知识拓展

柴油发电机组的自启动应符合下列规定：

1. 机组应处于常备启动状态。一类高层建筑及火灾自动报警系统保护对象分级为一级建筑物的发电机组，应设有自动启动装置，当市电中断时，机组应立即启动，并应在 30s 内供电。当采用自动启动有困难时，二类高层建筑及二级保护对象建筑物的发电机组，可采用手动启动装置。机组应与市电联锁，不得与其并列运行。当市电恢复时，机组应自动退出工作，并延时停机。当连续三次自启动失败，应发出报警信号。

2. 机组并列运行时，宜采用手动准同期。当两台自启动机组需并车时，应采用自动同期，并应在机组间同期后再向负荷供电。

3. 为了避免防灾用电设备的电动机同时启动而造成柴油发电机组熄火停机，用电设备应具有不同延时，错开启动时间。重要性相同时，宜先启动容量大的负荷。

4. 自启动机组的操作电源、机组预热系统、燃料油、润滑油、冷却水以及室内环境温度等均应保证机组随时启动。水源及能源必须具有独立性，不得受市电停电的影响。

5. 自备应急柴油发电机组自启动宜采用电启动方式，电启动设备应按下列要求设置：

（1）电启动用蓄电池组电压宜为 12V 或 24V，容量应按柴油机连续启动不少于 6 次确定；

（2）蓄电池组宜靠近启动电机设置，并应防止油、水浸入；

（3）应设置整流充电设备，其输出电压宜高于蓄电池组的电动势 50%，输出电流不小于蓄电池 10h 放电率电流。

# 任务 4.3 无功补偿装置的选择

无功补偿装置行业在国内外飞速发展，已经渗透到电能的产生、输送、分配和应用的各个环节，广泛应用到工业系统、电力系统、交通系统、通信系统、计算机系统、新能源系统和人们的日常生活中，是使用电能的其他所有产业的基础技术。同时在国家对先进制造业的大力支持下促进了无功补偿装置行业的发展，在全社会提倡节能减排和安全生产宏观背景下，产品市场需求仍将保持增长，市场空间逐步扩大。

【教学目标】

| 知识目标 | 能力目标 | 素养目标 | 思政目标 |
| --- | --- | --- | --- |
| 1. 理解无功功率补偿的意义；<br>2. 熟悉常见无功功率补偿措施；<br>3. 掌握无功补偿容量的计算。 | 1. 能准确判断常见无功功率补偿措施；<br>2. 能根据建筑负荷等级确定无功补偿方案；<br>3. 能根据工程情况合理确定无功补偿容量。 | 1. 持有自主学习方法；<br>2. 养成依据规范设计的习惯；<br>3. 具备将“四新”应用于设计的意识；<br>4. 具备节能设计理念。 | 1. 培养电气安全意识，提升社会责任感；<br>2. 培养电气节能意识，助创节约型社会，增强职业荣誉感；<br>3. 激发求知欲望，提升服务社会本领。 |

思维导图 4.3 无功补偿装置的选择

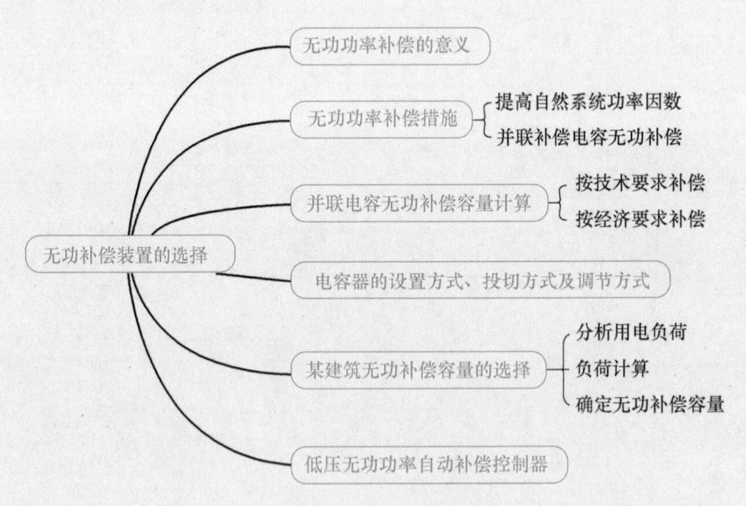

# 学生任务单 4.3 无功补偿装置的选择

| 任务名称 | 无功补偿装置的选择 | | |
|---|---|---|---|
| 学生姓名 | | 班级学号 | |
| 同组成员 | | | |
| 负责任务 | | | |
| 完成日期 | | 完成效果 | |

| 任务描述 | 某小区变配电所有照明负荷共 70kW，配有 2 台 75kW、2 台 37kW 和 4 台 18.5kW 风机，还配有 2 台 3kW 和 4 台 7.5kW 水泵，地下室应急负荷配备有室内消火栓 22kW，消防潜水泵 8.0kW，稳压泵 1.1kW，其他消防设施及发电机房、配电室值班室、水泵房照明等 25kW，如需将功率因数需提高到 0.95，试选择合适的无功补偿装置。 | | | | |
|---|---|---|---|---|---|
| 课前 | 自主探学 | 任务分工 | □ 合作完成　　□ 独立完成 | | |
| | | | 任务明细 | 完成人 | 完成时间 |
| | | | | | |
| | | | | | |
| | | | | | |
| | | | | | |
| | | 参考资料 | | | |
| 课中 | 互动研学 | 完成步骤（用流程图表达） | | | |

<table>
<tr><td rowspan="13">课中</td><td colspan="2">本人任务</td><td colspan="6"></td></tr>
<tr><td colspan="2">角色扮演</td><td colspan="6">□有角色 ____________ □无角色</td></tr>
<tr><td colspan="2">岗位职责</td><td colspan="6"></td></tr>
<tr><td colspan="2">提交成果</td><td colspan="6"></td></tr>
<tr><td rowspan="8">任务实施</td><td rowspan="5">完成步骤</td><td>第 1 步</td><td colspan="5"></td></tr>
<tr><td>第 2 步</td><td colspan="5"></td></tr>
<tr><td>第 3 步</td><td colspan="5"></td></tr>
<tr><td>第 4 步</td><td colspan="5"></td></tr>
<tr><td>第 5 步</td><td colspan="5"></td></tr>
<tr><td>问题求助</td><td colspan="6"></td></tr>
<tr><td>难点解决</td><td colspan="6"></td></tr>
<tr><td>重点记录</td><td colspan="6"></td></tr>
<tr><td rowspan="2">学习反思</td><td>不足之处</td><td colspan="6"></td></tr>
<tr><td>待解问题</td><td colspan="6"></td></tr>
<tr><td>课后</td><td>拓展学习</td><td>能力进阶</td><td colspan="6">已知某建筑工地的临时用电设备有 5kW 水泵 10 台，4kW 对焊机 18 台，1.5kW 电热干燥炉 20 台，20kW 风机 2 台，照明负荷 13kW。如需将功率因数提高到 0.93，如何选择临时变配电所的无功补偿装置。</td></tr>
<tr><td rowspan="5" colspan="2">过程评价</td><td rowspan="2">自我评价<br>（5 分）</td><td>课前学习</td><td>时间观念</td><td>实施方法</td><td>职业素养</td><td>成果质量</td><td>分值</td></tr>
<tr><td></td><td></td><td></td><td></td><td></td><td></td></tr>
<tr><td rowspan="2">小组评价<br>（5 分）</td><td>任务承担</td><td>时间观念</td><td>团队合作</td><td>能力素养</td><td>成果质量</td><td>分值</td></tr>
<tr><td></td><td></td><td></td><td></td><td></td><td></td></tr>
<tr><td>综合打分</td><td colspan="6">自我评价分值＋小组评价分值：</td></tr>
</table>

# 知识与技能 4.3　无功补偿装置的选择

4.3-1　任务课件

## 4.3.1　知识点—无功功率补偿的意义

无功补偿，全称无功功率补偿，是一种在电力供电系统中起提高电网的功率因数的作用、降低供电变压器及输送线路的损耗、提高供电效率、改善供电环境的技术，实物图如图 4.3-1 所示，无功功率补偿装置是电力供电系统中一个不可缺少的设备。合理地选择补偿装置，可以做到最大限度地减少电网的损耗，使电网质量提高。反之，如选择或使用不当，可能造成供电系统电压波动、谐波增大等。无功功率补偿意义如下：

### 1. 提高功率因数可减少线路损耗

如果输电线路导线每相电阻为 $R$（Ω），则三相输电线路的功率损耗为：

$$\Delta P = 3I^2R = \frac{P^2R}{U^2\cos^2\varphi} \tag{4.3-1}$$

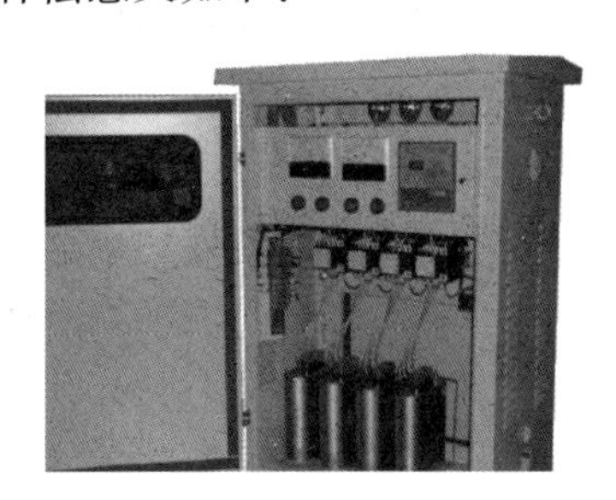

图 4.3-1　无功补偿装置实物图

式中　$\Delta P$——三相输电线路的功率损耗，kW；

$P$——线路有功功率，kW；

$R$——输电线路导线每相电阻，Ω；

$U$——线电压，V；

$I$——线电流，A；

$\cos\varphi$——电力线路输送负荷的功率因数。

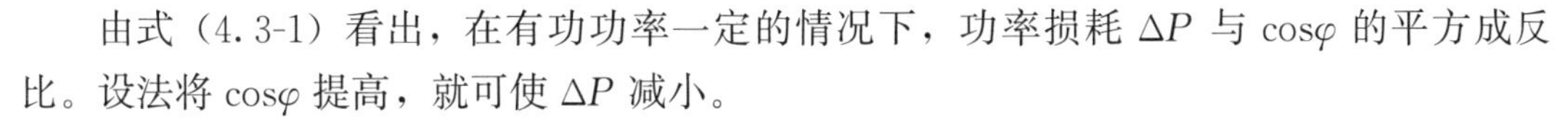

由式（4.3-1）看出，在有功功率一定的情况下，功率损耗 $\Delta P$ 与 $\cos\varphi$ 的平方成反比。设法将 $\cos\varphi$ 提高，就可使 $\Delta P$ 减小。

在线路的电压 $U$ 和有功功率 $P$ 不变的情况下，改善前的功率因数为 $\cos\varphi_1$，改善后的功率因数为 $\cos\varphi_2$，则三相回路实际减少的功率损耗可按下式计算

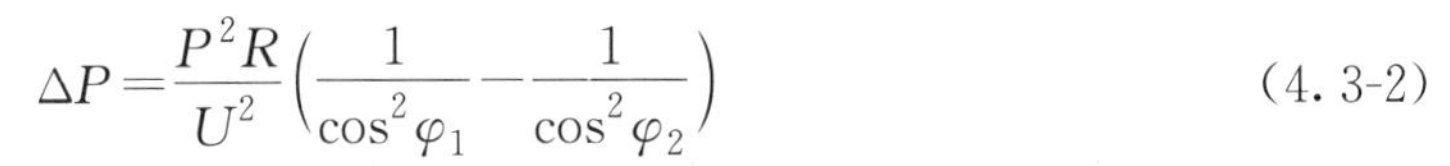

$$\Delta P = \frac{P^2R}{U^2}\left(\frac{1}{\cos^2\varphi_1} - \frac{1}{\cos^2\varphi_2}\right) \tag{4.3-2}$$

如：当 $\cos\varphi$ 从 0.6 提高到 0.9 时，线路功率损耗可降低约 56%。

### 2. 减少变压器的铜损

变压器的损耗主要有铁损和铜损。如果提高变压器二次侧的功率因数，可使总的负荷电流减少，从而减少铜损。

### 3. 减少线路及变压器的电压损失

由于提高了功率因数，减少了无功电流，因而减少了线路及变压器的电流，从而减小了电压降。

### 4. 提高功率因数可以增加发配电设备的供电能力

由于提高了功率因数，供给同一负荷功率所需的视在功率及负荷电流均减少，减小了线路的截面积及变压器的容量，节约设备投资。

## 4.3.2　知识点—无功功率补偿措施

配电系统消耗的无功功率中，异步电动机约占 70%，变压器约占 20%、线路约占

10%。无功功率补偿，应首先提高系统的自然功率因数，在提高用电设备的自然功率因数不能满足要求时，不足部分再装设人工补偿装置。

1. 提高自然系统功率因数

(1) 合理选择电动机功率，尽量提高其负荷率，避免“大马拉小车”。平均负荷率低于 40%的电动机，应予以更换。

(2) 合理选择变压器容量，负荷率宜在 75%～85%，且应考虑负荷计算的误差。合理选择变压器台数，适当设置低压联络线，以便切除轻载运行的变压器。

(3) 优化系统接线和线路设计，减少线路感抗。

(4) 断续工作的设备如弧焊机，宜带空载切除控制。

(5) 功率较大、经常恒速运行的机械，应尽量采用同步电动机。

2. 并联补偿电容无功补偿

采用无功补偿提高功率因数是最有效的方法。目前工程实际存在的无功补偿方式按补偿位置分类有集中补偿、就地补偿和分组补偿。按投入的快慢分实时动态补偿及静态补偿。按是否能自动投切分为自动补偿及固定补偿。

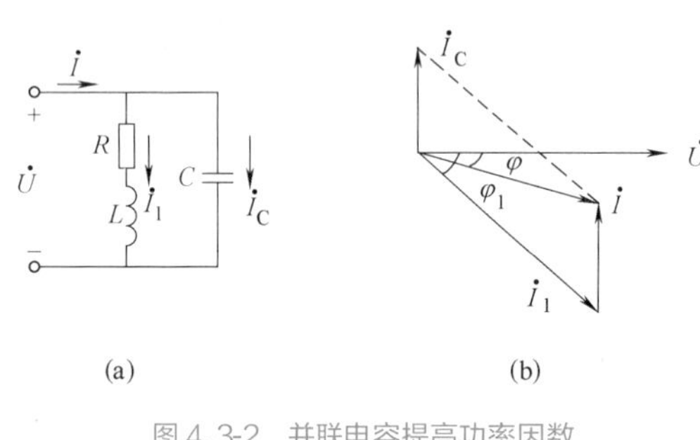


图 4.3-2 并联电容提高功率因数
(a) 电路图；(b) 相量图

用电设备一般为感性，因此，在电路中并电容加以补偿，如图 4.3-2 所示，感性负载功率因数为 $\cos\varphi_1$，在两端并入电容 $C$，通过相量图可知，电容电流补偿了负载中的无功电流，总电流减少，电路的总功率因素 $\cos\varphi$ 提高了。通过相量图可以计算出由 $\cos\varphi_1$ 提高到 $\cos\varphi$ 时需并联补偿电容容量为

$$C=\frac{P}{\omega U^2}(\tan\varphi_1-\tan\varphi) \tag{4.3-3}$$

在实际生产中并不要求把功率因数提高到 1，因为这样做需要并联的电容较大，不经济。功率因数提高到什么程度为宜，需进行具体的技术经济分析和比较确定。通常只将功率因数提高到 0.9～0.95 之间。

补偿电容器的接线通常可分为三角形和星形两种形式；安装地点则有集中安装和就地补偿两种，如对较大容量异步电动机并联电容器应进行单独就地无功补偿。

### 4.3.3 技能点—并联电容无功补偿容量计算

无功功率补偿装置具有多种功能，应按全面规划、合理布局、分层分区补偿、就地平衡的原则确定最优补偿容量和分布方式。不同的电网条件、补偿目的、功能要求，应采用不同的计算方法，选取不同的计算负荷和功率因数。

1. 按技术要求计算补偿容量

按最大负荷计算的补偿容量为：

$$Q=P_c(\tan\varphi_1-\tan\varphi_2)=P_c q_c \tag{4.3-4}$$

$$\tan\varphi_1=Q_c/P_c \tag{4.3-5}$$

式中 $Q$——补偿容量，kvar；

$P_c$——最大负荷有功功率，kW；

$Q_c$——最大负荷无功功率，kvar；

$q_c$——无功功率补偿率，kvar/kW，见表 4.3-1；

$\tan\varphi_1$——最大负荷功率因数角正切值（采用最大负荷计算时，应采用相应的功率因数）；

$\tan\varphi_2$——要求达到的功率因数角正切值。

无功功率补偿率 $q_c$（kvar/kW）　　表 4.3-1

| 补偿前 $\cos\varphi_1$ | 补偿后 $\cos\varphi_2$ | | | | | | | |
|---|---|---|---|---|---|---|---|---|
| | 0.85 | 0.88 | 0.90 | 0.92 | 0.94 | 0.95 | 0.96 | 0.97 |
| 0.50 | 1.112 | 1.192 | 1.248 | 1.306 | 1.369 | 1.404 | 1.442 | 1.481 |
| 0.55 | 0.899 | 0.979 | 1.035 | 1.093 | 1.156 | 1.191 | 1.228 | 1.268 |
| 0.60 | 0.714 | 0.794 | 0.850 | 0.908 | 0.971 | 1.006 | 1.043 | 1.083 |
| 0.65 | 0.549 | 0.629 | 0.685 | 0.743 | 0.806 | 0.841 | 0.878 | 0.918 |
| 0.68 | 0.458 | 0.538 | 0.594 | 0.652 | 0.715 | 0.750 | 0.788 | 0.828 |
| 0.70 | 0.401 | 0.481 | 0.537 | 0.595 | 0.658 | 0.693 | 0.729 | 0.769 |
| 0.72 | 0.344 | 0.424 | 0.480 | 0.538 | 0.601 | 0.636 | 0.672 | 0.712 |
| 0.75 | 0.262 | 0.342 | 0.398 | 0.456 | 0.519 | 0.554 | 0.591 | 0.631 |
| 0.78 | 0.182 | 0.262 | 0.318 | 0.376 | 0.439 | 0.474 | 0.512 | 0.552 |
| 0.80 | 0.130 | 0.210 | 0.266 | 0.324 | 0.387 | 0.422 | 0.459 | 0.499 |
| 0.81 | 0.104 | 0.184 | 0.240 | 0.298 | 0.361 | 0.396 | 0.433 | 0.484 |
| 0.82 | 0.078 | 0.158 | 0.214 | 0.272 | 0.335 | 0.370 | 0.407 | 0.447 |
| 0.85 | — | 0.080 | 0.136 | 0.194 | 0.257 | 0.292 | 0.329 | 0.369 |

### 2. 按经济要求计算电容器容量

（1）按平均负荷计算的补偿容量为

$$Q=\alpha_{av}P_c(\tan\varphi_1-\tan\varphi_2)=\alpha_{av}P_c q_c \tag{4.3-6}$$

$$\tan\varphi_1=\beta_{av}Q_c/\alpha_{av}P_c \tag{4.3-7}$$

式中　$Q$——补偿容量，kvar；

$P_c$——最大负荷有功功率，kW；

$Q_c$——最大负荷无功功率，kvar；

$q_c$——无功功率补偿率，kvar/kW，见表 4.3-1；

$\alpha_{av}$——年平均有功负荷系数；

$\beta_{av}$——年平均无功负荷系数，按略高于 $\alpha_{av}$ 取值；

$\tan\varphi_1$——平均功率因数角正切值；

$\tan\varphi_2$——要求达到的功率因数角正切值。

（2）确定按经济要求达到的功率因数（即经济功率因数），涉及众多因素，诸如电网结构、供电距离、发电成本、补偿装置单位造价、年折旧率、资金现值、补偿装置的电损率等，计算困难。对于由发电机升压后经两次或三次降压供电的用户，经济功率因数可取 0.92～0.95。对一次降压供电的用户，经济功率因数可取 0.83～0.9。发电成本较低者取较低值，发电成本较高者取较高值。

### 4.3.4 知识点—电容器的设置方式、投切方式及调节方式

1. 电容器的设置方式

对于容量较大、负荷平稳且经常使用的用电设备的无功功率，宜单独就地补偿。对电动机采用就地单独补偿时，补偿电容器的额定电流不应超过电动机励磁电流的 0.9 倍。

补偿基本无功功率的电容器组宜在变（配）电站内集中补偿。

环境正常场所的低压电容器宜分散补偿。

2. 电容器组的投切方式

对于补偿低压基本无功功率的电容器组以及常年稳定的无功功率和投切数较少的高压电容器组，宜采用手动投切。

为避免过补偿或在轻载时电压过高，在采用高、低压自动补偿装置效果相同时，宜采用低压自动补偿装置，循环投切。

3. 无功自动补偿的调节方式

以节能为主进行补偿者，采用无功功率参数调节。当三相负荷平衡，也可采用功率因数参数调节。

以改善电压偏差为主进行补偿者，应按电压参数调节。

无功功率随时间稳定变化时，按时间参数调节。

对冲击性负荷、动态变化快的负荷及三相不平衡负荷，可采用晶闸管（电子）开关控制，使其平滑无涌流，动态效果好且可分相控制，有三相平衡化效果。

### 4.3.5 技能点—某建筑无功补偿容量的选择

1. 工程条件

（1）工程情况简介

该建筑为某小区变配电，有照明负荷共 70kW，配有 2 台 75kW、2 台 37kW 和 4 台 18.5kW 风机，还配有 2 台 3kW 和 4 台 7.5kW 水泵，地下室应急负荷配备有室内消火栓 22kW，消防潜水泵 8.0kW，稳压泵 1.1kW，其他消防设施及发电机房、配电室值班室、水泵房照明等 25kW。

（2）供电条件说明

功率因数为 0.95。

2. 设计过程

（1）分析用电负荷：根据《住宅建筑电气设计规范》JGJ 242—2011 中 3.2.1，该建筑的室内消火栓、消防潜水泵、稳压泵、风机、生活水泵、其他消防设施及发电机房、配电室值班室、水泵房照明等，属于二级负荷，其余用电负荷均为三级负荷。

（2）负荷计算：用需要系数法进行负荷计算，查表（表 4.1-4）并计算各用电负荷，形成计算书。

（3）确定无功补偿容量：按最大负荷计算的补偿容量来计算，由负荷计算书可知

$$\cos\varphi_1 = 0.779 \quad \tan\varphi_1 = 0.806$$

由功率因数提高到 0.95 可得 $\cos\varphi_2 = 0.95$，$\tan\varphi_2 = 0.312$；

故无功补偿容量为 $Q = P_c(\tan\varphi_1 - \tan\varphi_2) = 333.9 \times (0.806 - 0.312) = 164.9\text{kVA}$

整理形成无功容量补偿后的负荷计算书，见表 4.3-2。

无功容量补偿后的负荷计算书　　表 4.3-2

| 用电设备组 | | 需要系数 $K_d$ | $\cos\varphi$ | $\tan\varphi$ | 需要负荷 | | 有功同期系数 $K_{\Sigma p}$ | 无功同期系数 $K_{\Sigma q}$ | 计算负荷 | | |
|---|---|---|---|---|---|---|---|---|---|---|---|
| 负荷性质 | 设备功率（kW） | | | | $P$（kW） | $Q$（kvar） | | | $P_c$（kW） | $Q_c$（kvar） | $S_c$（kVA） |
| 消火栓 | 22.0 | 1.0 | 0.8 | 0.75 | 22.0 | 16.5 | | | | | |
| 潜水泵 | 8.0 | 1.0 | 0.8 | 0.75 | 8.0 | 6.0 | | | | | |
| 稳压泵 | 1.1 | 1.0 | 0.8 | 0.75 | 1.1 | 0.8 | | | | | |
| 其他消防设施 | 25.0 | 1.0 | 0.8 | 0.75 | 25.0 | 18.7 | | | | | |
| 照明 | 70.0 | 0.8 | 0.8 | 0.75 | 56 | 42 | | | | | |
| 风机 | 298.0 | 0.75 | 0.8 | 0.75 | 223.5 | 167.6 | | | | | |
| 水泵 | 36.0 | 0.65 | 0.8 | 0.75 | 23.4 | 17.6 | | | | | |
| 合计 | 460.1 | | 0.779 | 0.806 | 359.0 | 269.2 | 0.93 | 1.0 | 333.9 | 269.2 | 428.9 |
| 补偿量 | | | | | | | | | | 164.9 | |
| 补偿后 | | | 0.95 | 0.312 | | | | | 333.9 | 104.3 | 349.8 |

补偿容量后，变压器所选的容量为 350/0.7＝500kVA，本项目可选用变压器额定容量为 500kVA。

因此，利用无功补偿提高功率因数，可以减少投资和节约有色金属。

## 问题思考

1. 简述无功功率补偿的意义。
2. 简述提高自然系统功率因数的措施。
3. 简述并联电容补偿容量计算方法。

## 知识拓展

低压无功功率自动补偿控制器，是低压配电系统补偿无功功率的专用控制器，可以与多种等级电压在 400V 以下型号的静电容屏配套使用，实物图见图 4.3-3，具备 RS485 通信接口，其所采样得到的电压、电流、频率、有功功率、无功功率、有功谐波百分量、功率因数、温度可通过通信接口传送到其他外部设备。

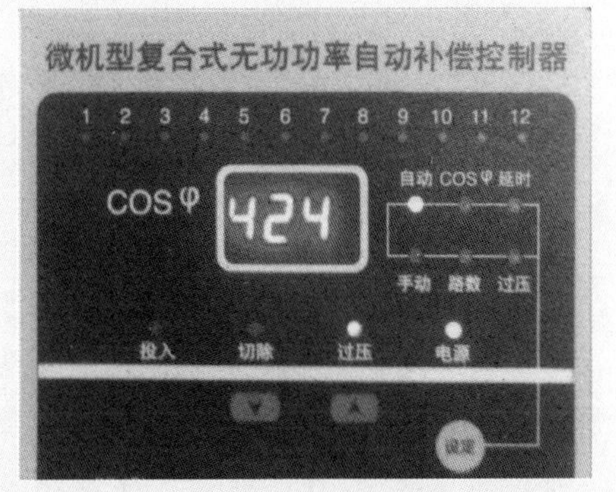

图 4.3-3　无功功率补偿控制器实物图

### 1. 产品分类

（1）按取样物理量不同分为功率因数型、无功电流型、无功功率型。

（2）按延时时间分为静态补偿控制器、动态补偿控制器。

（3）按相数分为分相补偿控制器、三相补偿控制器。

2. 功能要求

（1）设置功能。应具有投入及切除门限设定值、延时设定值、过电压保护设定值的设置功能；对可按设定程序投切的控制器应具有投切程序设置功能；面板功能键操作应具有容错功能；面板设置应具有硬件或软件闭锁功能。

（2）显示功能。具有工作电源、超前/滞后、输出回路工作状态、过电压保护动作的显示，对带有数字显示的控制器应具有电网即时运行参数及设定值调显，对具有电压监测或统计功能的控制器应具有监测或统计数据调显等功能。

（3）延时及加速功能。输出回路动作应具有延时及过电压加速动作功能。

（4）程序投切功能。应具有自动循环投切或按设定程序投切功能。

（5）自检复归功能。控制器每次接通电源应进行自检并复归输出回路（使输出回路处在断开状态）。

（6）投切振荡闭锁。系统负荷较轻时，控制器应具有防止投切振荡的措施。

（7）闭锁报警功能。系统电压大于或等于107％标称值时闭锁控制器投入回路；控制器内部发生故障时，闭锁输出回路并报警；执行回路发生异常时闭锁输出回路并报警。

3. 性能要求

控制物理量为功率因数的控制器，动作误差应在－2.0％～2.0％之间；控制物理量为无功功率或无功电流的控制器，动作误差不应大于±20％。控制器灵敏度不应大于0.2A。

过电压保护动作值应在系统标称电压值的105％～120％之间可调，动作回差6～12V。

延时时间10～120s可调，误差不应大于±5％；过电压保护分断总时限不应大于60s；投切动作时间间隔不应小于300s。

# 任务 4.4 线缆的选择与敷设

线缆的选择是供配电系统设计的重要内容，低压配电系统中线缆的合理选择对于实现安全、经济供电以及保证供电质量有着十分重要的意义。线缆是电线和电缆的统称，两者在结构、线径、载流量、用途等方面有所区别。线缆选择主要考虑型号和截面积两个方面，型号取决于线缆应用环境、敷设方式等因素；截面积取决于电流大小、机械强度要求、电压损失要求等。为此，我们要学习线缆的类型、规格、应用、线缆配管敷设、线缆截面积选择等内容。

【教学目标】

| 知识目标 | 能力目标 | 素养目标 | 思政目标 |
| --- | --- | --- | --- |
| 1. 熟悉线缆选择的要求和选择方法；<br>2. 熟悉常用线缆类型及其适用场合；<br>3. 熟悉线缆规格选择的方法；<br>4. 了解一般工程项目不同线路线缆敷设的要求。 | 1. 能根据工作环境选择线缆类型；<br>2. 能正确解读并实施规范相关条款对选择线缆的规定；<br>3. 能依据计算电流合理节约选择线缆截面积；<br>4. 能根据工程情况进行线缆敷设的设计。 | 1. 持有自主学习方法；<br>2. 养成依据规范思考问题的习惯；<br>3. 在计算设计中培养细致负责的职业素养；<br>4. 能从职业角度注重线缆选择与敷设工作中的安全性原则。 | 1. 通过观看视频体会电气安全重要性，将安全理念融入工作点滴，增强社会责任感；<br>2. 在线缆选择与配管训练过程中，引导学生树立节约意识，增强为用户高质量服务的职业素养。 |

思维导图 4.4 线缆的选择与敷设

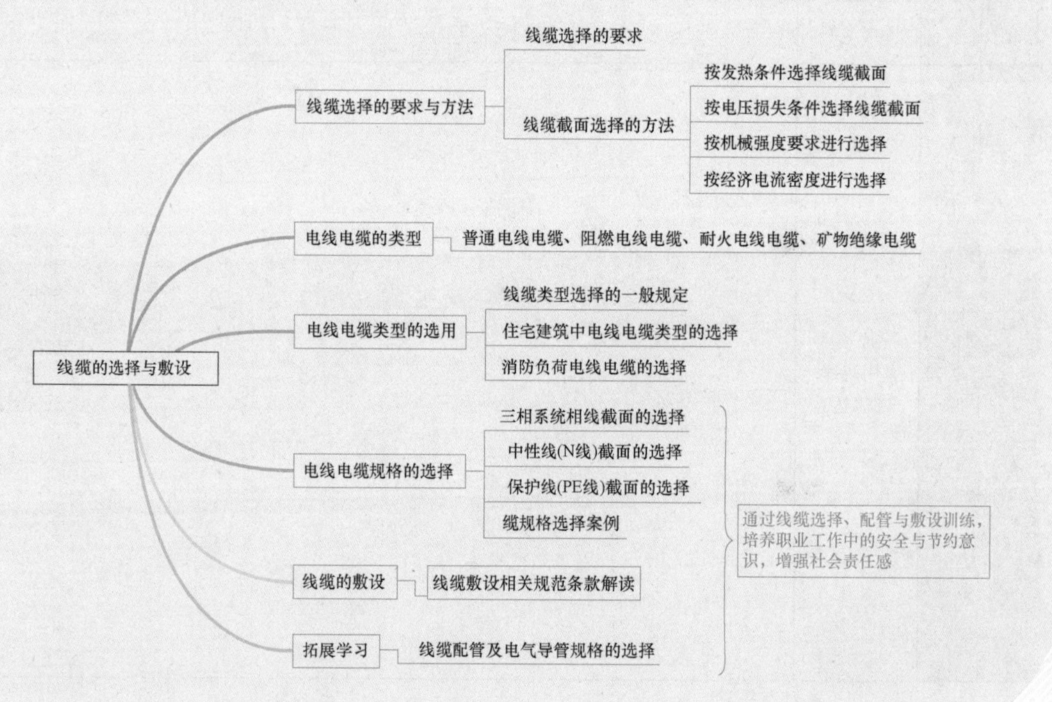

# 学生任务单 4.4 线缆的选择与敷设

| 任务名称 | 线缆的选择与敷设 | | |
| --- | --- | --- | --- |
| 学生姓名 | | 班级学号 | |
| 同组成员 | | | |
| 负责任务 | | | |
| 完成日期 | | 完成效果 | |

<table>
<tr><td colspan="2">任务描述</td><td colspan="4">在完成任务 3.3 的基础上，完成以下任务：<br>(1)选择末端用户开关箱进线导线的类型和规格；<br>(2)选择计量配电箱进线导线的类型和规格；<br>(3)选择单元配电箱进线导线的类型和规格；<br>(4)选择住宅建筑一般照明总配电箱进线的导线的类型和规格。<br>注意：相线、工作零线和保护零线均需要选择。</td></tr>
<tr><td rowspan="7">课前</td><td rowspan="7">自主探学</td><td rowspan="6">任务分工</td><td colspan="3">□ 合作完成　　□ 独立完成</td></tr>
<tr><td>任务明细</td><td>完成人</td><td>完成时间</td></tr>
<tr><td></td><td></td><td></td></tr>
<tr><td></td><td></td><td></td></tr>
<tr><td></td><td></td><td></td></tr>
<tr><td></td><td></td><td></td></tr>
<tr><td>参考资料</td><td colspan="3"></td></tr>
<tr><td>课中</td><td>互动研学</td><td>完成步骤(用流程图表达)</td><td colspan="3"></td></tr>
</table>

<table>
<tr><td rowspan="13">课中</td><td colspan="2">本人任务</td><td colspan="6"></td></tr>
<tr><td colspan="2">角色扮演</td><td colspan="6">□有角色 ________　□无角色</td></tr>
<tr><td colspan="2">岗位职责</td><td colspan="6"></td></tr>
<tr><td colspan="2">提交成果</td><td colspan="6"></td></tr>
<tr><td rowspan="8">任务实施</td><td rowspan="5">完成步骤</td><td>第 1 步</td><td colspan="5"></td></tr>
<tr><td>第 2 步</td><td colspan="5"></td></tr>
<tr><td>第 3 步</td><td colspan="5"></td></tr>
<tr><td>第 4 步</td><td colspan="5"></td></tr>
<tr><td>第 5 步</td><td colspan="5"></td></tr>
<tr><td>问题求助</td><td colspan="6"></td></tr>
<tr><td>难点解决</td><td colspan="6"></td></tr>
<tr><td>重点记录</td><td colspan="6"></td></tr>
<tr><td rowspan="2">学习反思</td><td>不足之处</td><td colspan="6"></td></tr>
<tr><td></td><td>待解问题</td><td colspan="6"></td></tr>
<tr><td>课后</td><td>拓展学习</td><td>能力进阶</td><td colspan="6">在学习“知识拓展”的基础上，结合本任务前面部分完成的用户开关箱、计量配电箱、单元配电箱和住宅建筑一般照明总配电箱的进线导线选择结果，进行四种配电箱进线的电气配管的设计，包括电气导管类型和规格。</td></tr>
<tr><td colspan="2" rowspan="5">过程评价</td><td rowspan="2">自我评价（5 分）</td><td>课前学习</td><td>时间观念</td><td>实施方法</td><td>职业素养</td><td>成果质量</td><td>分值</td></tr>
<tr><td></td><td></td><td></td><td></td><td></td><td></td></tr>
<tr><td rowspan="2">小组评价（5 分）</td><td>任务承担</td><td>时间观念</td><td>团队合作</td><td>能力素养</td><td>成果质量</td><td>分值</td></tr>
<tr><td></td><td></td><td></td><td></td><td></td><td></td></tr>
<tr><td>综合打分</td><td colspan="6">自我评价分值＋小组评价分值：</td></tr>
</table>

# 知识与技能 4.4 线缆的选择与敷设

## 4.4.1 知识点—线缆选择的要求与方法

4.4-2 线缆规格及选择

### 1. 线缆选择的要求

线缆选择的主要内容是线缆截面积选择和绝缘材料选择，高压线缆选择时侧重经济性，低压配电线缆选择时主要考虑以下技术参数：

（1）根据敷设方式和环境条件选择线缆的类型和绝缘材质；

（2）按照工作电压的要求选择额定电压，室内敷设的塑料绝缘的电线不低于 0.45V/0.75V，电力电缆不应低于 0.6kV/1kV；

（3）依据线缆正常工作电流确定其截面规格，并保证：

1）导体的载流量不应小于预期负荷的最大计算电流和按保护条件所确定的电流，并应按敷设方式和环境条件进行修正；

2）线路上的电压损失不应超过规定的允许值；

3）线缆应该满足动稳定性和热稳定性的要求；

4）线缆最小截面积应满足机械强度的要求；

5）当线缆敷设的实际工作条件与载流量表中不一致时，应修正线缆载流量。

低压配电线缆截面积应同时符合上述要求，即在采用各种计算方法求出的线缆截面积中，选择最大的截面积的规格即可。

### 2. 线缆截面选择的方法

（1）按发热条件选择线缆截面

由于电流的热效应，线缆中流过电流会使导体温度升高，温升过高会加速线缆绝缘材料老化，严重时会造成绝缘损坏而引发短路事故。因此，各类线缆都有一定的允许温度（表 4.4-1），即线缆允许通过的电流有一定的限定，这个限定值就是线缆的载流量，实际工作时线缆长期流过的电流不应超过其载流量。线缆载流量不但与绝缘材料有关，还与导体材料、工作环境温度、敷设方式等因素有关。按发热条件选择线缆截面的方法是应用最为广泛的方法。

不同类型线缆最高工作温度表　　表 4.4-1

| 电线、电缆种类 | | 导体长期允许最高工作温度(℃) | 电线、电缆种类 | 导体长期允许最高工作温度(℃) |
|---|---|---|---|---|
| 橡皮绝缘电线 | 500V | 65 | 通用橡套软电缆 | 60 |
| 塑料绝缘电线 | 450V/750V | 70 | 耐热聚乙烯导线 | 105 |
| 交联聚乙烯绝缘电力电缆 | 1～10kV | 90 | 铜、铝母线槽 | 110 |
| | 35kV | 80 | 铜、铝滑接式母线槽 | 70 |
| 聚氯乙烯绝缘电力电缆 | 1kV | 70 | 柔性矿物绝缘电缆 | 125 |
| 裸铝、铜母线和绞线 | | 70 | 刚性矿物绝缘电缆 | 70,105* |
| 乙丙橡胶电力电缆 | | 90 | — | — |

* 系指电缆表面温度，线芯温度约高 5～10℃。

(2) 按电压损失条件选择线缆截面

如果说按发热条件选择线缆截面，关注点是线路电气安全，则按电压损失条件选择线缆截面的关注点是电压质量。由于线路上有电阻和电抗，故电流通过导线时，除产生电能损耗外，还会产生电压损失，当电压损失超过一定的范围后，将使用电设备端子上的电压过低，影响用电设备的正常运行。因此，要保证用电设备的正常运行，必须根据线路的正常运行允许电压损失来选择导线截面，使线路电压损失低于允许值，以保证供电质量。

一般情况下，在进行线缆截面选择时，先按照发热条件进行选择，再根据实际需要，按允许电压损失条件对线缆截面选择是否合理进行校验。

(3) 按机械强度要求进行选择

一方面，由于导线本身的重量，以及风、雨、冰、雪等原因，使导线承受一定的应力，如果导线过细，就容易折断，将引起停电事故。另一方面，在线缆敷设施工过程中，要经过搬运、架设、弯曲、安装等操作，机械强度不够容易受损而发生导体断线现象。因此，在进行线缆截面选择时，还要考虑其机械强度的因素，以满足不同用途时导线的最小截面要求。架空导线截面一般按机械强度要求的最小允许截面规定进行选择，以防架空线受自然灾害而发生断线。

(4) 按经济电流密度进行选择

对高电压、长距离输电线路和大电流低压线路，其导线的截面宜按经济电流密度选择，以使线路的年综合运行费用最小，节约电能和有色金属。电力系统中输电网的线缆截面通常采用该种方法选择，线缆经济电流密度见表4.4-2。

线缆经济电流密度表 [J/(A/mm$^2$)] 表4.4-2

| 导线材质 | 年最大负荷利用小时数(h) | | |
|---|---|---|---|
| | <3000 | 3000～5000 | >5000 |
| 铜 | 3 | 2.25 | 1.75 |
| 铝 | 1.65 | 1.15 | 0.90 |

在进行民用建筑供配电系统线缆截面选择时，对于近距离较短线缆一般按发热条件(安全载流量)选择导线截面。对于远距离线路长的线缆在安全载流量的基础上，按电压损失条件选择导线截面，或按电压损失条件校验导线截面的合理性，要保证负荷点的工作电压在合格范围。对于大负荷线缆，则按经济电流密度选择其截面。电力线路截面选择和校验项目见表4.4-3。

电力线路截面的选择和校验项目 表4.4-3

| 电力线路的类型 | | 允许载流量 | 允许电压损失 | 经济电流密度 | 机械强度 |
|---|---|---|---|---|---|
| 35kV及以上电源进线 | | Δ | Δ | ★ | Δ |
| 无调压设备的6～10kV较长线路 | | Δ | ★ | — | Δ |
| 6～10kV较短线路 | | ★ | Δ | — | Δ |
| 低压线路 | 照明线路 | Δ | ★ | — | Δ |
| | 动力线路 | ★ | Δ | — | Δ |

注："Δ"：校验的项目；"★"：选择的依据；"—"：表示不考虑项目。

### 4.4.2 知识点—电线电缆的类型

电线电缆根据其本身具有的燃烧特性，分为普通电线电缆、阻燃电线电缆、耐火电线电缆及矿物绝缘电缆。

#### 1. 普通电线电缆

不具有阻燃、耐火、无卤及低烟等特性的电线电缆称为普通电线电缆。在民用建筑供配电系统中常用的型号有：BV、BVV、BX、BVR、BYJ（F）、YJV、YJV22 等。其中，“B”代表布线；第一个“V”代表聚氯乙烯绝缘；第二个“V”代表聚氯乙烯护套；“X”代表橡皮绝缘；“R”代表软线；“YJ”代表交联聚乙烯绝缘；“F”代表辐照；“22”代表聚氯乙烯铜带铠装。

在民用建筑中，室内布线最常用的电线是 BV 线，BV 线通常用绝缘层中心金属导体横截面积来区分型号规格。常用 BV 线型号：0.75mm$^2$，1.0mm$^2$，1.5mm$^2$，2.5mm$^2$，4mm$^2$，6mm$^2$，10mm$^2$，16mm$^2$，25mm$^2$，35mm$^2$，50mm$^2$，70mm$^2$，95mm$^2$，120mm$^2$，150mm$^2$，185mm$^2$，240mm$^2$ 等，截面积越大，载流量就越大。常用的 BV 线有颜色区分，在工程中，黄色、绿色和红色分别用作 L1、L2 和 L3 三根相线，蓝色用作零线（N 线），黄绿双色或黑色一般用作地线（PE 线）。

目前民用建筑室外使用的普通电缆多为 YJV 系列，按其芯数不同分为：单芯、3 芯、4 芯、5 芯、3+1 芯、4+1 芯、3+2 芯。预分支电缆是近年来的一项新技术产品，广泛应用于高中层建筑、住宅楼、商厦、宾馆、医院电气竖井内垂直供配电系统中。

常用普通线缆的结构、名称、特点和应用场合详见图 4.4-1 和表 4.4-4。

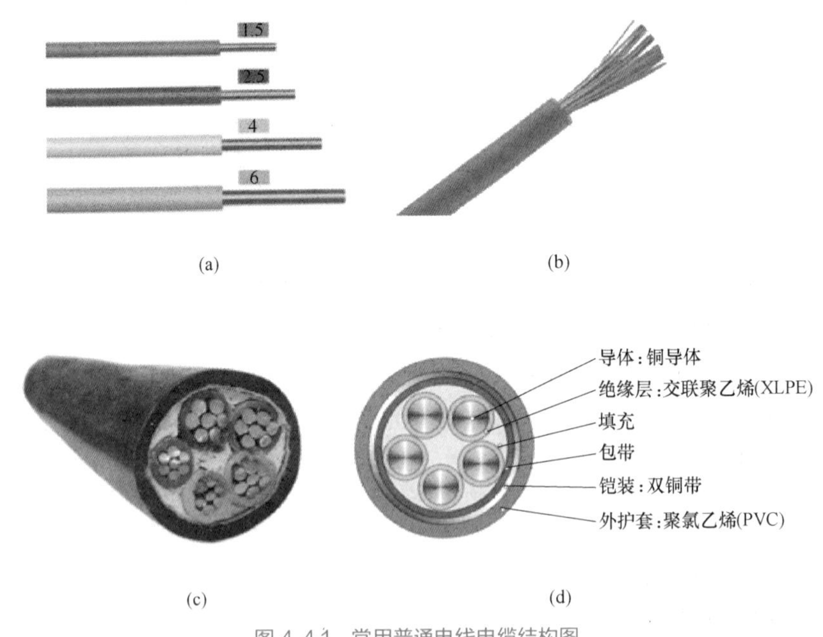


图 4.4-1 常用普通电线电缆结构图

（a）BV 电线；（b）BVR 电线；（c）五芯 YJV 电缆；（d）YJV22 电缆

#### 2. 阻燃电线电缆

阻燃电线电缆具有在火灾的情况下阻止或延缓火焰蔓延的能力，有利于把线缆燃烧限制在局部范围内，不产生蔓延，保住其他的各种设备，避免造成更大的损失。阻燃线缆用“ZR”或“Z”表示，如：Z-BV、ZR-YJV 等。

常用普通电线电缆的名称、特点及应用 表 4.4-4

| 线缆类型 | 线缆名称 | 线缆特点 | 线缆应用场合 |
| --- | --- | --- | --- |
| BV | 铜芯聚氯乙烯绝缘电线 | 多为单股单芯，较硬，具有抗酸碱、耐油性、防潮、防霉等特性；长期允许温度 70℃ | 适用于交流电压 450V/750V 及以下动力装置、日用电器、仪表及电信设备用的电缆电线，由于不宜被氧化多用于隐蔽工程，如室内照明线路 |
| BVV | 铜芯聚氯乙烯绝缘聚氯乙烯护套电线 | 多股，与 BV 比较软，具有抗酸碱、耐油性、防潮、防霉等特性；允许长期工作温度 70℃ | 适用于交流电压 450V/750V 及以下环境潮湿、机械防护要求高的场所，如：经常移动、弯曲、明装的场合 |
| BX | 铜芯橡皮绝缘电线 | $4mm^2$ 以上多为多股，相对于 BV 线较软，使用寿命较短，氧化速度快；允许长期工作温度 65℃ | 多用于交流电压 450V/750V 及以下临时用电场所，对于敷设角度的要求大大降低，适合转弯穿管场合 |
| BVR | 铜芯聚氯乙烯绝缘软电线 | 多股较软、具有抗酸碱、耐油性、防潮、防霉等特性，允许长期工作温度 70℃ | 适用于交流电压 450V/750V 及以下动力、日用电器、仪器仪表及电信设备等线路，且多用于各种机械设备、配电柜当中需要弯曲的场合 |
| BYJ(F) | 铜芯辐照交联聚乙烯绝缘电线 | 具有耐高温、高阻燃、低烟无卤素的性能；载流量较大，允许长期工作温度 90℃ | 广泛应用于交流电压 450V/750V 及以下动力安全和环保要求高的场合，如：高层建筑、车站、机场、医院等人员密集场所 |
| YJV | 交联聚乙烯绝缘聚氯乙烯护套电力电缆 | 具有较好的热-机械性能、优异的电气性能和耐化学腐蚀性能，结构简单，重量轻，敷设不受落差限制，允许长期工作温度 90℃ | 适用于交流电压 0.6kV/1kV，敷设于室内，隧道、电缆沟及管道中，也可埋在松散的土壤中，电缆能承受一定的敷设牵引，但不能承受机械外力作用的场合 |
| YJV22 | 铜芯交联聚乙烯绝缘钢带铠装聚氯乙烯护套电力电缆 | 具有较好的热-机械性能、优异的电气性能和耐化学腐蚀性能，与 YJV 相比抗拉能力较强 | 适用于交流电压 0.6kV/1kV，用于室内、隧道、电缆沟及地下直埋敷设，电缆能承受机械外力作用，但不能承受大的拉力 |

根据电缆阻燃材料不同，阻燃电缆分为含卤阻燃电线电缆及无卤低烟阻燃电线电缆两大类。

(1) 含卤阻燃电线电缆

含卤阻燃电线电缆的绝缘层、护套、外护层以及辅助材料全部或部分采用含卤的聚乙烯阻燃材料，因而具有良好的阻燃特性，但是在电缆燃烧时会释放大量的浓烟和卤酸气体，卤酸气体对周围电气设备以及救援人员造成危害，导致严重的二次危害，不利于灭火救援工作。

(2) 无卤低烟阻燃电线电缆

无卤低烟阻燃电线电缆的绝缘层、护套、外护层以及辅助材料全部或部分采用的是不含卤的交联聚乙烯阻燃材料，不仅具有更好的阻燃特性，而且在电缆燃烧时没有卤酸气体放出，电缆的发烟量也小，达到公认的“低烟”水平，更加安全环保。无卤低烟阻燃线缆用“WDZ”表示，如：“WDZ-YJE(F)”表示交联聚乙烯绝缘聚烯烃护套的无卤低烟阻燃电缆。

按试验标准《电缆和光缆在火焰条件下的燃烧试验》GB/T 18380—2022（分别对应标准的第 33、34、35 和 36 部分），阻燃线缆可分为 A、B、C、D 四个等级，常用的为 A、B、C 三类，A 类要求最高，D 类主要用于小规格电线、电缆。无卤低烟阻燃电缆，主要用于 A 类和 B 类阻燃要求的电缆。

在实际选用阻燃线缆时，应根据工程的重要程度和火灾的危害深度而定，如大型商业建筑中人员密集的通道，阻燃级别较高。对于高层建筑，普通照明竖向配电干线、公共照明线路等通常选用无卤低烟阻燃电线电缆，如图 4.4-2 和图 4.4-3 所示。

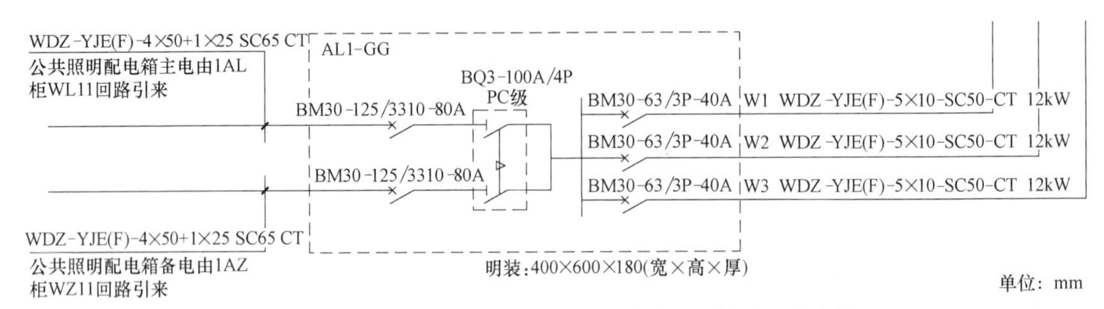


图 4.4-2　高层住宅建筑普通照明竖向干线选用无卤低烟阻燃电缆

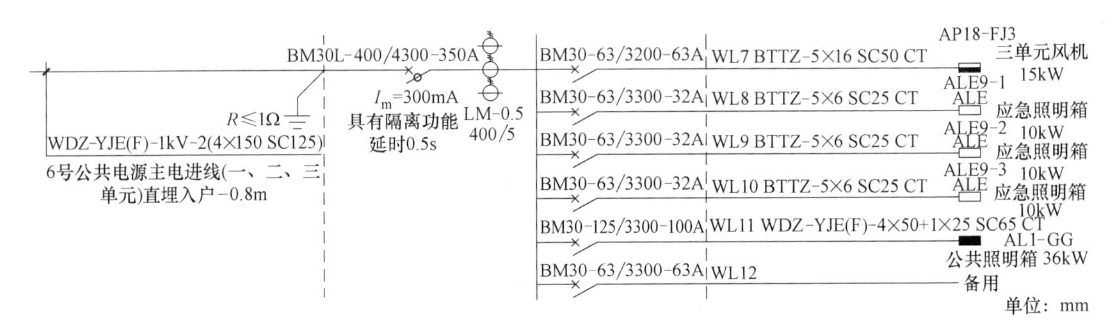


图 4.4-3　高层住宅建筑公共电源进线和公共照明线路选用无卤低烟阻燃线缆

对于大工程项目用的电缆，如：30MW 以上的机组、超高层建筑、银行金融中心、大型/特大型人流密集的场所等，在其他因素同等的条件下其阻燃级别宜偏高、偏严，建议选择无卤低烟耐火型电缆。

## 3. 耐火电线电缆

耐火电缆是指在火焰燃烧情况下能够保持一定时间安全运行的电缆，通常能够在 750～800℃ 的火焰温度下至少保持 180min 的正常运转。耐火电缆广泛应用于高层建筑、地下铁道、地下街、大型电站及重要的工矿企业等与防火安全和消防救生有关的地方，例如，消防设备及紧急向导灯等应急设施的供电线路和控制线路，如图 4.4-4 所示，高层建筑中的防排烟、消防电梯、疏散指示照明、消防广播、消防电话、消防报警设施等线路选用无卤低烟阻燃耐火线缆。耐火电线电缆一般用“NH”或“N”表示。

耐火电线电缆按国家标准可分为两个等级：A 级和 B 级。通常记为“NHA”和“NHB”，A 类耐火电缆的耐火性能优于 B 类。

## 4. 矿物绝缘电缆

矿物绝缘电缆是耐火电缆中性能较优的一种电缆，可以在接近铜的熔点的火灾情况下

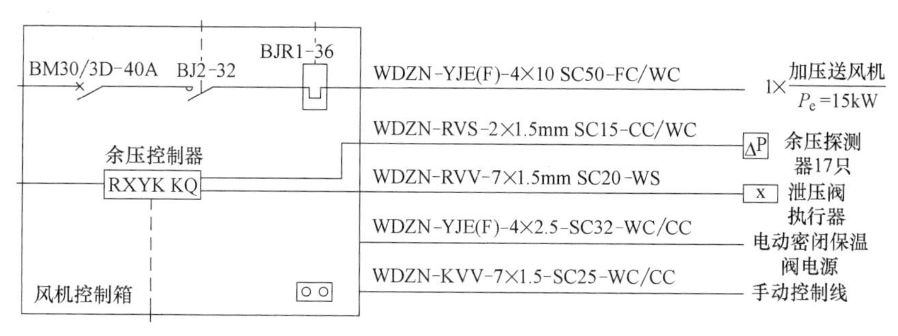


图4.4-4　高层建筑消防线路选用无卤低烟阻燃耐火线缆

继续保持供电3h以上，是一种真正意义上的防火电缆。因此，在《建筑设计防火规范（2018年版）》GB 50016—2014中规定“消防配电线路应采用矿物绝缘类不燃性电缆”。

矿物绝缘电缆通常由铜或铜合金做成护套，以氧化镁粉末为无机绝缘材料隔离导体与护套，由于结构上的特点，矿物绝缘电缆除了具有不燃、无烟、无毒和耐火的特性外，它还具有寿命更长、耐高温更强、机械强度高、载流量大的优势以及具有防爆、防水和耐腐蚀等优点。

矿物绝缘电缆按结构可以分为刚性和柔性两种。刚性矿物绝缘电缆本身比较硬，抗撞击能力非常强，按照《额定电压750V及以下矿物绝缘电缆及终端 第1部分：电缆》GB/T 13033.1—2007、《额定电压750V及以下矿物绝缘电缆及终端 第2部分：终端》GB/T 13033.2—2007规定，国标刚性电缆的型号只有6种：轻载500V的BTTQ、BTTVQ、WD-BTTYQ和重载750V的BTTZ、BTTVZ、WD-BTTYZ。柔性矿物绝缘电缆柔韧性比较强，抗撞击能力与其电缆具体结构组成有关，按照《额定电压0.6/1kV及以下云母带矿物绝缘波纹铜护套电缆及终端》GB/T 34926—2017规定，国标柔性电缆RTTZ类型有：RTTZ、RTTYZ、RTTVZ，电压等级为0.6kV/1kV或450V/750V。其余柔性缆的型号由各个生产厂家自己命名，常见的有BTWTZ、GAN-BTGYZ、BTLY、NG-A等十几种。

矿物绝缘电缆适用于额定电压1000V及以下的消防线路、不能断电的供电线路、主干/分干配电系统线路、公共场所照明线路、高温环境动力和控制线路、应急照明线路、应急广播线路、潜在危险爆炸区域线路、计算机房控制线路等。如图4.4-3中的应急照明线路选用的是BTTZ型矿物绝缘电缆，常用矿物绝缘电缆的名称及含义见表4.4-5。

常用矿物绝缘电缆的名称及含义　　表4.4-5

| 型号 | 名称 | 型号 | 名称 |
|---|---|---|---|
| BTTZ | 重型铜芯铜护套矿物绝缘电缆 | BTTQ | 轻型铜芯铜护套矿物绝缘电缆 |
| BTTVZ | 重型铜芯铜护套矿物绝缘聚氯乙烯外套电缆 | BTTVQ | 轻型铜芯铜护套矿物绝缘聚氯乙烯外套电缆 |
| WD-BTTYZ | 重型铜芯铜护套矿物绝缘低烟无卤外套电缆 | WD-BTTYQ | 轻型铜芯铜护套矿物绝缘低烟无卤外套电缆 |

### 4.4.3　技能点—电线电缆类型的选用

#### 1. 电线电缆类型选择的一般规定

（1）电线电缆选用时，应按使用场所和敷设条件选择阻燃级别，但同一建筑物内选用的阻燃和阻燃耐火电线电缆，其阻燃级别应相同；

（2）当电线电缆成束敷设时，应采用阻燃电线电缆，如Z-BV、Z-YJV等；

（3）消防设备电源线路应满足火灾时建筑物内的消防用电设备持续运行时间的要求；

（4）当采用阻燃电线电缆时，负荷级别越高，选择线缆阻燃等级就越高；

（5）用于普通设备线路的电线在穿管敷设时，可采用BV普通电线；

（6）直埋敷设和穿管暗敷的电缆可采用普通YJV（有防护需要的采用YJV22）电缆；

（7）在外部火势作用下，需保持线路完整性、维持通电的场所，其线路应采用耐火电线电缆，如N-BV、N-YJV等；

（8）对于不轻易改变使用功能、不易更换电线电缆的场所宜采用寿命较长电线电缆，如双层共挤绝缘辐照交联无卤低烟阻燃电力电缆WDZ-GYJSYJ（F）等。

2. 住宅建筑中电线电缆类型的选择

住宅建筑中电线电缆的选型，主要参照《住宅建筑电气设计规范》JGJ 242—2011和《民用建筑电气设计标准》GB 51348—2019中的规定。

（1）普通负荷用电线电缆

多层住宅及高层住宅中公共区域暗敷的普通负荷线缆均可采用交联聚乙烯YJV电力电缆或聚氯乙烯BV电线，而高层住宅中公共区域明敷的普通负荷用线缆，在火灾时被延燃的可能性较大，为降低对建筑内人员的危害，应采用无卤低烟阻燃WDZ-BYJ/YJY电缆和电线供电。住宅户内线路现都采用穿管暗敷方式，即使发生火灾，短时间内电线全部燃烧的可能性较小，燃烧产生的卤化物含量和影响范围有限，故均可以采用BV线穿管暗敷。电线电缆阻燃级别的选择可参考表4.4-6选择。

电线电缆的阻燃级别选择　　表4.4-6

| 适用场所 | 电缆阻燃级别 | 电线阻燃级别 | |
|---|---|---|---|
| | | 电线截面 | 阻燃级别 |
| 一类高层（超过100m的公共建筑） | A级 | $50mm^2$ 及以上 | B级 |
| | | $35mm^2$ 及以下 | C级 |
| 一类高层（其他公共建筑及高度超过100m的住宅） | B级 | $50mm^2$ 及以上 | C级 |
| | | $35mm^2$ 及以下 | D级 |
| 一类高层（高度不超100m的住宅）<br>二类高层及单、多层民用建筑 | C级 | 所有截面 | D级 |

（2）消防负荷电线电缆的选择

消防负荷用电线电缆主要参照《民用建筑电气设计标准》GB 51348—2019和《建筑设计防火规范（2018年版）》GB 50016—2014中的规定。

消防负荷用电线电缆，针对消防供电干线、应急照明和火灾自动报警线路三部分分别应选用不同类型的线缆，如表4.4-7所示。

住宅建筑消防负荷电线电缆选用　　表4.4-7

| 住宅建筑类别 | 消防线路所在场所 | 电线电缆类型选 |
|---|---|---|
| 建筑高度为100m或35层以上的超高层住宅建筑 | 消防供电干线 | 矿物绝缘电缆BTTZ |
| | 公共疏散通道的应急照明 | 无卤低烟阻燃耐火WDZN-BYJ/YJV线缆 |
| | 火灾自动报警线缆 | 无卤低烟阻燃耐火WDZN-BYJ/YJV线缆 |

续表

| 住宅建筑类别 | 消防线路所在场所 | 电线电缆类型选 |
| --- | --- | --- |
| 建筑高度为50～100m且19～34层的一类高层住宅建筑 | 消防供电干线 | 应采用阻燃耐火ZN-YJV电缆，宜采用矿物绝缘电缆，如有明敷部分，应采用无卤低烟阻燃耐火WDZN-BYJ/YJV线缆 |
| | 公共疏散通道的应急照明 | 无卤低烟阻燃耐火WDZN-BYJ/YJV线缆 |
| | 火灾自动报警线缆 | 明敷部分采用无卤低烟阻燃耐火WDZN-BYJ/YJV线缆，暗敷部分可以采用阻燃耐火ZN-BV/YJV线缆 |
| 10～18层的二类高层住宅建筑 | 消防供电干线 | 应采用阻燃耐火ZN-YJV电缆，如有明敷部分，应采用无卤低烟阻燃耐火WDZN-BYJ/YJV线缆 |
| | 公共疏散通道的应急照明 | 阻燃耐火ZN-BV/YJV线缆 |
| | 火灾自动报警线缆 | 明敷部分采用无卤低烟阻燃耐火WDZN-BYJ/YJV线缆，暗敷部分可以采用阻燃耐火ZN-BV/YJV线缆 |
| 多层住宅及以下住宅 | 消防供电干线 | 阻燃耐火ZN-BV/YJV线缆(包括明敷部分) |
| | 公共疏散通道的应急照明 | 应急照明采用耐火NH-BV/YJV线缆 |

### 4.4.4　技能点—电线电缆规格的选择

电线电缆规格的选择就是确定线缆的导体截面，我们知道，导线截面越大，其载流量就越大。导体的允许载流量，不仅与导体的截面有关，还与散热条件、周围的环境温度等因素有关。

《民用建筑电气设计标准》GB 51348—2019中7.4.2对低压配电导体截面积的选择做了如下规定：

（1）导体的载流量不应小于预期负荷的最大计算电流和按保护条件所确定的电流，并应按敷设方式和环境条件进行修正；

（2）线路电压损失不应超过规定的允许值；

（3）导体应满足动稳定与热稳定的要求；

（4）导体最小截面积应满足机械强度的要求。

下面我们介绍最常用的线缆截面选择方法——按发热条件选择线缆截面。

#### 1. 三相系统相线截面的选择

电流通过导线或电缆时，要产生功率损耗，使导线发热。导线的正常发热温度不得超过额定负荷时的最高允许温度。按发热条件选择三相系统中的相线截面时，应使其允许载流量 $I_{al}$ 不小于通过相线的计算电流 $I_{js}$，即：

$$I_{al} \geqslant I_{js} \tag{4.4-1}$$

导线的允许载流量，应根据敷设处的环境温度进行校正，公式为：

$$K_{\theta} I_{al} \geqslant I_{js} \tag{4.4-2}$$

式中，$K_{\theta}$ 为温度校正系数，可按下式计算：

$$K_{\theta} = \sqrt{\frac{\theta_{al} - \theta_0'}{\theta_{al} - \theta_0}} \tag{4.4-3}$$

式中 $\theta_{al}$——导体正常工作时的最高允许工作温度，℃；

$\theta_0$——导体的允许载流量所采用的环境温度，℃；

$\theta_0'$——导体敷设地点实际的环境温度，℃，取值方法见表4.4-8。

按发热条件选择导线所用的计算电流 $I_{js}$ 时，对降压变压器高压侧的导线，应取为变压器额定一次电流 $I_{1NT}$，对电容器的引入线，由于电容器充电时有较大的涌流，因此应取为电容器额定电流 $I_{NC}$ 的1.35倍。

导体敷设地点实际环境温度 $\theta_0'$ 的确定方法　　表4.4-8

| 敷设方式、地点 | 导体敷设地点实际环境温度 $\theta_0'$ 的确定 |
| --- | --- |
| 敷设在室外空气中或室外电缆沟中 | 采用敷设地区最热月的日最高温度平均值 |
| 敷设在室内空气中 | 采用敷设地点最热月的日最高温度平均值<br>有机械通风的应采用通风设计温度 |
| 敷设在室内电缆沟和无机械通风的电缆竖井中 | 采用敷设地点最热月的日最高温度平均值加5℃ |
| 直接敷设在土壤中 | 采用埋深处(一般取地下0.8m处)<br>历年最热月的平均地温 |

还应该注意以下问题：

(1) 当沿敷设路径各部分的散热条件不相同时，电缆载流量应按最不利的部分选取；

(2) 当土壤热阻系数与载流量对应的热阻系数不同时，敷设在土壤中的电缆的载流量应进行校正；

(3) 多回路或多根电缆成束敷设的载流量校正系数和多回路直埋电缆的载流量校正系数均应按现行国家标准《低压电气装置　第5-52部分：电气设备的选择和安装　布线系统》GB/T 16895.6—2014的有关规定确定。

### 2. 中性线（N线）截面的选择

三相四线制系统中的中性线，要通过系统的不平衡电流和零序电流，因此，中性线的允许载流量不应小于三相系统的最大不平衡电流，同时考虑到谐波电流的影响。

一般三相四线制线路的中性线截面 $S_N$ 应不小于相线截面 $S_\theta$ 的50%，即：

$$S_N \geqslant 0.5S_\theta \tag{4.4-4}$$

但对于住宅建筑的三相四线制线路，由于三相不平衡较严重，通常取 $S_N = S_\theta$。

而由三相四线制线路引出的两相三线线路和单相线路，由于其中性线电流与相线电流相等，因此中性线截面 $S_N$ 和相线截面 $S_\theta$ 相等，即：

$$S_N = S_\theta \tag{4.4-5}$$

在三相四线电路中，相导体截面积不大于16mm²（铜线）时，中性线截面也按式（4.4-5）选择。

对于三次谐波电流相当突出的三相四线制线路，由于各相的三次谐波电流都要通过中性线，使得中性线电流可能接近甚至超过相线电流，因此在这种情况下，中性线截面 $S_N$ 按式（4.4-6）选择：

$$S_N \geqslant S_\theta \tag{4.4-6}$$

### 3. 保护线（PE线）截面的选择

单独敷设的保护接地导体的截面积，当有防机械损伤保护时，铜导体不应小于

2.5mm²，铝导体不应小于 16mm²。无防机械损伤保护时，铜导体不应小于 4mm²。铝导体不应小于 16mm²。

保护线要考虑三相系统发生单相短路故障时单相短路电流通过的短路热稳定度。根据短路热稳定度的要求，保护线截面 $S_{PE}$ 按《民用建筑电气设计标准》GB 51348—2019 选择：

（1）当 $S_{\theta} \leqslant 16\text{mm}^2$ 时，$S_{PE}=S_{\theta}$；

（2）当 $16\text{mm}^2 < S_{\theta} \leqslant 35\text{mm}^2$ 时，$S_{PE}=16\text{mm}^2$；

（3）当 $S_{\theta} > 35\text{mm}^2$ 时，$S_{PE} \geqslant 0.5S_{\theta}$。

保护中性线兼有保护线和中性线的双重功能，因此，其截面选择应同时满足上述保护线和中性线的要求，取其中的最大值。

#### 4. 线缆规格选择案例

如图 4.4-5 所示某住宅楼楼层计算配电箱系统图，图中可以看出：该单元分别在二层和四层设置 2 个计量配电箱，二层的计量配电箱总用电负荷为 37kW，其中用户开关箱共 36kW、公共照明和防护门用电合计 1kW。四层的计量配电箱总用电负荷为 36kW，全部为住宅用户用电负荷。单元进线采用 TN-S 供电形式，为 5 根 BV 线。其中，3 根 70mm² 相线、1 根 70mm² 中线和 1 根 35mm² 专用保护 PE 线。下面对导线规格的选择进行说明。

（1）相线规格的选择

取该单元的需要系数 $K_d=0.8$，则单元负荷计算结果为：

$$P_{js}=K_d P_e=0.8\times(37+36)=58.4\text{kW} \qquad I_{js}=\frac{P_{js}}{\sqrt{3}U\cos\varphi}=\frac{58.4}{\sqrt{3}\times0.38\times0.9}=98.59\text{A}$$

考虑 BV 线在室内采用穿 SC 管暗敷设的情况，设室内最热月的日最高温度为 30℃，扫码查《建筑电气常用数据》第 85 页“BV 绝缘电线敷设在隔热墙中导管内的持续载流量”表，当管内导体根数为 5 根时，70mm² 的 BV 线载流量为 105A，满足式（4.4-1）的要求，即 105A>98.59A，因此，单元进线相线的截面规格选择 $S_{\theta}=70\text{mm}^2$。

（2）中性线（N 线）规格的选择

前面说过，对于住宅建筑的三相配电线路，由于三相不平衡较严重，通常取 $S_N=S_{\theta}$，因此，该单元进线的中性线截面选 $S_N=70\text{mm}^2$。

（3）保护线（PE 线）规格的选择

按照保护线选择中讲到的第三种情况（$S_{\theta}=70\text{mm}^2>35\text{mm}^2$ 时），则 $S_{PE}\geqslant0.5S_{\theta}$ 即可，因此，保护线截面选择为 $S_{PE}=70\times0.5=35\text{mm}^2$。

上述选择结果在系统图中表达为“BV-(4×70+1×35)”。

### 4.4.5　技能点—线缆的敷设

线缆敷设方式的选择，应视工程条件、环境特点和线缆类型、数量等因素，以及满足运行可靠、便于维护和技术经济合理的原则来选择。在一个工程项目中，根据线路使用性质、安装位置等情况通常选择不同的敷设方式，如图 4.4-6 为高层住宅建筑工程线缆敷设示意图。

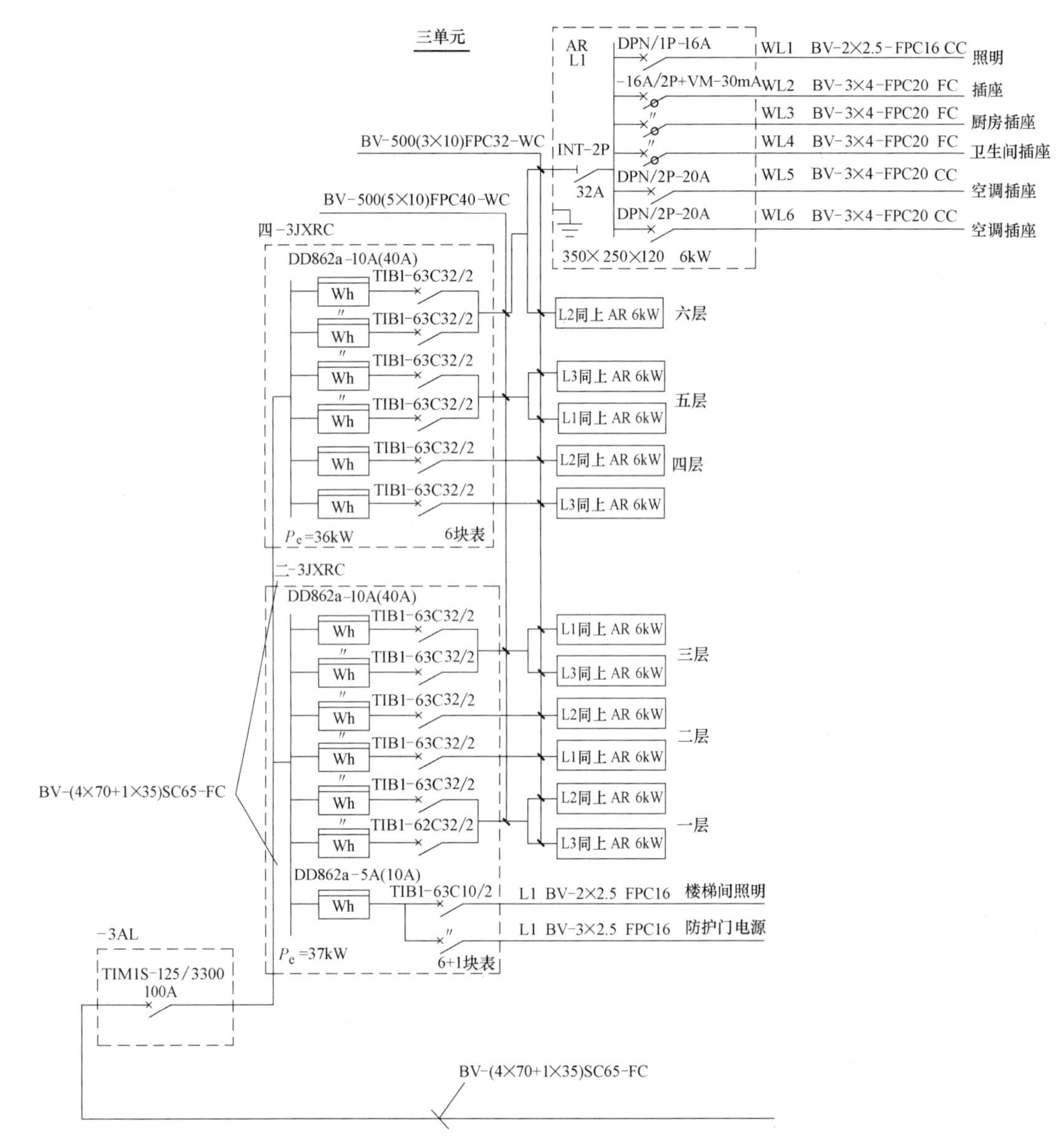


图 4.4-5 某住宅楼楼层计量配电箱系统图

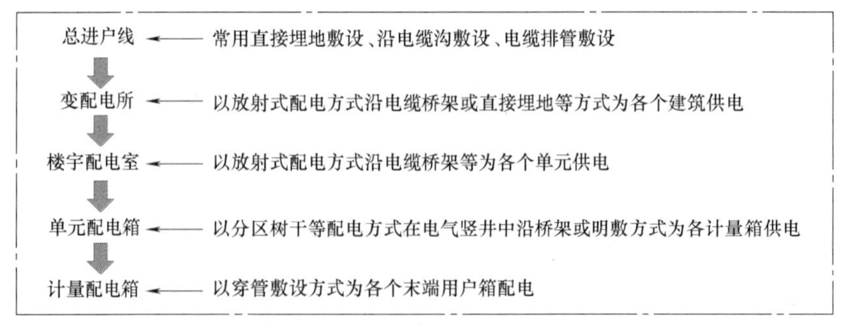


图 4.4-6 高层住宅建筑工程线缆敷设示意图

建筑电气工程中，电气线路的敷设方式主要有明敷和暗敷两种方式。对于明敷方式，由于线路暴露在外，火灾时容易受火焰或高温的作用而损毁，因此，规范要求线路明敷时线缆应选用低烟、低毒的阻燃类线缆，要穿金属导管或金属线槽并采取保护措施。

在民用建筑电气设计中，电缆直埋敷设、沿电缆沟敷设、电缆排管敷设等方式主要应用于室外工程的电缆敷设，而电缆在室内主要采用吊顶、电缆沟、电缆隧道和电气竖井内明敷设等方式。预制分支电缆广泛应用在高层、多层建筑及大型公共建筑中，作为低压树干式系统的配电干线使用。电气竖井内布线是高层民用建筑中强电及弱电垂直干线线路特有的一种布线方式，竖井内常用的布线方式为金属导管、电缆桥架及封闭式母线槽等布线，在电气竖井内除敷设配电干线回路外，还可以设置各层的电力、照明分配电箱及弱电线路的分线箱等电气设备。

电气导管是室内隐蔽工程最常用的敷设方式，根据所使用材料的不同，电气导管分为塑料导管和金属导管。金属导管布线可适用于室内外场所，但不应用于对金属导管有严重腐蚀的场所。明敷于潮湿场所或埋于素土内的金属导管，应采用管壁厚度不小于2.0mm的钢导管，并采取防腐措施。明敷或暗敷于干燥场所的金属导管宜采用管壁厚度不小于1.5mm的镀锌钢导管。对于有可燃物的闷顶和封闭吊顶封闭空间内的电气布线，应采用热镀锌钢导管或密闭式金属槽盒布线方式。刚性塑料导管（槽）布线可适用于室内外场所和有酸碱腐蚀性介质的场所，在高温和易受机械损伤的场所不宜采用明敷设，暗敷于墙内或混凝土内的刚性塑料导管应采用燃烧性能等级B2级、壁厚1.8mm及以上的导管。

对于阻燃或耐火电缆，由于其具有较好的阻燃和耐火性能，故当敷设在电缆井、沟内时，可不穿金属导管或封闭式金属槽盒，矿物绝缘电缆在火灾条件下不仅能够保证火灾延续时间内的消防供电，还不会延燃、不产生烟雾，故规范允许这类电缆可以直接明敷。耐火电缆和矿物绝缘电缆在电缆桥架内不宜有接头。

消防配电线路应满足火灾时连续供电的需要，其敷设应符合下列规定：

(1) 明敷时（包括敷设在吊顶内），应穿金属导管或采用封闭式金属槽盒保护，金属导管或封闭式金属槽盒应采取防火保护措施，当采用阻燃或耐火电缆并敷设在电缆井、沟内时，可不穿金属导管或采用封闭式金属槽盒保护，当采用矿物绝缘类不燃性电缆时，可直接明敷。

(2) 暗敷时，应采用金属管、可挠（金属）电气导管或难燃B1级以上的刚性塑料管保护（优先选择难燃刚性塑料管），并应敷设在不燃性结构内且保护层厚度不应小于30mm。

(3) 消防配电线路宜与其他配电线路分开敷设在不同的电缆井、沟内，确有困难需敷设在同一电缆井、沟内时，应分别布置在电缆井、沟的两侧，且消防配电线路应采用矿物绝缘类不燃性电缆。

还应该注意的是，金属导管、可弯曲金属导管、刚性塑料导管（槽）及电缆桥架等布线，应采用绝缘电线和电缆；不同电压等级的电线、电缆不宜同管（槽）敷设。当同管（槽）敷设时，应采取隔离或屏蔽措施，同一配电回路的所有相导体、中性导体和PE导体，应敷设在同一导管或槽盒内。

问题思考

1. 高层住宅建筑中明敷的线缆应选用____________线缆。

2. 建筑高度为 100m 或 35 层及以上的超高层应用____________电缆。

3. 对于一类高层住宅建筑，用于消防设施的供电干线应采用________线缆。

4. 对于二类高层住宅建筑，用于消防设施的供电干线应采用________线缆。

5. 19 层及以上的一类高层住宅建筑，公共疏散通道的应急照明应采用________线缆。

6. 10～18 层的二类高层住宅建筑，公共疏散通道的应急照明宜采用_________线缆。

7. 有酸碱腐蚀性介质的场所，应选用____________________敷设方式。

8. 金属导管不应应用于____________________场所。

9. 耐火电缆和矿物绝缘电缆在电缆桥架内不宜有____________。

10. 如图 4.4-7 所示为某高层安装在十五层的集中计量箱的系统图，其配出回路接十三～十七层的 15 个用户开关箱，负荷计算结果为：计量箱进线的计算电流为 172.2A，试进行计量箱进线的线缆选择（线缆类型、规格）。

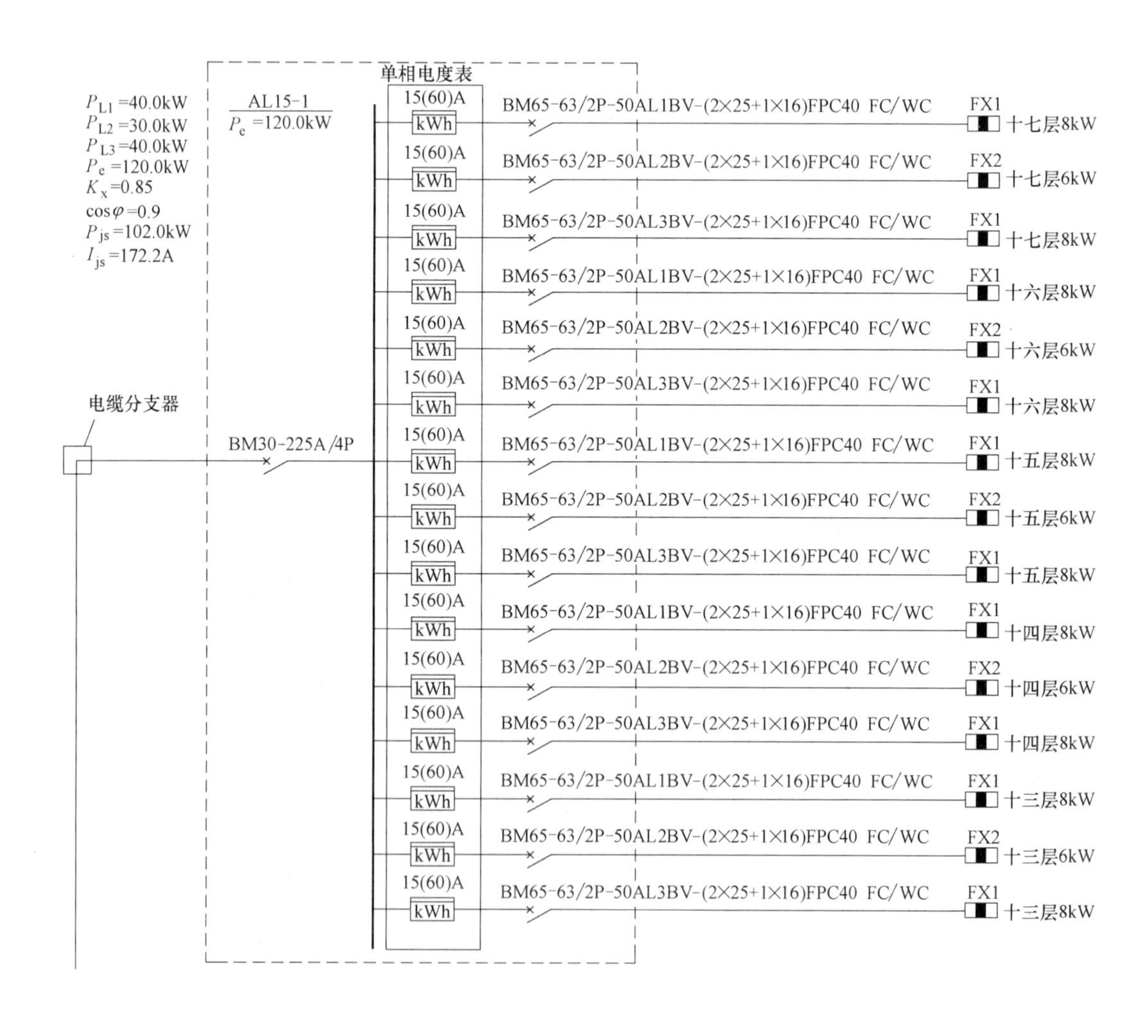


图 4.4-7 第 10 题图（某高层住宅十三～十七层集中计量箱系统图）

## 知识拓展

选择电气导管的规格，就是确定电气导管的管径和管壁。管径大小的选择取决于导管的类型、管内穿线的类型、数量以及穿线截面的大小等因素。在《低压配电设计规范》GB 50054—2011 中，规定了导管布线时，要求管内导线的总面积不宜超过管内截面积的 40%，这一要求，主要从用电安全的角度出发，考虑电气导管散热和方便维修更换等方面。选择管径时，应参考《建筑电气常用数据》19DX101-1（第 110～121 页）进行。学习内容指导见图 4.4-8。

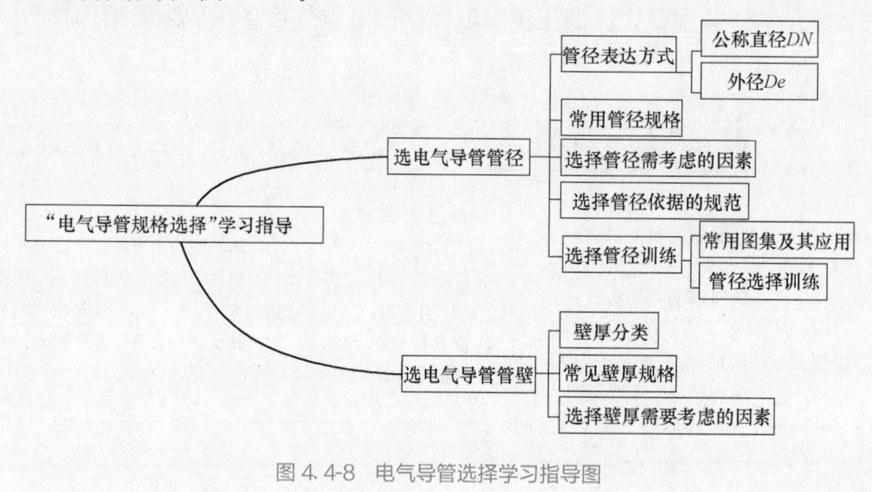


图 4.4-8　电气导管选择学习指导图

## 拓展学习资源

4.4-8　电气导管的选择课件

4.4-9　电气导管的选择视频（上）

4.4-10　电气导管的选择视频（下）

4.4-11　电气导管在电气火灾中的保护作用

# 任务 4.5 低压保护设备的选择

低压供配电线路以及电气设备在使用时常常因电源电压及电流的变化而造成不良的后果。为了保证供配电线路及电气设备的安全运行，在供配电线路及电气设备上装设不同类型的保护装置。本任务主要完成低压供配电线路以及电气设备保护装置的选择与计算。

【教学目标】

| 知识目标 | 能力目标 | 素养目标 | 思政目标 |
| --- | --- | --- | --- |
| 1. 掌握低压保护设备的类型及工作原理；<br>2. 掌握低压保护设备的选择原则。 | 1. 能正确选择低压熔断器的相关参数；<br>2. 能正确选择低压断路器的相关参数；<br>3. 能对低压配电线路的上下级保护电器进行选择性配合设计。 | 1. 养成依据规范、标准设计的意识；<br>2. 具备将“四新”应用于设计的意识；<br>3. 养成持续学习和自主学习的习惯。 | 1. 培养安全意识，提升社会责任感；<br>2. 培养团队协作的精神，增强职业责任感；<br>3. 激发求知欲望，提升服务社会本领。 |

思维导图 4.5 低压保护设备的选择

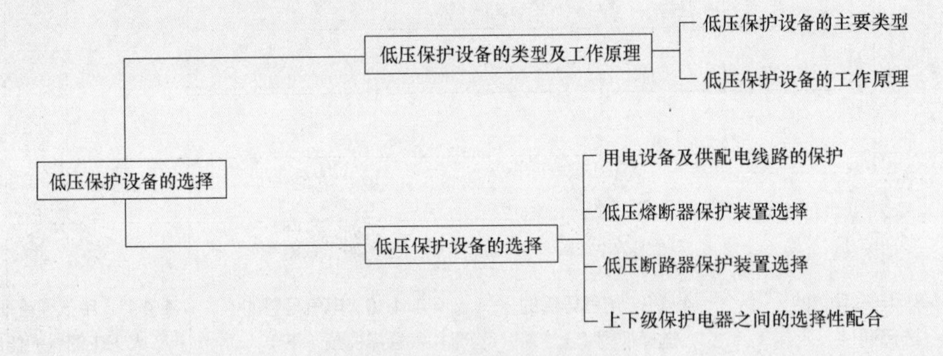

# 学生任务单 4.5　低压保护设备的选择

| 任务名称 | 低压保护设备的选择 | | |
| --- | --- | --- | --- |
| 学生姓名 | | 班级学号 | |
| 同组成员 | | | |
| 负责任务 | | | |
| 完成日期 | | 完成效果 | |

<table>
<tr><td colspan="3">任务描述</td><td colspan="3">某多层住宅，层数为六层，4 个单元，一梯两户，用电指标为 8kW/户，每个单元由室外引来一路电源进行三相配电，一层楼梯间设单元配电箱，二、四层设计量箱，请对单元配电箱、计量箱及用户配电箱进行低压保护设备配置。</td></tr>
<tr><td rowspan="7">课前</td><td rowspan="7">自主探学</td><td rowspan="6">任务分工</td><td colspan="3">□ 合作完成　　□ 独立完成</td></tr>
<tr><td>任务明细</td><td>完成人</td><td>完成时间</td></tr>
<tr><td></td><td></td><td></td></tr>
<tr><td></td><td></td><td></td></tr>
<tr><td></td><td></td><td></td></tr>
<tr><td></td><td></td><td></td></tr>
<tr><td>参考资料</td><td colspan="3"></td></tr>
<tr><td>课中</td><td>互动研学</td><td>完成步骤（用流程图表达）</td><td colspan="3"></td></tr>
</table>

<table>
<tr><td rowspan="14">课中</td><td colspan="2">本人任务</td><td colspan="6"></td></tr>
<tr><td colspan="2">角色扮演</td><td colspan="6">□有角色 ____________ □无角色</td></tr>
<tr><td colspan="2">岗位职责</td><td colspan="6"></td></tr>
<tr><td colspan="2">提交成果</td><td colspan="6"></td></tr>
<tr><td rowspan="8">任务实施</td><td rowspan="5">完成步骤</td><td>第 1 步</td><td colspan="5"></td></tr>
<tr><td>第 2 步</td><td colspan="5"></td></tr>
<tr><td>第 3 步</td><td colspan="5"></td></tr>
<tr><td>第 4 步</td><td colspan="5"></td></tr>
<tr><td>第 5 步</td><td colspan="5"></td></tr>
<tr><td>问题求助</td><td colspan="6"></td></tr>
<tr><td>难点解决</td><td colspan="6"></td></tr>
<tr><td>重点记录</td><td colspan="6"></td></tr>
<tr><td rowspan="2">学习反思</td><td>不足之处</td><td colspan="6"></td></tr>
<tr><td>待解问题</td><td colspan="6"></td></tr>
<tr><td>课后</td><td>拓展学习</td><td>能力进阶</td><td colspan="6">某高层住宅，层数为 18 层，顶层为机房层，本楼共 3 个单元，一梯三户，用电指标为 8kW/户，每个单元由室外引来一路电源进行三相配电，一层楼梯间设单元配电箱，单元配电箱馈出两个回路，一路为三层和六层计量箱配电，另一路为十层和十五层计量箱配电，请对单元配电箱、计量箱及用户配电箱进行低压保护设备配置。</td></tr>
<tr><td rowspan="5" colspan="2">过程评价</td><td rowspan="2">自我评价（5 分）</td><td>课前学习</td><td>时间观念</td><td>实施方法</td><td>职业素养</td><td>成果质量</td><td>分值</td></tr>
<tr><td></td><td></td><td></td><td></td><td></td><td></td></tr>
<tr><td rowspan="2">小组评价（5 分）</td><td>任务承担</td><td>时间观念</td><td>团队合作</td><td>能力素养</td><td>成果质量</td><td>分值</td></tr>
<tr><td></td><td></td><td></td><td></td><td></td><td></td></tr>
<tr><td>综合打分</td><td colspan="6">自我评价分值＋小组评价分值：</td></tr>
</table>

# 知识与技能4.5 低压保护设备的选择

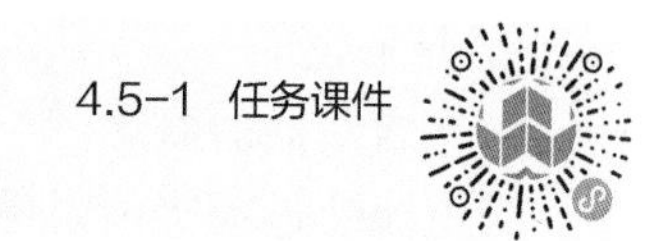


## 4.5.1 知识点—低压保护设备的类型

低压电器是指额定电压等级在交流1200V、直流1500V以下的电器。按用途可分为配电电器和控制电器。配电电器主要用于低压配电系统中，要求系统发生故障时准确动作、可靠工作，在规定条件下具有相应的动稳定性与热稳定性，使用电设备或配电线路不会被损坏。其中，低压保护设备是指低压电器中具有保护功能的配电电器。

低压保护设备主要有隔离开关、熔断器、断路器等。

## 4.5.2 知识点—低压保护设备的工作原理

### 1. 隔离开关

(1) 隔离开关的概念

隔离器是指在断开状态下能符合规定的隔离功能要求的机械开关电器。

注：如分断或接通的电流可忽略，或隔离器的每一极的接线端子两端的电压无明显变化时，隔离器能够断开和闭合电路。隔离器能承载正常电路条件下的电流，也能在一定时间内承载非正常电路条件下的电流（短路电流）。

隔离开关是在断开位置上能满足对隔离器的隔离要求的开关。

(2) 隔离开关的分类

1）按结构可分为框架式和塑料外壳式。

2）按极数可分为单极、二极、三极和四极。

3）按安装方式可分为抽屉式和固定式。

4）按电流种类可分为直流式和交流式。

(3) 隔离开关的主要技术参数

1）额定工作电压（$U_e$）：在规定条件下，隔离开关在长期工作中能承受的最高电压。

2）额定工作电流（$I_e$）：在规定条件下，隔离开关在合闸位置允许长期通过的最大电流。

3）额定冲击耐受电压（$U_{imp}$）：在规定条件下，隔离开关能够承受而不击穿具有规定形状和极性的冲击电压峰值。

4）额定短时耐受电流（$I_{cw}$）：在试验条件下，隔离开关能够承受而不发生任何损坏的电流值。

额定短时耐受电流（$I_{cw}$）指的是隔离开关的热稳定性，对于热稳定性，它表示短路电流在一定时间内流过开关并对开关产生热冲击。这里的一定时间一般是1s，但也有用3s的。

5）额定短路接通能力（$I_{cm}$）：在额定工作电压，额定频率（如果有的话）和规定的功率因素（或时间常数）下，电器的短路接通能力值。

额定短路接通能力（$I_{cm}$）指的是隔离开关的动稳定性。对于动稳定性，它表示短路电流的最大值瞬时对开关各个导电结构件产生巨大的电动力作用，开关必须要能够承受它的冲击。

2. 熔断器

(1) 熔断器的概念

当电流超过规定值足够长的时间，通过熔断一个或几个成比例的特殊设计的熔体分断此电流，由此断开其所接入的电路的装置。

低压熔断器是最简单的保护电器，其功能是用来防止电器和设备长期通过过载电流和短路电流。使用时，熔断器串联在被保护的电路中。当通过熔体的电流达到额定熔断电流值时，熔体发生过热迅速熔断而自动切断电路，实现对电路的保护。由于它具有结构简单、体积小、维护方便、分断可靠性高、价格低廉等特点，所以在强电或弱电系统中都获得较广泛的应用。

(2) 熔断器的分类

1) 低压熔断器按结构不同可分为开启式、半封闭式和封闭式。开启式很少用，半封闭式如 RC 系列，封闭式熔断器按填充材料方式，可分为有填料管、无填料管及有填料螺旋式等，按性能特性分种类很多，有快速熔断器（如 RS0、RS3 系列）、自复式熔断器（如 RZ 系列）、限流式熔断器（如 RTO 系列）、非限流式熔断器（如 RM 系列）等。

2) 型号含义

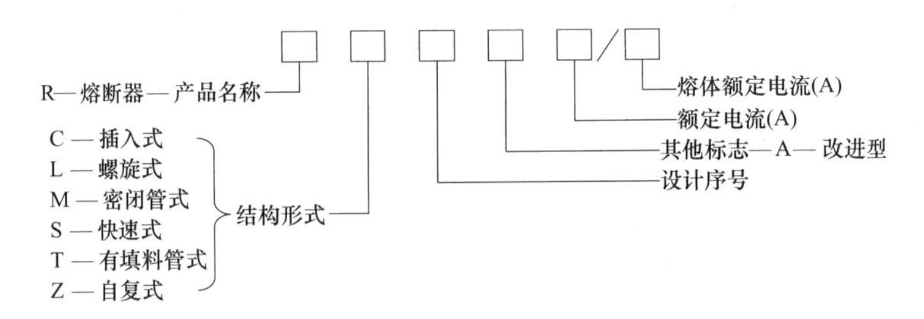


(3) 常用低压熔断器的性能及应用

1) 无填料熔断器

无填料熔断器分插入式和封闭管式。

① 插入式熔断器

常用的插入式熔断器有 RC1 系列瓷插式熔断器，它是常见的一种结构简单的熔断器，俗称“瓷插保险”。瓷插式熔断器尺寸小、价格低廉，更换方便，但分断能力低，一般用于低压线路的末端、分支配电线路及居民住宅电气设备的短路保护。其结构如图 4.5-1 所示，它由瓷盖、瓷座、触头、熔丝 4 部分组成。额定电流较大的熔断器在灭弧室内垫有石棉编织物，可防止熔体熔断时引起金属颗粒飞溅。熔体随额定电流大小选用不同材料，小电流选用软铅丝，大电流采用铜丝、铜片。

② 封闭管式熔断器

常用的封闭管式熔断器有 RM1、RM7、RM10 等系列产品。如图 4.5-2 所示为 RM10 型封闭式熔断器结构图，它由熔断管、熔体及触座等组成。熔断管采用耐高温的绝缘纤维制成密封保护管，内装熔丝或熔片，电流较大的熔体有两片并联使用。当熔体熔化时，在管内形成高气压起到灭弧的作用，同时纤维管本身还会分解出大量气体，加速电弧的熄灭，故分断能力较高。这种熔断器常用在容量较大的动力配电箱作短路保护。

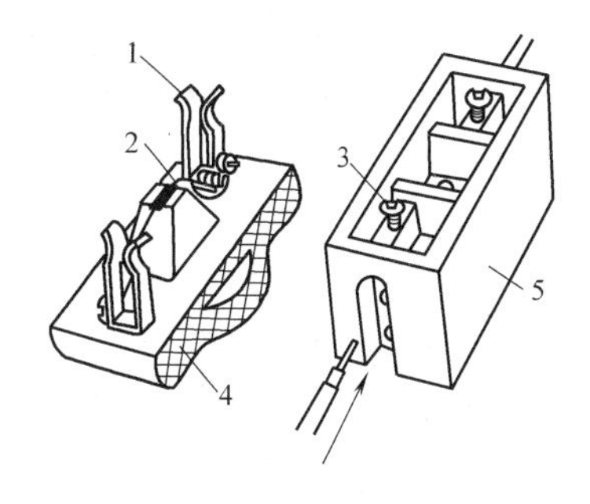


图 4.5-1　RC1A 型瓷插式熔断器
1—动触头；2—熔丝；3—静触头；4—瓷盖；5—瓷座

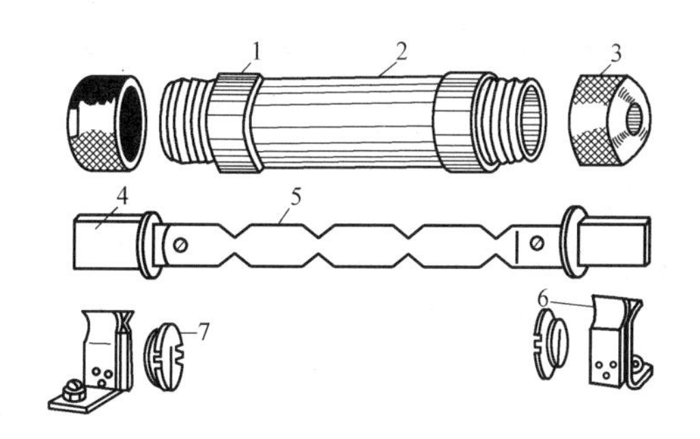


图 4.5-2　RM10 型封闭式熔断器
1—黄铜圈；2—纤维管；3—黄铜帽；4—刀形接触片；5—熔片；6—刀座；7—特种垫圈

2）有填料熔断器

常用的有填料熔断器包括 RL1 系列、RT0 系列、RS0、RS3 系列等。

① RL1 系列螺旋式熔断器

该熔断器俗称“螺旋保险器”，多用于配电线路的过载和短路保护。如图 4.5-3 所示为 RL1 型螺旋式熔断器的外形及结构，它是由瓷制底座、带螺纹的瓷帽、熔管和瓷套制成。熔管内装有熔丝，并充满石英砂。熔体焊接在熔管两端的金属盖帽上，瓷帽顶部有玻璃圆孔，中央有熔断指示器，当熔体熔断时指示器被弹出脱落，显示熔断器熔断，便于维护检识。熔体熔断时产生的电弧在石英砂中受到强烈的冷却而熄灭，所以这种熔断器的分断能力比瓷插式要高，大电流者更为显著。螺旋式熔断器具有较大的热惯性，过负荷熔断时间较长，因此也常用作电动机的保护装置。

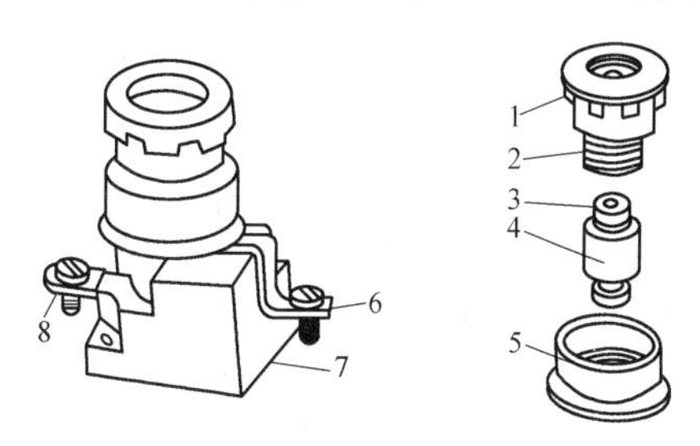


图 4.5-3　RL1 型螺旋式熔断器
1—瓷帽；2—金属管；3—色片；4—熔丝管；5—瓷套；6—上接线端；7—底座；8—下接线端

② RT 系列有填料封闭管式熔断器

常用的有 RT0、RT10 系列。它的主要特点是具有较高的极限分断能力，并有一定的限流作用，适用于具有较大短路电流的电力系统和成套配电装置中，在供电线路、变压器的出线保护中得到广泛采用。

如图 4.5-4 所示为 RT0-1 型填充料式熔断器的外形及结构图，它由熔断管、熔体、指示器等组成。熔断管采用高频电瓷制成，管内装有熔体和石英砂。石英砂的作用是冷却电弧、使电弧快速熄灭，从而提高了分断电路的能力。熔体由紫铜片冲成栅状，中间部分用

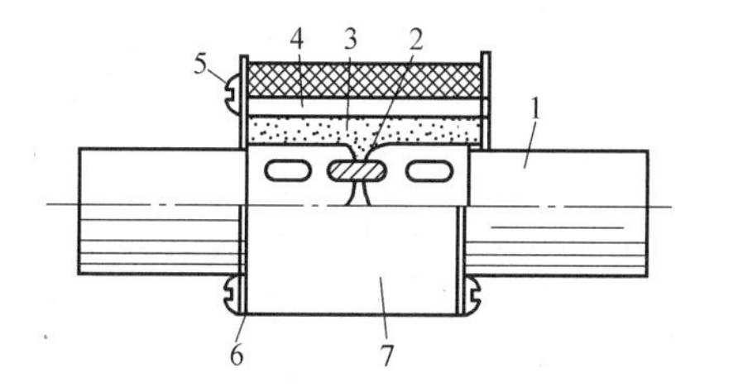


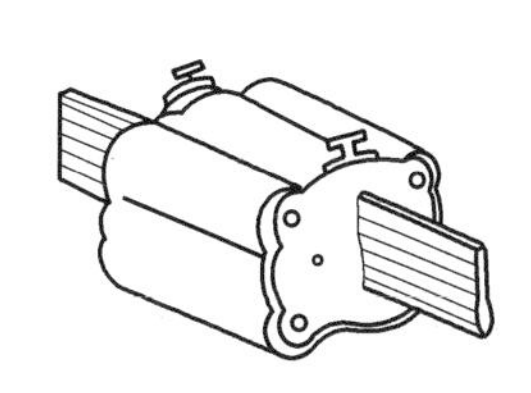

图 4.5-4　RT0-1 型填充料式熔断器
1—闸刀；2—熔体；3—石英砂；4—指示器熔丝；5—指示器；6—盖板；7—瓷管

锡桥连接，具有良好的安秒特性。

RT 系列熔断器的指示器为一机械信号装置，指示器有一与熔体并联的康铜丝。当熔体熔断后，电流流经康铜丝使其立即烧断，依靠弹簧释放的弹力弹出一个红色指示器，表示熔体已熔断。

③ RS 系列有填料封闭管式熔断器

常用的有 RS0、RS3 系列。这两种熔断器主要作为硅整流元件及其成套装置中的过载保护和短路保护。其结构与 RT0 系列相似，也是由熔断管、红色动作指示器等组成。熔断管也装有熔体和石英砂，所不同的是 RS0、RS3 系列熔断器的熔体采用银片冲制而成，为单片或多片变截面熔片，其窄部特别细，极易熔断，从而保证了熔断器的快速熔断。采用银作为熔体，与铜片相比，银的导电性能好，而且熔点较铜低，熔化系数较低，在高温工作下性能较稳定。另一个不同之处是接线端头不用接触闸刀和夹座，而是做成汇流排式导电接触板，表面镀有银层，可以直接用螺钉紧固在母线排上，接触可靠。

3）自复式熔断器

熔断器熔体熔断后，不需更换，在短路电流由电源侧的自动开关分断后，熔体能自动恢复原状，可以继续使用的熔断器称为自恢复式熔断器，或简称自复式熔断器。

自复式熔断器的接线原理如图 4.5-5 所示。

自复式熔断器本身不能分断电路，故常与自动开关串联使用。如图 4.5-6 所示是自复式熔断器结构图，其内部有一装满金属钠的绝缘细管，正常工作时，电流从一个导电端经过金属钠传到另一端子。当发生短路故障时，短路电流使金属钠急剧气化，形成高温高压高电阻的等离子状态，从而限制短路电流的增加，与此同时，金属钠气化产生的高压使钠电路的活塞向外移动，防止钠气压上升过高。此时，串联在外电路上的低压断路器自动跳闸，将电路分断。故障电流被切断后，金属钠的温度下降，压力也随之下降，于是活塞在高压氩气的作用下恢复原位，并压缩气化的金属钠回到原来状态，恢复为能导电的金属钠，熔断器可以继续使用。

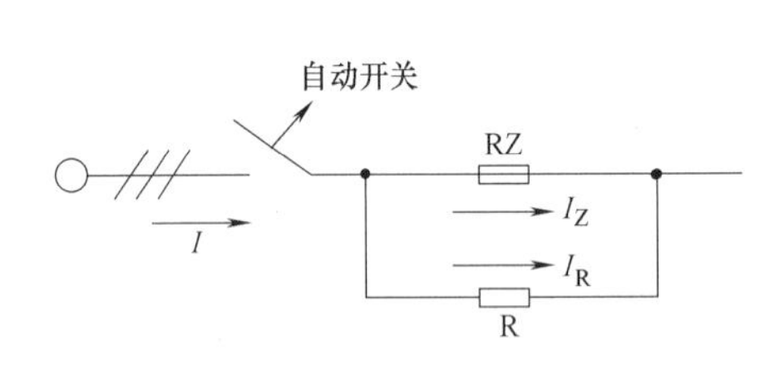


图 4.5-5 自复式熔断器的线路图

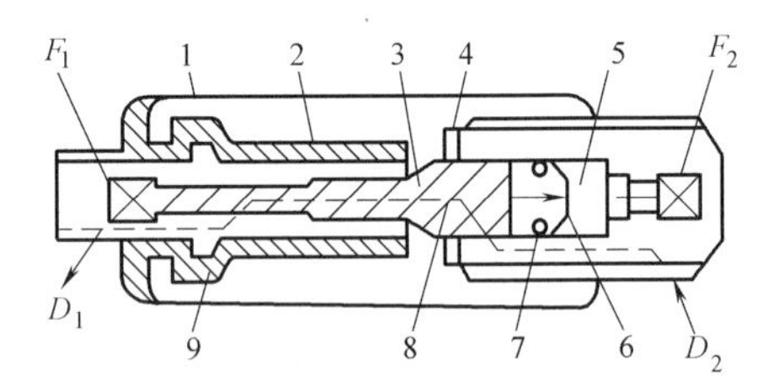


图 4.5-6 自复式熔断器

$D_1$、$D_2$—端子；$F_1$、$F_2$—阀门；

1—金属外壳；2—陶瓷圆筒（BeO）；

3—钠；4—垫圈；5—高压气体；6—活塞；

7—环；8—电流通路；9—特殊陶瓷

由以上介绍可知，自复式熔断器与自动开关串联使用时，故障电流实际上是由自动开关分断的，自复式熔断器所起的作用，只是限制故障电流的数值，而自动开关分断的电流实际上是被自复式熔断器限制了的电流。这样就减轻了自动开关的断流容量，改善了自动开关的灭弧能力，可以在短路容量较大的电路里使用断流能力较小的自动开关。

（4）熔断器的主要技术参数

1）熔断器的额定电压（$U_e$）：熔断器的额定电压是熔断器长期工作和分断时能正常使用耐受的电压，一般会大于或者等于电气设备的额定电压，否则在熔断器熔断时会出现持续飞弧和被电压击穿的危险。

2）熔断器的额定电流（$I_e$）：熔断器的额定电流是熔断器能长期通过且正常工作的电流，它取决于熔断器各部分长期工作时的容许升温。

3）熔体的额定电流（$I_N$）：熔体允许长期通过而不致发生熔断的最大工作电流，就是熔体的额定电流。它取决于熔体的最小熔化电流，并且可以根据需要分成更多的等级。

4）熔断体的极限分断能力

熔断器在故障条件下能可靠地分断的最大短路电流，它是熔断器很重要的技术指标参数。

5）熔断体的限流能力

填充石英砂的熔断器有限流作用。但是要注意，熔断器分断电感电路时，会出现超过线路额定电压数倍的自感电动势，它既会影响熄弧过程，也可能会损坏线路和电气设备的绝缘。

3. 断路器

（1）断路器的概念

能接通、承载和分断正常电路条件下的电流，也能在短路等规定的非正常条件下接通、承载电流一定时间和分断电流的一种机械开关电器。

低压断路器又称自动空气断路器，一般简称为自动开关或空气开关，是低压配电系统中重要的保护电器。正常情况下，它可作为接通和断开电路之用，并作为配电线路和电气设备的过载、欠压、失压和短路保护之用。当电路发生上述故障时，能自动断开电路。自动开关装设有完善的电气触头和灭弧装置，具有较强的电流分断能力，它的动作值可调整，而且动作后一般不需要更换零部件。在建筑供配电系统中，用作配电线路的主要控制开关，也可用于电动机、照明供电线路及一般居民的电源控制，应用极为广泛。

（2）断路器的分类

1）断路器的类型

① 按使用类别分为 A 类和 B 类。

A 类是指在短路情况下，断路器无明确指明用作串联在负载侧的另一短路保护装置的选择性保护，即在短路情况下，没有用于选择性的人为短延时。

B 类是指在短路情况下，断路器明确作串联在负载侧的另一短路保护装置的选择性保护，即在短路情况下，具有一个用于选择性的人为短延时（可调节）。

② 按分断介质分为空气中分断、真空中分断和气体中分断。

③ 按设计形式分为万能式和塑料外壳式。

④ 按安装方式分为固定式、插入式和抽屉式。

2）型号含义

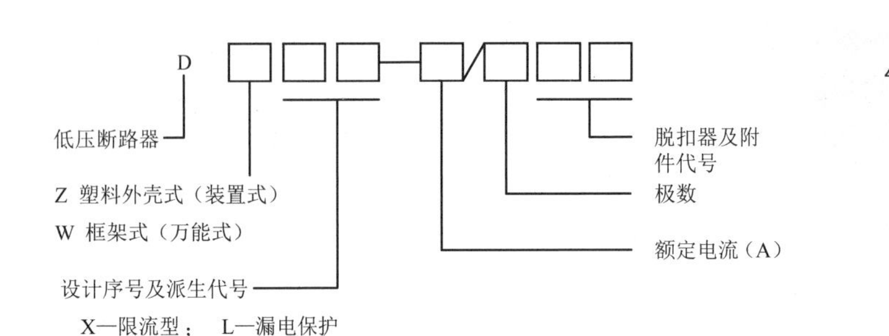

（3）断路器的结构和工作原理

自动开关由触头系统、灭弧装置、操动机构和各种保护装置组成。如图 4.5-7 所示是低压断路器工作原理图。由图可见，开关合闸后（用手动或电动）主触头闭合，并由锁钩锁定在合闸状态，使主电路接通。自动开关常见的保护装置有过电流脱扣器、失电压脱扣器等自动保护装置。过电流脱扣器有电磁式过电流脱扣器和双金属片热脱扣器。电磁式过电流脱扣器的电磁线圈，当通过电流大于一定数值时，可延时或瞬时动作，使开关跳闸切断电路，可作为短路保护之用。双金属片热脱扣器具有反时限特性，当电路发生过载时，双金属片弯曲，将锁扣顶开使自动开关因脱扣而跳闸。

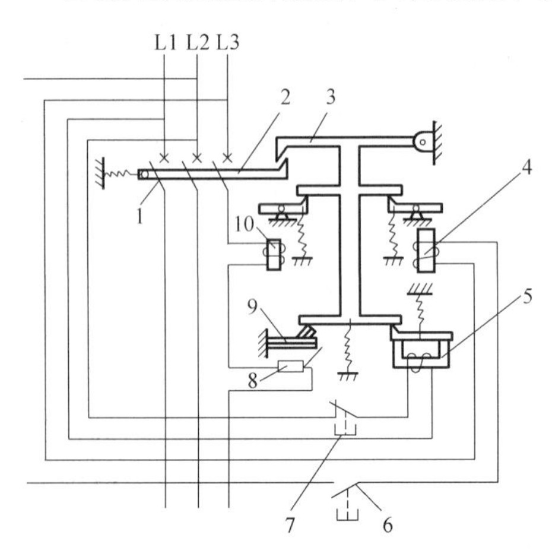


图 4.5-7　低压断路器工作原理图

1—主触头；2—跳钩；3—锁扣；4—分励脱扣器；5—失压脱扣器；6—常开（动合）脱扣按钮；7—常闭（动断）脱扣按钮；8—热元件（电阻）；9—热脱扣器；10—过流脱扣器

失压脱扣器多为电磁线圈组成，一般安装在自动开关右下侧，正常情况下电磁线圈都加有电压，使衔铁吸合，同时克服弹簧拉力脱扣机构能保持合闸状态。当电压降低时（通常降低到额定电压的 75%以下），衔铁吸力减小，当不能克服弹簧的拉力时，在弹簧拉力的作用下，开关自动脱扣跳闸。一般要求当电压降低到额定电压的 40%时，失压装置必须可靠跳闸。

除上述常见的脱扣器外，自动开关还装有分励脱扣器和电子型脱扣器。分励脱扣器装在自动开关的左下侧，其作用原理与失压脱扣器相似，但是它是由操作人员或继电保护发出指令后执行开关跳闸。此外，分励脱扣器的电磁线圈由控制电源供电，正常时不通电，当需要自动开关分闸操作时，才给分励脱扣器一个控制电压，使其瞬间动作跳闸。电子型脱扣器用于半导体元件制造，可具有过负荷、短路和欠压保护功能。

（4）断路器的主要技术参数

1）断路器壳架等级额定电流（$I_{nm}$）：是指基本几何尺寸相同和结构相似的框架或塑料外壳中所装的最大脱扣器额定电流。

2）断路器的额定电流（$I_n$）：是指脱扣器能长期通过的电流，也就是脱扣器额定电流。

3）额定极限短路分断能力（$I_{cu}$）：是指按规定的试验程序所规定的条件，不要求断路器连续承载其额定电流能力的分断能力。规定的试验程序为 O—t—CO。

4）额定运行短路分断能力（$I_{cs}$）：指按规定的试验程序所规定的条件，要求断路器连续承载其额定电流能力的分断能力。规定的试验程序为 O—t—CO—t—CO。

注：在3)、4）中，O表示一次分断操作；t表示二个相继的短路操作之间的时间间隔，应尽量短，允许为断路器的复位时间，但不小于3min。CO表示接通操作后经适当的间隔时间紧接着一次分断操作。

## 4.5.3 技能点—低压保护设备的选择

### 1. 用电设备及供配电线路的保护

（1）照明用电设备的保护

照明用电设备一般均从照明支路取用电流，照明支路的保护主要考虑对照明用电设备的短路保护。对于要求不高的场合，可采用熔断器保护。对于要求较高的场合，采用带短路脱扣器的自动保护开关进行保护，这种保护装置同时可作为照明线路的短路保护和过负荷保护，一般只使用其中的一种就可以了。

（2）电力用电设备的保护

在民用建筑中，常把负载电流为6A以上或容量在1.2kW以上的较大容量用电设备划归电力用电设备。对于电力负荷，一般不允许从照明插座取用电源，需要单独从电力配电箱或照明配电箱中分路供电。除了本身单独设有保护装置的设备外，其余的设备都在分路供电线路上装设单独的保护装置。

对于电热器类用电设备，一般只考虑短路保护。容量较大的电热器，在单独回路装设短路保护装置时，可以采用熔断器或低压断路器作为其短路保护。

对于电动机类用电负荷在需要单独分路装设保护装置时，除装设短路保护外，还应装设过载保护，可由熔断器和带过载保护的磁力启动器（由交流接触器和热继电器组成）进行保护，或由带短路和过载保护的低压断路器进行保护。

（3）低压供配电线路的保护

对于低压供配电线路，一般主要考虑短路和过载两项保护，但从发展情况来看，过电压保护也不能忽视。

1）低压供配电线路的短路保护

所有的低压供配电线路都应装设短路保护，一般可采用熔断器或低压断路器保护。短路保护还应考虑线路末端发生短路时保护装置动作的可靠性。

2）低压供配电线路的过负荷保护

低压供配电线路在下列场合应装设过负荷保护。

① 不论在何种房间内，由易燃外层无保护型导线（如BX、BLX、BXS型电线）构成的明配线路。

② 所有照明配电线路。对于无火灾危险及无爆炸危险的仓库中的照明线路，可以不装设过负荷保护。

3）低压供配电线路的过压保护

低压供电线路上如果出现超过正常值的电压，将使接在该低压线路上的用电设备因电压过高而损坏。为了避免这种意外情况，应在低压配电线路上采取适当分级装设过压保护的措施，如在用户配电盘上装设带过压保护功能的漏电保护开关等。

2. 低压熔断器保护装置选择

（1）保护用电设备选择

1）保护电力变压器的熔断器熔体电流的选择

保护电力变压器的熔体电流，根据经验，应满足下式要求：

$$I_{N.FE}=(1.5\sim2)I_{1N.T} \tag{4.5-1}$$

式中 $I_{1N.T}$——电力变压器的额定一次电流，A。

式（4.5-1）既考虑到熔体电流要躲过变压器允许的正常过负荷电流，又考虑到要躲过变压器的尖峰电流和励磁涌流。

2）保护电压互感器的熔断器熔体电流的选择

由于电压互感器二次侧的负荷很小，因此保护高压电压互感器的 RN2 型熔断器的熔体额定电流一般均为 0.5A。

3）保护电动机的熔断器熔体电流的选择

对于单台电动机的情况：

熔体的额定电流等于或稍大于电路的实际工作电流的 1.5～2.5 倍，即：

$$I_{RN}\geqslant(1.5\sim2.5)I \tag{4.5-2}$$

对于多台电动机的情况：

选择多台电动机的供电干线总熔体的额定电流可以按下式计算，即：

$$I_{RN}=(1.5\sim2.5)I_{NM}+\sum I_{N(N-1)} \tag{4.5-3}$$

式中 $I_{NM}$——设备中最大的一台电动机的额定电流，A；

$I_{N(N-1)}$——设备中除了最大的一台电动机外的其他所有电动机的额定电流，A。

（2）保护线路选择

1）保护线路的熔断器熔体电流的选择

保护线路的熔断器熔体电流，应满足下列条件；

① 熔体额定电流 $I_{N.FE}$ 应不小于线路的计算电流 $I_c$，以使熔体在线路正常运行时不致熔断，即：

$$I_{N.FE}\geqslant I_c \tag{4.5-4}$$

② 熔体额定电流 $I_{N.FE}$ 还应躲过线路的尖峰电流 $I_{PK}$，以使熔体在线路出现尖峰电流时也不致熔断。

由于尖峰电流为短时最大电流，而熔体加热熔断需要一定时间，所以满足的条件：

$$I_{N.FE}\geqslant K\cdot I_{PK} \tag{4.5-5}$$

式中 $K$——小于 1 的计算系数。对于单台电动机的线路，如启动时间 $t_{ST}<3s$（轻载启动），宜取 0.25～0.35；$t_{ST}=3\sim8s$（重载启动），宜取 0.35～0.5；$t_{ST}>8s$ 及频繁启动、反接制动，宜取 0.5～0.6。对于多台电动机的线路，视线路上最大一台电动机的启动情况、线路计算电流与尖峰电流的比值及熔断器的特性而定，取为 0.5～1；如线路计算电流与尖峰电流比值接近于 1，则 $K$ 可取为 1。

③ 熔断器保护还应与被保护的线路相配合，使之不致发生因出现过负荷或短路引起绝缘导线或电缆过热甚至起燃而熔体不熔断的事故，因此还应满足以下条件：

$$I_{N.FE}\leqslant K_{OL}I_{al} \tag{4.5-6}$$

式中　$I_{al}$——绝缘导线和电缆的允许载流量，A；

$K_{OL}$——绝缘导线和电缆的允许短时过负荷系数。如熔断器只作短路保护时，对电缆和穿管绝缘导线，取2.5；对明敷绝缘导线，取1.5。如熔断器不只作短路保护，而且要求作过负荷保护时，如居住建筑、重要仓库和公共建筑中的照明线路，有可能长时过负荷的动力线路以及在可燃建筑物构架上明敷的有延燃性外层的绝缘导线线路，则应取1。

如果按①和②两个条件选择的熔体电流不满足③的配合要求，则应改选熔断器的型号规格，或者适当增大导线或电缆的线芯截面。

2）熔断器的选择

熔断器的选择应满足下列条件：

① 熔断器的额定电压 $U_{N.FU}$ 应不低于线路的额定电压 $U_N$，即：

$$U_{N.FU} \geqslant U_N \tag{4.5-7}$$

② 熔断器的额定电流 $I_{N.FU}$ 应不小于它所安装的熔体额定电流 $I_{N.FE}$，即：

$$I_{N.FU} \geqslant I_{N.FE} \tag{4.5-8}$$

③ 熔断器的类型应符合安装条件（户内和户外）及被保护设备的技术要求。

此外，熔断器还必须按短路电流对其断流能力和短路稳定度进行校验，并按最小短路电流检验熔断器保护的灵敏度。

### 3. 低压断路器保护装置选择

（1）低压断路器在保护用电设备时瞬时（或短延时）过电流脱扣器的整定

瞬时过流脱扣器的动作电流应躲开线路的尖峰电流。所谓尖峰电流就是单台或多台用电设备在持续1～2s所通过的最大负荷电流 $I_{PK}$，如电动机的启动电流。这样，应有：

$$I_{OP} \geqslant K_{rel} \cdot I_{PK} \tag{4.5-9}$$

式中　$I_{OP}$——瞬时（或短延时）过电流脱扣器的整定电流，A；

$K_{rel}$——可靠系数。DW型（开关动作时间大于0.02s），取 $K_{rel}=1.3\sim1.35$；DZ型（开关动作时间小于0.02s），取 $K_{rel}=1.2\sim2s$；

$I_{PK}$——配电线路中的尖峰电流，A。

（2）保护线路选择

1）低压断路器过流脱扣器的选择

过流脱扣器的额定电流 $I_{N.OR}$ 应不小于线路的计算电流 $I_c$，即：

$$I_{N.OR} \geqslant I_c \tag{4.5-10}$$

2）低压断路器热脱扣器的选择

热脱扣器的额定电流 $I_{N.TR}$ 也应不小于线路的计算电流 $I_c$，即：

$$I_{N.TR} \geqslant I_c \tag{4.5-11}$$

3）低压断路器的选择

低压断路器的选择，应满足下列条件：

① 低压断路器的额定电压 $U_{N.QF}$，应不低于线路的额定电压 $U_N$，即：

$$U_{N.QF} \geqslant U_N \tag{4.5-12}$$

② 低压断路器的额定电流 $I_{N.QF}$ 应不小于它所安装的脱扣器额定电流 $I_{N.OR}$ 和 $I_{N.TR}$，即：

对过流脱扣器 $$I_{N.QF} \geqslant I_{N.OR} \tag{4.5-13}$$

对热脱扣器 $$I_{N.QF} \geqslant I_{N.TR} \tag{4.5-14}$$

③ 低压断路器的类型应符合安装条件、保护性能及操作方式的要求，由此同时选择其操作机构形式。

4）低压断路器过流脱扣器动作电流的整定

低压断路器可根据保护要求装设瞬时过流脱扣器、短延时过流脱扣器和长延时过流脱扣器。前两种脱扣器作短路保护，后一种大多作过负荷保护。它们的动作电流（又称整定电流或脱扣电流）$I_{OP}$ 的整定要求如下：

① 瞬时过流脱扣器的动作电流 $I_{OP(0)}$，应躲过线路的尖峰电流 $I_{PK}$，即：

$$I_{OP(0)} \geqslant K_{rel} I_{PK} \tag{4.5-15}$$

式中 $K_{rel}$——可靠系数，对塑壳式断路器（如 DZ 型），可取 1.7～2；对万能式断路器（如 DW 型），可取 1.35；对供多台设备的干线，可取 1.3。

② 短延时过流脱扣器的动作电流 $I_{OP(s)}$，也应躲过线路的尖峰电流 $I_{PK}$，即：

$$I_{OP(s)} \geqslant K_{rel} I_{PK} \tag{4.5-16}$$

式中 $K_{rel}$——可靠系数，可取为 1.2。

短延时过流脱扣器的动作时间一般分 0.2s、0.4s 和 0.6s 共 3 种，按前后保护装置保护选择性要求来整定，应使前一级保护的动作时间比后一级保护的动作时间长一个时间级差。

③ 长延时过流脱扣器的动作电流 $I_{OP(l)}$ 应躲过线路计算电流 $I_c$，即：

$$I_{OP(l)} \geqslant K_{rel} I_c \tag{4.5-17}$$

式中 $K_{rel}$——可靠系数，可取 1.1。

长延时过流脱扣器的动作时间，应躲过允许短时过负荷时持续时间，以免误动作。

④ 过流脱扣器的动作电流 $I_{OP}$ 还应与被保护线路相配合，使之不致发生因出现过负荷或短路引起绝缘导线或电缆过热甚至起燃而断路器不脱扣切断线路的事故，因此还应满足以下条件：

$$I_{OP} \leqslant K_{OL} I_{al} \tag{4.5-18}$$

式中 $I_{al}$——绝缘导线和电缆的允许载流量，A；

$K_{OL}$——绝缘导线和电缆的允许短时过负荷系数，对瞬时和短延时过流脱扣器，一般取 4.5；对长延时过流脱扣器，作短路保护时，取 1.1，只作过负荷保护时，取 1。

如果不满足以上配合要求，则应改选脱扣器动作电流，或适当加大导线或电缆的线芯截面。

⑤ 低压断路器热脱扣器动作电流的整定

热脱扣器的动作电流 $I_{OP.TR}$ 也应躲过线路的计算电流 $I_c$，即：

$$I_{OP.TR} \leqslant K_{rel} I_c \tag{4.5-19}$$

式中 $K_{rel}$——可靠系数，亦可取 1.1，但一般应通过实际试验来检验。

**4. 上下级保护电器之间的选择性保护**

（1）前后级熔断器之间的配合

前后级熔断器之间的选择性配合，就是在线路上发生故障时，应该是最靠近故障点的熔断器最先熔断，切除故障部分，从而使系统的其他部分迅速恢复正常运行。

如图4.5-8所示线路中，假设支线WL2的首端$k$点发生三相短路，则三相短路电流$I_k$要同时流过FU2和FU1。但是按保护选择性要求，应该是FU2的熔体首先熔断，切除故障线路WL2，而FU1不再熔断，干线WL1恢复正常。

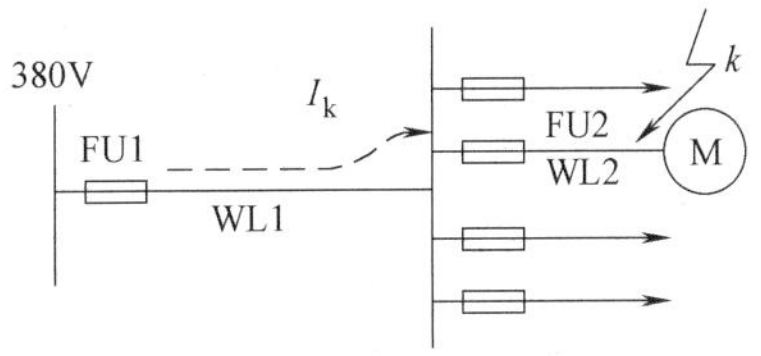

图4.5-8 熔断器保护的选择性配合

（2）前后低压断路器之间的选择性配合

最好是按其保护特性曲线检验，偏差范围可考虑±(20%～30%)，前一级考虑负偏差，后一级考虑正偏差。但这比较麻烦，而且由于各厂生产的产品性能出入较大，因而使之实现选择性配合有一定困难。因此，对于非重要负荷，允许无选择性地切断。

一般来说，要保证前后两低压断路器之间的选择性动作，前一级断路器宜采用带短延时的过流脱扣器，而且其动作电流大于后一级瞬时过流脱扣器动作电流一级以上，至少前一级的动作电流$I_{OP.1}$应大于或等于后一级动作电流$I_{OP.2}$的1.2倍，即

$$I_{OP.1} \geqslant 1.2 I_{OP.2} \tag{4.5-20}$$

问题思考

1. 保护线路的熔断器的熔体电流应按哪两个基本条件选择，为什么还要与被保护线路相配合？

2. 前后熔断器之间如何才能实现选择性的配合？

3. 低压断路器的瞬时过流脱扣器、短延时过流脱扣器、长延时过流脱扣器和热脱扣器各自做什么保护？其动作电流各如何整定？

4. 前后断路器之间如何才能实现选择性的配合？

# 项目 5
# 建筑物防雷系统设计与识图

雷电是自然界中的一种大气放电现象。雷电产生的高温、猛烈的冲击波以及强烈的电磁辐射等物理效应，使其能在瞬间产生巨大的破坏作用。雷电常常会造成人员伤亡，击毁建筑物、供配电系统、通信设备，甚至造成计算机信息系统中断等严重事故。雷电灾害已被联合国有关部门列为“最严重的十种自然灾害之一”。因此，研究雷电发生的规律，以便采取有效的防护措施，对于防止雷电造成的损害、防止建筑物的火灾和爆炸事故，具有重要的意义。

建筑物的防雷应遵循《建筑物防雷设计规范》 GB 50057—2010 和《建筑物电子信息系统防雷技术规范》 GB 50343—2012 等国家及地方的相关标准及规范。一个完善的建筑物防雷系统一般包括两大部分，即外部防雷措施（包括设置接闪器、引下线、接地装置和共用接地系统等）和内部防雷措施（包括屏蔽、设置避雷器或浪涌保护器 SPD、合理布线、等电位联结和共用接地系统等）。

建筑物防雷系统设计的重要成果之一是防雷、接地及安全设计图，快速准确识读电气施工图是从事建筑电气设计、造价、施工、监理等岗位必备的技能。

【教学载体】 某学院卫生所防雷与接地工程

工程概况：该工程为某学院卫生所，建筑面积为 1226.96m²，建筑物总高度为 9.396m。

【建议学时】 14～16 学时

【相关规范】

《建筑物防雷设计规范》 GB 50057—2010

《建筑物电子信息系统防雷技术规范》 GB 50343—2012

《民用建筑电气设计标准》 GB 51348—2019

《低压配电设计规范》 GB 50054—2011

《建筑电气工程施工质量验收规范》 GB 50303—2015

《交流电气装置的接地设计规范》 GB/T 50065—2011

《交流电气装置的过电压保护和绝缘配合》 DL/T 620—1997

《建筑物防雷设施安装》 15D501

《等电位联结安装》 15D502

《接地装置安装》 14D504

5 某学院卫生所
建筑工程

# 任务 5.1 建筑物防雷等级的确定

建筑物应根据其重要性、使用性质、发生雷电事故的可能性及后果，按防雷要求进行分类。确定建筑物防雷等级的目的是能够根据不同的防雷等级采取不同的雷电防护措施。

【教学目标】

| 知识目标 | 能力目标 | 素养目标 | 思政目标 |
| --- | --- | --- | --- |
| 1. 掌握雷电流的幅值和陡度、年平均雷暴日数、年预计雷击次数等相关术语含义；<br>2. 掌握建筑物易受雷击的部位；<br>3. 掌握建筑物年预计雷击次数的计算；<br>4. 掌握建筑物防雷等级的划分。 | 1. 能准确确定不同地区的年平均雷暴日数；<br>2. 能准确判断建筑物易受雷击的部位；<br>3. 能正确计算建筑物（构筑物）年预计雷击次数；<br>4. 能正确判断建筑物的防雷等级。 | 1. 养成依据规范、标准设计的意识；<br>2. 具备将“四新”应用于设计的意识；<br>3. 养成持续学习和自主学习的习惯。 | 1. 培养安全意识，提升社会责任感；<br>2. 培养团队协作的精神，增强职业责任感；<br>3. 激发求知欲望，提升服务社会本领；<br>4. 通过对建筑物防雷系统的学习，建立以人为本的发展理念，坚持以防为主，防灾抗灾救灾相结合，全面提升综合防灾能力，为人民生命财产安全提供坚实保障。 |

思维导图 5.1 建筑物防雷等级的确定

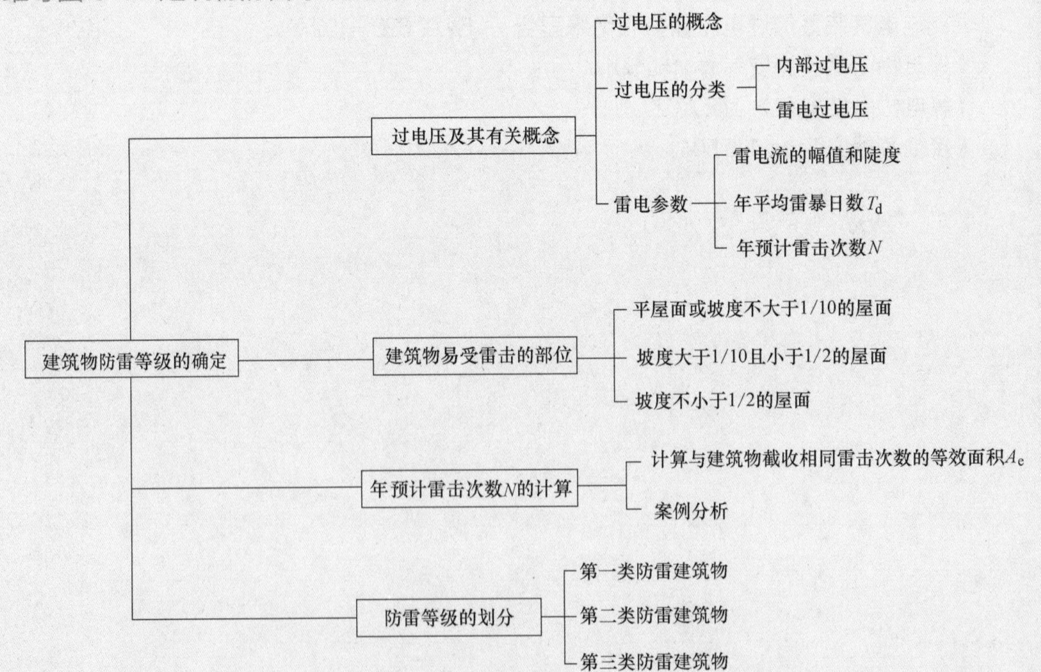

# 学习任务单5.1 建筑物防雷等级的确定

<table>
<tr><td>任务名称</td><td colspan="3">建筑物防雷等级的确定</td></tr>
<tr><td>学生姓名</td><td></td><td>班级学号</td><td></td></tr>
<tr><td>同组成员</td><td colspan="3"></td></tr>
<tr><td>负责任务</td><td colspan="3"></td></tr>
<tr><td>完成日期</td><td></td><td>完成效果</td><td></td></tr>
</table>

<table>
<tr><td colspan="2">任务描述</td><td colspan="4">设计已知条件 $L=58.3\mathrm{m}$，$W=18.1\mathrm{m}$，$H=25.16\mathrm{m}$，项目是位于哈尔滨市松北区的某高校学生宿舍，外形为立方体建筑，不考虑周边建筑的影响，请计算年预计雷击次数，并说明该建筑物的防雷等级是多少？</td></tr>
<tr><td rowspan="7">课前</td><td rowspan="7">自主探学</td><td rowspan="6">任务分工</td><td colspan="3">□ 合作完成 □ 独立完成</td></tr>
<tr><td>任务明细</td><td>完成人</td><td>完成时间</td></tr>
<tr><td></td><td></td><td></td></tr>
<tr><td></td><td></td><td></td></tr>
<tr><td></td><td></td><td></td></tr>
<tr><td></td><td></td><td></td></tr>
<tr><td>参考资料</td><td colspan="3"></td></tr>
<tr><td>课中</td><td>互动研学</td><td>完成步骤（用流程图表达）</td><td colspan="3"></td></tr>
</table>

<table>
<tr><td rowspan="14">课中</td><td colspan="3">本人任务</td><td colspan="5"></td></tr>
<tr><td colspan="3">角色扮演</td><td colspan="5">□有角色 ________________ □无角色</td></tr>
<tr><td colspan="3">岗位职责</td><td colspan="5"></td></tr>
<tr><td colspan="3">提交成果</td><td colspan="5"></td></tr>
<tr><td rowspan="8">任务实施</td><td rowspan="5">完成步骤</td><td>第 1 步</td><td colspan="5"></td></tr>
<tr><td>第 2 步</td><td colspan="5"></td></tr>
<tr><td>第 3 步</td><td colspan="5"></td></tr>
<tr><td>第 4 步</td><td colspan="5"></td></tr>
<tr><td>第 5 步</td><td colspan="5"></td></tr>
<tr><td>问题求助</td><td colspan="6"></td></tr>
<tr><td>难点解决</td><td colspan="6"></td></tr>
<tr><td>重点记录</td><td colspan="6"></td></tr>
<tr><td rowspan="2">学习反思</td><td>不足之处</td><td colspan="6"></td></tr>
<tr><td>待解问题</td><td colspan="6"></td></tr>
<tr><td>课后</td><td>拓展学习</td><td>能力进阶</td><td colspan="6">项目已知条件为位于哈尔滨市的某商业楼，其外形如图所示，图中 $W_1=20\text{m}$，$W_2=60\text{m}$，$L_1=60\text{m}$，$L_2=20\text{m}$，$H=28\text{m}$，不考虑周边建筑的影响，请计算年预计雷击次数，并说明该建筑物的防雷等级是多少？</td></tr>
<tr><td colspan="2" rowspan="5">过程评价</td><td rowspan="2">自我评价<br>（5 分）</td><td>课前学习</td><td>时间观念</td><td>实施方法</td><td>职业素养</td><td>成果质量</td><td>分值</td></tr>
<tr><td></td><td></td><td></td><td></td><td></td><td></td></tr>
<tr><td rowspan="2">小组评价<br>（5 分）</td><td>任务承担</td><td>时间观念</td><td>团队合作</td><td>能力素养</td><td>成果质量</td><td>分值</td></tr>
<tr><td></td><td></td><td></td><td></td><td></td><td></td></tr>
<tr><td>综合打分</td><td colspan="6">自我评价分值＋小组评价分值：</td></tr>
</table>

# 知识与技能 5.1 建筑物防雷等级的确定

5.1-1 建筑物防雷等级的确定

## 5.1.1 知识点—过电压及其有关概念

1. 过电压的概念

过电压是指在电气设备或线路上出现的超过正常工作要求并威胁其电气绝缘的电压。

2. 过电压的分类

过电压按其发生的原因可分为两大类，即内部过电压和雷电过电压。

(1) 内部过电压

内部过电压是由于电力系统内部电磁能量的转化或传递所引起的电压升高。

内部过电压又分为操作过电压和谐振过电压等形式。操作过电压是由于系统中的开关操作、负荷聚变或由于故障出现断续性电弧而引起的过电压。谐振过电压是由于系统中的电路参数（$R$、$L$、$C$）在特定组合时发生谐振而引起的过电压。

内部过电压的能量来源于电网本身。运行经验证明，内部过电压一般不会超过系统正常运行时额定电压的 3～3.5 倍。内部过电压的问题一般可以依靠绝缘配合而得到解决。

(2) 雷电过电压

雷电过电压又称为大气过电压，它是由于电力系统内的设备或构筑物遭受直接雷击或雷电感应而产生的过电压。由于引起这种过电压的能量来源于外界，故又称为外部过电压。雷电过电压产生的雷电冲击波，其电压幅值可高达 $10^5$kV，其电流幅值可高达几十万安，因此，对电力系统危害极大，必须采取有效措施加以防护。

5.1-2 建筑物防雷概述

(3) 雷电过电压的基本形式

1) 直击雷过电压（直击雷）

雷电直接击中电气设备、线路或建筑物，强大的雷电流通过该物体泄入大地，在该物体上产生较高的电位降，称为直击雷过电压。雷电流通过被击物体时，将产生有破坏作用的热效应和机械效应，相伴的还有电磁效应和对附近物体的闪络放电（称为雷电反击或二次雷击）。

2) 闪电感应过电压（感应雷）

当雷云在架空线路（或其他物体）上方时，由于雷云先导的作用，使架空线路上感应出与先导通道符号相反的电荷。雷云放电时，先导通道中的电荷迅速中和，架空线路上的电荷被释放，形成自由电荷流向线路两端，产生很高的过电压（高压线路可达几十万伏，低压线路可达几万伏）。

3) 闪电电涌侵入（雷电波）

由于直击雷或感应雷而产生的高电位雷电波，沿架空线路或金属管道侵入变配电所或用户而造成危害。据统计，供电系统中由于雷电波侵入而造成的雷害事故，在整个雷害事故中占 50%以上。因此，对其防护问题应予以足够的重视。

3. 雷电参数

(1) 雷电流的幅值和陡度

雷电流幅值 $I_m$ 的变化范围很大，一般为数十至数百千安。雷电流幅值一般在第一次闪击时出现。

雷电流的幅值和极性可用磁钢记录器测量。

典型的雷电流波形如图 5.1-1 所示。雷电流一般在 1～4μs 内增长到幅值 $I_m$。雷电流在幅值以前的一段波形称为波前，从幅值起到雷电流衰减至 $I_m/2$ 的一段波形称为波尾。雷电流的陡度 $\alpha$ 用雷电流波前部分增长的速率来表示，即 $\alpha = di/dt$。雷电流的陡度可用电火花组成的陡度仪测量。据测定 $\alpha$ 可达 50kA/μs。雷电流是一个幅值很大、陡度很高的冲击波电流。

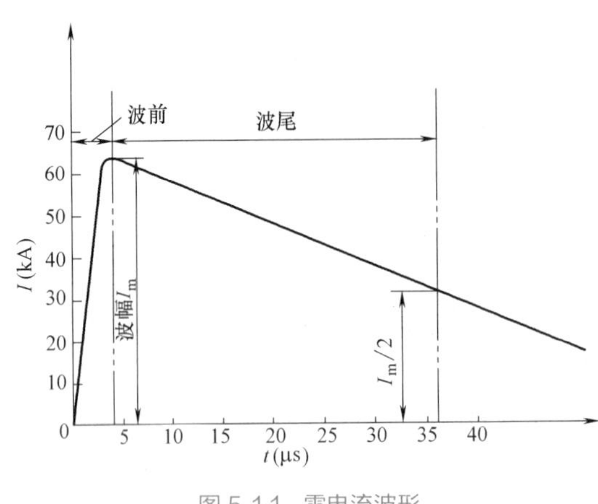


图 5.1-1 雷电流波形

(2) 年平均雷暴日数 $T_d$

雷电的大小与多少和气象条件有关。为了统计雷电的活动频繁程度，一般采用雷暴日为单位。在一天内只要听到雷声或者看到雷闪就算一个雷暴日。由当地气象台站统计的多年雷暴日的年平均值，称为年平均雷暴日数。

按年平均雷暴日数，地区雷暴日等级宜划分为少雷区、中雷区、多雷区、强雷区。

1) 少雷区：年平均雷暴日在 25d 及以下的地区；

2) 中雷区：年平均雷暴日大于 25d，不超过 40d 的地区；

3) 多雷区：年平均雷暴日大于 40d，不超过 90d 的地区；

4) 强雷区：年平均雷暴日超过 90d 的地区。

也有用雷暴小时作单位的，即在 1h 内只要听到雷声或看到雷闪就算 1 个雷暴小时。我国大部分地区 1 个雷暴日约折合为 3 个雷暴小时。

年平均雷暴日数 $T_d$ 可按《建筑物电子信息系统防雷技术规范》GB 50343—2012 附录 F、《工业与民用供配电设计手册（第四版）》表 17.6-3 进行查取。

(3) 年预计雷击次数 $N$

这是表征建筑物可能遭受的雷击频率的一个参数。按《建筑物防雷设计规范》GB 50057—2010 附录 A 规定，用下列公式计算。

$$N = k \times N_g \times A_e \tag{5.1-1}$$

式中 $N$——建筑物年预计雷击次数，次/a；

$k$——校正系数，在一般情况下取 1；位于河边、湖边、山坡下或山地中土壤电阻率较小处、地下水露头处、土山顶部、山谷风口等处的建筑物，以及特别潮湿的建筑物取 1.5；金属屋面没有接地的砖木结构建筑物取 1.7；位于山顶上或旷野的孤立建筑物取 2；

$N_g$——建筑物所处地区雷击大地的年平均密度，次/(km² · a)；

$$N_g = 0.1T_d \tag{5.1-2}$$

$A_e$——与建筑物截收相同雷击次数的等效面积，km²。

## 5.1.2 知识点—建筑物易受雷击的部位

### 1. 平屋面或坡度不大于1/10的屋面

平屋面或坡度不大于1/10的屋面，檐角、女儿墙、屋檐应为其易受雷击的部位，如图5.1-2（a)、(b）所示。

### 2. 坡度大于1/10且小于1/2的屋面

坡度大于1/10且小于1/2的屋面，屋角、屋脊、檐角、屋檐应为其易受雷击的部位，如图5.1-2（c）所示。

### 3. 坡度不小于1/2的屋面

坡度不小于1/2的屋面，屋角、屋脊、檐角应为其易受雷击的部位，如图5.1-2（d）所示。

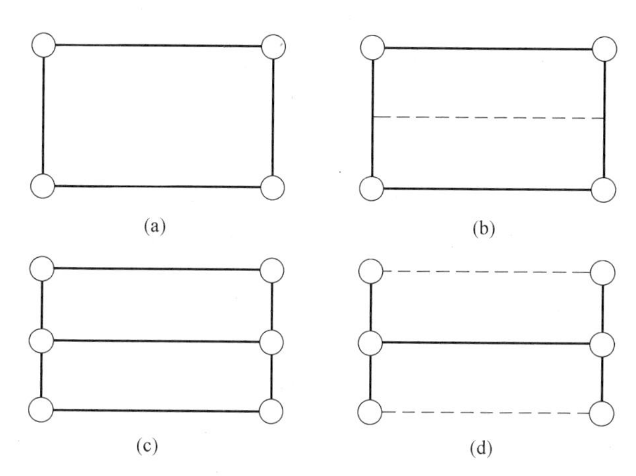


图5.1-2 建筑物易受雷击的部位

对图5.1-2中的（c)（d)，在屋脊有接闪带的情况下，当屋檐处于屋脊接闪带的保护范围内时，屋檐上可不设接闪带。

## 5.1.3 技能点—年预计雷击次数N的计算

### 1. 计算与建筑物截收相同雷击次数的等效面积$A_e$

建筑物等效面积$A_e$为其实际平面积向外扩大后的面积，其计算方法应符合下列规定：

（1）不考虑周边建筑影响

1）建筑物的高度$H<100$m时，其每边的扩大宽度和等效面积应按下列公式计算确定：

$$D=\sqrt{H(200-H)} \tag{5.1-3}$$

$$A_e=[LW+2(L+W)\sqrt{H(200-H)}+\pi H(200-H)]\times 10^{-6} \tag{5.1-4}$$

式中 $D$——建筑物每边的扩大宽度，m；

$L$、$W$、$H$——建筑物的长、宽、高，m。

建筑物平面积扩大后的等效面积$A_e$为图5.1-3中的虚线所包围的面积。

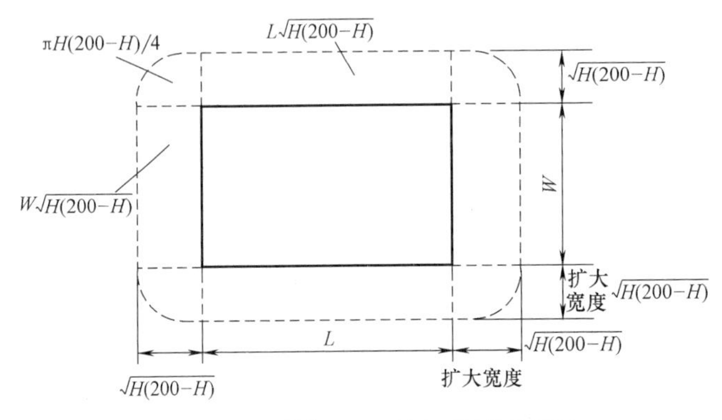


图 5.1-3 建筑物平面积扩大后的等效面积

2）建筑物的高度 $H \geqslant 100$m 时，建筑物每边的扩大宽度 $D$ 应按等于建筑物的高度 $H$ 计算。建筑物的等效面积应按下式计算：

$$A_e = [LW + 2H(L+W) + \pi H^2] \times 10^{-6} \tag{5.1-5}$$

（2）考虑周边建筑影响

1）当建筑物的高度 $H < 100$m，同时其周边在 $2D$ 范围内有等高或比它低的其他建筑物，这些建筑物不在所考虑建筑物以 $h_r = 100$m 的保护范围内时，按式（5.1-4）算出的 $A_e$ 可减去（$D/2$）×(这些建筑物与所考虑建筑物边长平行以米计的长度总和)$\times 10^{-6}$ ($km^2$)。

当四周在 $2D$ 范围内都有等高或比它低的其他建筑物时，其等效面积可按下式计算：

$$A_e = \left[LW + (L+W)\sqrt{H(200-H)} + \frac{\pi H(200-H)}{4}\right] \times 10^{-6} \tag{5.1-6}$$

2）当建筑物的高度 $H < 100$m，同时其周边在 $2D$ 范围内有比它高的其他建筑物时，按式（5.1-4）算出的等效面积可减去 $D$×(这些建筑物与所考虑建筑物边长平行以米计的长度总和)$\times 10^{-6}$（$km^2$）。

当四周在 $2D$ 范围内都有比它高的其他建筑物时，其等效面积可按下式计算：

$$A_e = LW \times 10^{-6} \tag{5.1-7}$$

3）当建筑物的高度 $H \geqslant 100$m，同时其周边在 $2H$ 范围内有等高或比它低的其他建筑物，且不在所确定建筑物以滚球半径等于建筑物高度（m）的保护范围内时，按式（5.1-5）算出的等效面积可减去（$H/2$）×(这些建筑物与所确定建筑物边长平行以米计的长度总和)$\times 10^{-6}$（$km^2$）。

当四周在 $2H$ 范围内都有等高或比它低的其他建筑物时，其等效面积可按下式计算：

$$A_e = \left[LW + H(L+W) + \frac{\pi H^2}{4}\right] \times 10^{-6} \tag{5.1-8}$$

4）当建筑物的高度 $H \geqslant 100$m，同时其周边在 $2H$ 范围内有比它高的其他建筑物时，按式（5.1-5）算出的等效面积可减去 $H$×(这些其他建筑物与所确定建筑物边长平行以米计的长度总和)$\times 10^{-6}$（$km^2$）。

当四周在 $2H$ 范围内都有比它高的其他建筑物时，其等效面积可按式（5.1-7）计算。

（3）当建筑物各部位的高度不同时，应沿建筑物周边逐点算出最大扩大宽度，其等效

面积 $A_e$ 应按每点最大扩大宽度外端的连接线所包围的面积计算。

2. 案例分析

**例 5.1**　设计已知条件：$L=50$m，$W=42$m，$H=81$m，案例项目位于哈尔滨，为住宅项目，求建筑物年预计雷击次数（次/a）。

5.1-4 案例分析1

**解：** 1）查《工业与民用供配电设计手册（第四版）》表 17.6-3 知，哈尔滨年平均雷暴日 $T_d=27.7$d/a，选取校正系数为 $k=1$。

2）将参数代入计算公式：本例中 $H=81\text{m}<100\text{m}$，且不考虑周边建筑的影响，则采用式（5.1-4）计算与建筑物截收相同雷击次数的等效面积 $A_e$：

$$A_e=[LW+2(L+W)\sqrt{H(200-H)}+\pi H(200-H)]\times 10^{-6}=0.0504\text{km}^2$$

3）将哈尔滨年平均雷暴日 $T_d=27.7$d/a 代入式（5.1-2），得建筑物所处地区雷击大地的年平均密度［次/(km$^2$·a)］：

$$N_g=0.1T_d=0.1\times 27.7=2.77\text{ 次/(km}^2\cdot\text{a)}$$

4）将 $k=1$，$N_g=2.77$ 次/(km$^2$·a)，$A_e=0.0504\text{km}^2$ 代入式（5.1-1），得建筑物年预计雷击次数（次/a）：

$$N=k\times N_g\times A_e=1\times 2.77\times 0.0504=0.140\text{ 次/a}$$

### 5.1.4　知识点—防雷等级的划分

依据《建筑物防雷设计规范》GB 50057—2010，建筑物应根据建筑物的重要性、使用性质、发生雷电事故的可能性和后果，按防雷要求分为三类。

1. 第一类防雷建筑物

在可能发生对地闪击的地区，遇下列情况之一时，应划为第一类防雷建筑物：

（1）凡制造、使用或贮存火炸药及其制品的危险建筑物，因电火花而引起爆炸、爆轰，会造成巨大破坏和人身伤亡者。

（2）0 区或 20 区爆炸危险场所的建筑物。

（3）具有 1 区或 21 区爆炸危险场所的建筑物，因电火花而引起爆炸，会造成巨大破坏和人身伤亡者。

2. 第二类防雷建筑物

在可能发生对地闪击的地区，遇下列情况之一时，应划为第二类防雷建筑物：

（1）国家级重点文物保护的建筑物。

（2）国家级的会堂、办公建筑物、大型展览和博览建筑物、大型火车站和飞机场、国宾馆，国家级档案馆、大型城市的重要给水泵房等特别重要的建筑物。

注：飞机场不含停放飞机的露天场所和跑道。

（3）国家级计算中心、国际通信枢纽等对国民经济有重要意义的建筑物。

（4）国家特级和甲级大型体育馆。

（5）制造、使用或贮存火炸药及其制品的危险建筑物，且电火花不易引起爆炸或不致造成巨大破坏和人身伤亡者。

（6）具有1区或21区爆炸危险场所的建筑物，且电火花不易引起爆炸或不致造成巨大破坏和人身伤亡者。

（7）具有2区或22区爆炸危险场所的建筑物。

（8）有爆炸危险的露天钢质封闭气罐。

（9）预计雷击次数大于0.05次/a的部、省级办公建筑物和其他重要或人员密集的公共建筑物以及火灾危险场所。

（10）预计雷击次数大于0.25次/a的住宅、办公楼等一般性民用建筑物或一般性工业建筑物。

3. 第三类防雷建筑物

在可能发生对地闪击的地区，遇下列情况之一时，应划为第三类防雷建筑物：

（1）省级重点文物保护的建筑物及省级档案馆。

（2）预计雷击次数大于或等于0.01次/a，且小于或等于0.05次/a的部、省级办公建筑物和其他重要或人员密集的公共建筑物，以及火灾危险场所。

（3）预计雷击次数大于或等于0.05次/a，且小于或等于0.25次/a的住宅、办公楼等一般性民用建筑物或一般性工业建筑物。

（4）在平均雷暴日大于15d/a的地区，高度在15m及以上的烟囱、水塔等孤立的高耸建筑物。在平均雷暴日小于或等于15d/a的地区，高度在20m及以上的烟囱、水塔等孤立的高耸建筑物。

关于“5.1.3中2. 案例分析”的结论：

项目为住宅，$N=0.140$次/a，属于“预计雷击次数大于或等于0.05次/a，且小于或等于0.25次/a的住宅、办公楼等一般性民用建筑物或一般性工业建筑物。”因此，该建筑为第三类防雷建筑物。

## 问题思考

1. 什么叫内部过电压和雷电过电压？
2. 雷电过电压的基本形式有哪些？
3. 请查阅你的家乡的年平均雷暴日数是多少？
4. 项目设计已知条件：$L=60$m，$W=42$m，$H=81$m，是位于大连的住宅项目，不考虑周边建筑的影响，请计算年预计雷击次数，并说明该建筑物的防雷等级是多少？

## 知识拓展

《建筑物防雷设计规范》GB 50057—2010附录A关于建筑物年预计雷击次数的计算是对于规则的立方体建筑物而言的，对于非规则立方体形状的建筑物，应该如何计算与建筑物截收相同雷击次数的等效面积$A_e$，进而计算出建筑物的年预计雷击次数呢？对于非规则立方体形状的建筑物，与建筑物截收相同雷击次数的等效面积$A_e$的计算主要有两种方法，公式法和作图法，本任务主要介绍公式法。

1. 带有裙楼的建筑物如何计算与建筑物截收相同雷击次数的等效面积$A_e$

（1）主楼能够保护到裙楼

裙楼在主楼的保护范围之内，主楼底平面扩大后的面积已包含裙楼扩大后的面积，即裙楼不可能拦截雷电，也就无所谓等效面积之说了，如图 5.1-4 所示。因此，建筑物的等效面积应按主楼平面扩大后的面积计算（假设建筑物的高度 $H<100\text{m}$，按照《建筑物防雷设计规范》GB 50057—2010 附录 A 规定，滚球半径按 $h_r=100\text{m}$ 计算，下同），则：

$$D=\sqrt{H(200-H)}$$

$$A_e=[LW+2(L+W)\sqrt{H(200-H)}+\pi H(200-H)]\times 10^{-6}$$

式中　$D$——建筑物每边的扩大宽度，m；

$L$、$W$、$H$——主楼的长、宽、高（距地面），m。

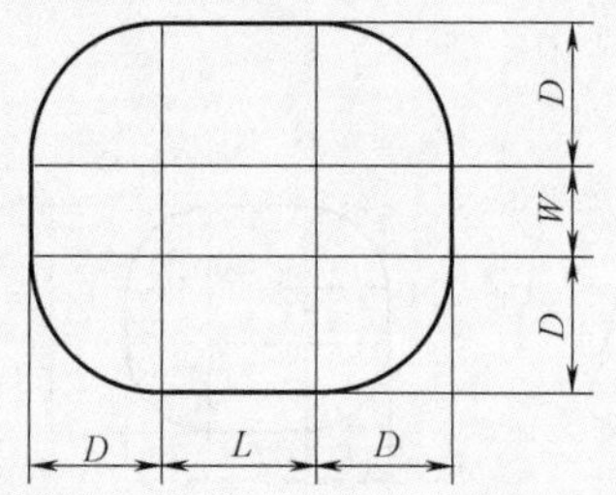


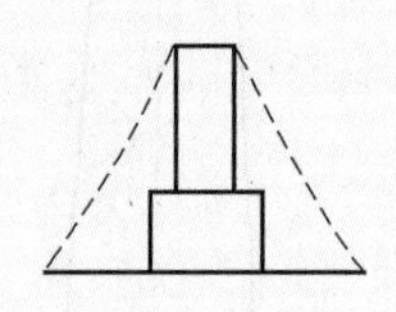

图 5.1-4　主楼能够保护裙楼时 $A_e$ 的求法

（2）主楼保护不到裙楼

当主楼保护不到裙楼时，则应分别计算主楼和裙楼拦截雷电的等效面积，见图 5.1-5。

设裙楼长、宽、高分别为 $L_1$、$W_1$、$H_1$，主楼长、宽、高分别为 $L_2$、$W_2$、$H_2$。则裙楼扩大宽度为：

$$D_1=\sqrt{H_1(200-H_1)} \tag{5.1-9}$$

裙楼拦截雷电的等效面积为：

$$A_{e1}=[L_1W_1+2(L_1+W_1)D_1+\pi D_1^2]\times 10^{-6} \tag{5.1-10}$$

计算主楼等效面积时，因为整个裙楼为法拉第笼式结构，因此可将裙楼楼面视为地面，主楼相对于群楼楼面的高度为 $H_2-H_1$，主楼底平面的扩展宽度为：

$$D_2=\sqrt{(H_2-H_1)[200-(H_2-H_1)]} \tag{5.1-11}$$

$$A_{e2}=[L_2W_2+2(L_2+W_2)D_2+\pi D_2^2]\times 10^{-6} \tag{5.1-12}$$

整个建筑物拦截雷电的等效面积为：

$$A_e=A_{e1}+A_{e2} \tag{5.1-13}$$

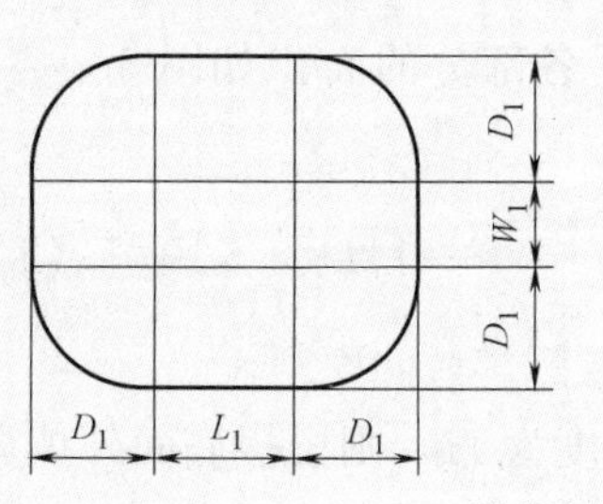


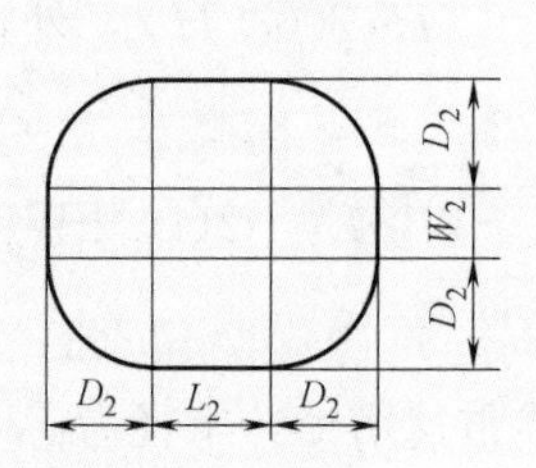


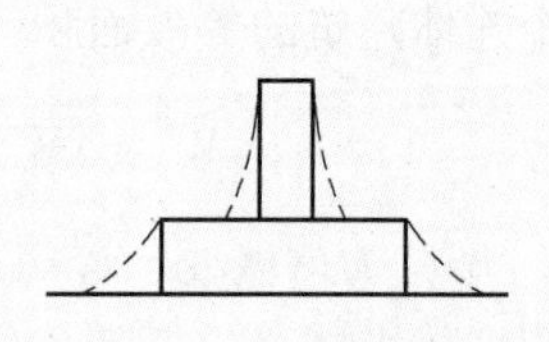

图 5.1-5　主楼不能够保护裙楼时 $A_e$ 的求法

2. 梯形建筑如何计算与建筑物截收相同雷击次数的等效面积 $A_e$

假设梯形建筑高度为 $OF=H$，侧面斜高为 $FE=h$，则高度为 $H$ 的接闪器在地面的保护半径为：

$$r=OG=\sqrt{H(200-H)} \tag{5.1-14}$$

底面外扩的宽度与侧面的倾斜度有关，侧面越倾斜，即 $\angle EFO$ 越大，则外扩宽度越小，如图 5.1-6 所示。

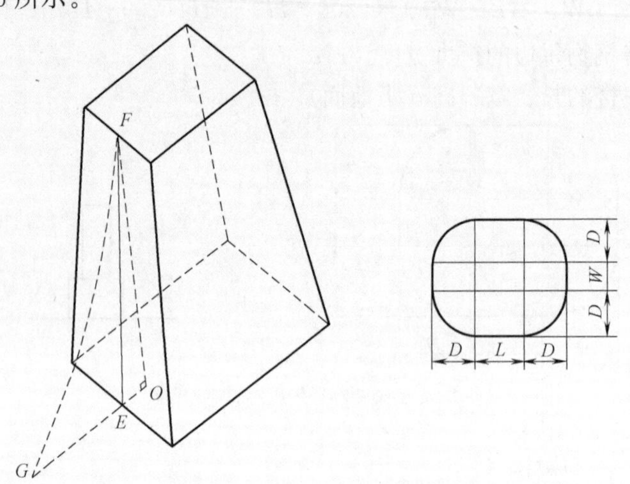


图 5.1-6　梯形建筑 $A_e$ 的求法

建筑物平面向外扩展的宽度为：

$$D=EG=OG-OE=r-\sqrt{h^2-H^2} \tag{5.1-15}$$

求出扩展后的底平面面积，即为建筑物的等效面积 $A_e$：

$$A_e=[LW+2(L+W)D+\pi D^2]\times10^{-6} \tag{5.1-16}$$

式中　$L$、$W$——梯形建筑物下底面的长和宽，m。

对于侧面为非等腰梯形的多面体建筑，由于底面各边外扩宽度不同，建筑物四角外扩部分不再是四分之一圆周，其精确面积的计算较为复杂，实际工作中可近似按三角形面积计算建筑物四角外扩部分的面积。

3. 连体建筑如何计算与建筑物截收相同雷击次数的等效面积 $A_e$

对于连体建筑求等效面积的方法是将连体建筑进行分割，分别计算分割后规则形状的等效面积，然后将各部分的等效面积相加，便可求出连体建筑的等效面积。

设某连体建筑高为 $H$，各部分长、宽如图 5.1-7 所示。

底面各边外扩宽度为 $D=\sqrt{H(200-H)}$，外扩后各部分的面积如图 5.1-7 所示。则整个连体建筑的等效面积为：

$$A_e=\left[L_1W_1+(W_2-W_1)L_2+2(L_1+W_2)D+\left(\frac{5\pi}{4}-1\right)D^2\right]\times10^{-6} \tag{5.1-17}$$

4. 圆柱体塔楼如何计算与建筑物截收相同雷击次数的等效面积 $A_e$

圆柱体塔楼（包括新一代雷达塔楼）半径为 $r$，高度为 $H$，则塔楼底面外扩宽度为 $D=\sqrt{H(200-H)}$，如图 5.1-8 所示。

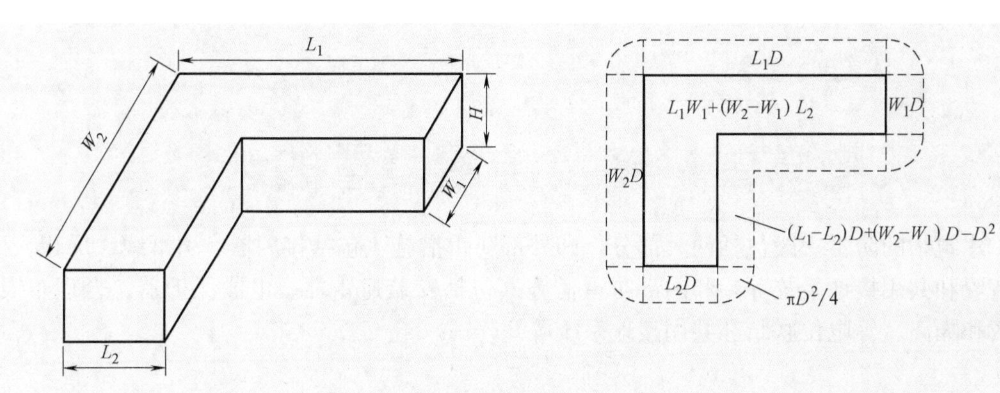


图 5.1-7　连体建筑 $A_e$ 的求法

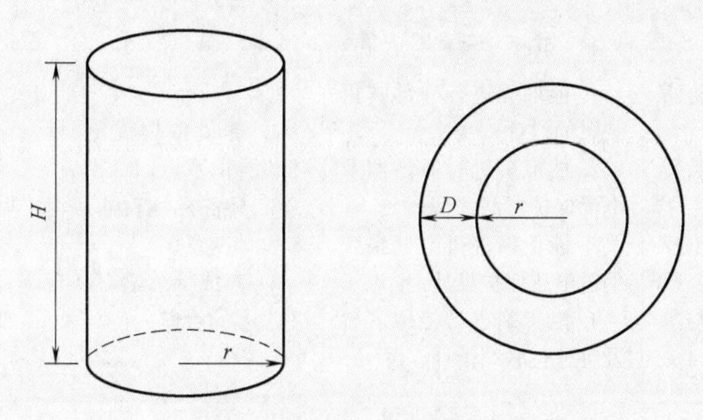


图 5.1-8　圆柱体塔楼 $A_e$ 的求法

扩大后的等效面积为：

$$A_e=\pi(r+D)^2\times10^{-6} \tag{5.1-18}$$

# 任务 5.2 建筑物防雷措施及防雷装置的选择

建筑物的防雷一般包括两大部分，即外部防雷措施（包括接闪器、引下线、屏蔽、接地装置和共用接地系统等）和内部防雷措施（包括安装避雷器、电涌保护器、合理布线、屏蔽和隔离、等电位联结和共用接地系统等）。

【教学目标】

| 知识目标 | 能力目标 | 素养目标 | 思政目标 |
| --- | --- | --- | --- |
| 1. 掌握民用建筑物的防雷措施；<br>2. 掌握建筑物的防雷装置构成；<br>3. 掌握电气装置的过电压保护；<br>4. 掌握电气装置接地与等电位联结。 | 1. 能准确进行外部防雷装置的设计；<br>2. 能准确进行避雷器及电涌保护器的选型；<br>3. 能正确进行电气系统的过电压保护设计；<br>4. 能正确进行接地装置及等电位联结设计。 | 1. 养成依据规范、标准设计的意识；<br>2. 具备将“四新”应用于设计的意识；<br>3. 养成持续学习和自主学习的习惯。 | 1. 培养安全意识，提升社会责任感；<br>2. 培养团队协作的精神，增强职业责任感；<br>3. 激发求知欲望，提升服务社会本领。 |

思维导图 5.2　建筑物防雷措施及防雷装置的选择

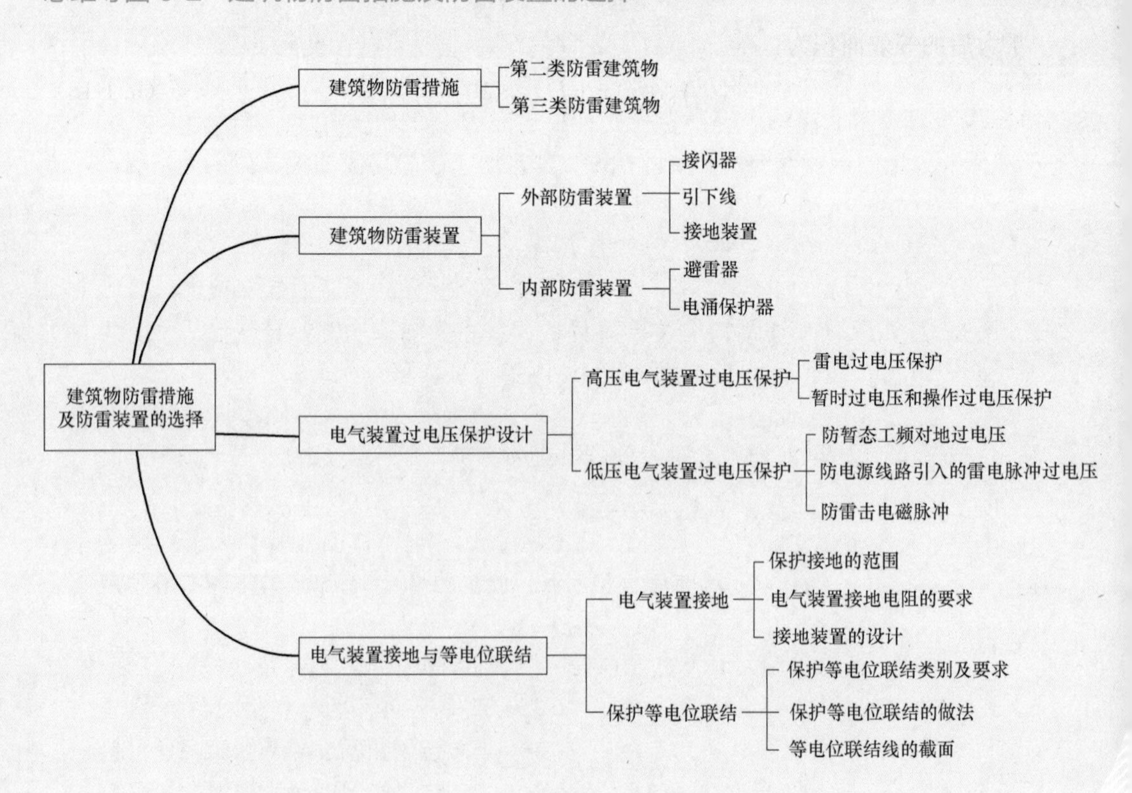

# 学习任务单5.2　建筑物防雷措施及防雷装置的选择

| 任务名称 | 建筑物防雷措施及防雷装置的选择 | | |
| --- | --- | --- | --- |
| 学生姓名 | | 班级学号 | |
| 同组成员 | | | |
| 负责任务 | | | |
| 完成日期 | | 完成效果 | |

<table>
<tr><td colspan="3">任务描述</td><td colspan="3">第三类防雷建筑物需要考虑哪些防雷措施，防雷装置该如何选择？（针对外部防雷措施和内部防雷措施分别列项说明）</td></tr>
<tr><td rowspan="7">课前</td><td rowspan="7">自主探学</td><td rowspan="6">任务分工</td><td colspan="3">□ 合作完成　　□ 独立完成</td></tr>
<tr><td>任务明细</td><td>完成人</td><td>完成时间</td></tr>
<tr><td></td><td></td><td></td></tr>
<tr><td></td><td></td><td></td></tr>
<tr><td></td><td></td><td></td></tr>
<tr><td></td><td></td><td></td></tr>
<tr><td>参考资料</td><td colspan="3"></td></tr>
<tr><td>课中</td><td>互动研学</td><td>完成步骤（用流程图表达）</td><td colspan="3"></td></tr>
</table>

<table>
<tr><td rowspan="14">课中</td><td colspan="2">本人任务</td><td colspan="6"></td></tr>
<tr><td colspan="2">角色扮演</td><td colspan="6">□有角色 ________ □无角色</td></tr>
<tr><td colspan="2">岗位职责</td><td colspan="6"></td></tr>
<tr><td colspan="2">提交成果</td><td colspan="6"></td></tr>
<tr><td rowspan="8">任务实施</td><td rowspan="5">完成步骤</td><td>第 1 步</td><td colspan="5"></td></tr>
<tr><td>第 2 步</td><td colspan="5"></td></tr>
<tr><td>第 3 步</td><td colspan="5"></td></tr>
<tr><td>第 4 步</td><td colspan="5"></td></tr>
<tr><td>第 5 步</td><td colspan="5"></td></tr>
<tr><td>问题求助</td><td colspan="6"></td></tr>
<tr><td>难点解决</td><td colspan="6"></td></tr>
<tr><td>重点记录</td><td colspan="6"></td></tr>
<tr><td rowspan="2">学习反思</td><td>不足之处</td><td colspan="6"></td></tr>
<tr><td>待解问题</td><td colspan="6"></td></tr>
<tr><td>课后</td><td>拓展学习</td><td>能力进阶</td><td colspan="6">第二类防雷建筑物需要考虑哪些防雷措施，防雷装置该如何选择？（针对外部防雷措施和内部防雷措施分别列项说明）</td></tr>
<tr><td colspan="2" rowspan="5">过程评价</td><td rowspan="2">自我评价（5 分）</td><td>课前学习</td><td>时间观念</td><td>实施方法</td><td>职业素养</td><td>成果质量</td><td>分值</td></tr>
<tr><td></td><td></td><td></td><td></td><td></td><td></td></tr>
<tr><td rowspan="2">小组评价（5 分）</td><td>任务承担</td><td>时间观念</td><td>团队合作</td><td>能力素养</td><td>成果质量</td><td>分值</td></tr>
<tr><td></td><td></td><td></td><td></td><td></td><td></td></tr>
<tr><td>综合打分</td><td colspan="6">自我评价分值＋小组评价分值：</td></tr>
</table>

# 知识与技能5.2　建筑物防雷措施及防雷装置的选择

## 5.2.1　知识点—建筑物防雷措施

5.2-1　任务课件

本任务主要介绍民用建筑物、构筑物的防雷措施。

1. 第二类防雷建筑物的防雷措施

第二类防雷建筑物外部防雷应采取防直击雷、防侧击雷的措施，内部防雷应采取防闪电电涌侵入、防反击的措施。

（1）防直击雷

1）接闪器宜采用接闪带（网）、接闪杆或由其混合组成。接闪带应装设在建筑物易受雷击的屋角、屋脊、女儿墙及屋檐等部位，建筑物女儿墙外角应在接闪器保护范围之内，并应在整个屋面上装设不大于10m×10m或12m×8m的网格。外圈的接闪带及作为接闪带的金属栏杆等应设在外墙外表面或屋檐边垂直面上或垂直面外。当女儿墙以内的屋顶钢筋网以上的防水和混凝土层允许不保护时，宜利用屋顶钢筋网做接闪器。

2）所有接闪杆应采用接闪带或金属导体与防雷装置连接。

3）引出屋面的金属物体可不装接闪器，但应和屋面防雷装置相连。

4）当建筑物高度在250m及以上有燃气、燃油设备等机房时，该机房的屋面及侧壁应采用不大于5m×5m的接闪器网格保护。

5）当利用金属物体或金属屋面作为接闪器时，应符合本书5.2.2的要求。

6）防直击雷的引下线应优先利用建筑物钢筋混凝土中的钢筋或钢结构柱，当利用建筑物钢筋混凝土中的钢筋作为引下线时，应符合本书5.2.2的要求。

7）防直击雷装置的引下线的数量和间距应符合下列规定：

① 当利用建筑物钢筋混凝土中的钢筋或钢结构柱作为防雷装置的引下线时，引下线根数可不限，其中专用引下线的间距不应大于18m，但建筑外廓易受雷击的各个角上的柱子的钢筋或钢柱应被利用作专用引下线。当其垂直支柱均起到引下线的作用时，引下线的根数、间距及冲击接地电阻均可不做要求；

② 当无建筑物钢筋混凝土中的钢筋或钢结构柱可作为防雷装置的引下线时，应专设引下线，其根数不应少于两根，并应沿建筑物四周和内庭院四周均匀对称布置，其间距不应大于18m，每根引下线的冲击接地电阻不应大于10Ω。

8）防直击雷的接地网应符合本书5.2.2的规定。

（2）防侧击雷

当建筑物高度大于45m、小于250m时，应采取下列防侧击措施：

1）建筑物内钢构架和钢筋混凝土的钢筋应相互连接；

2）应利用钢柱或钢筋混凝土柱子内钢筋作为防雷装置引下线；结构圈梁中的钢筋应每3层连成闭合环路作为均压环，并应同防雷装置引下线连接；

3）应将45m及以上外墙上的栏杆、门窗等较大金属物直接或通过预埋件与防雷装置相连，水平突出的墙体应设置接闪器并与防雷装置相连；

4）垂直敷设的金属管道及类似金属物除应满足防止雷电反击的措施外，尚应在顶端和底端与防雷装置连接。

5.2-2　雷电波侵入

（3）防闪电电涌侵入

防闪电电涌侵入的措施应符合下列规定：

1）进出建筑物的各种线路及金属管道宜采用全线埋地引入，并应在入户端将电缆的金属外皮、钢导管及金属管道与接地网连接。当采用全线埋地电缆确有困难而无法实现时，可采用一段长度不小于 $2\sqrt{\rho}$ （m）的铠装电缆或穿钢导管的全塑电缆直接埋地引入，电缆埋地长度不应小于15m，其入户端电缆的金属外皮或钢导管应与接地网连通。

注：$\rho$ 为埋地电缆处的土壤电阻率（Ω·m）。

2）在电缆与架空线连接处，应装设避雷器或电涌保护器，并应与电缆的金属外皮或钢导管及绝缘子铁脚、金具连在一起接地，其冲击接地电阻不应大于10Ω。

3）年平均雷暴日在30d/a及以下地区的建筑物，可采用低压架空线直接引入建筑物，并应符合下列要求：

① 入户端应装设电涌保护器，并应与绝缘子铁脚、金具连在一起接到防雷接地装置上，冲击接地电阻不应大于5Ω；

② 入户端的三基电杆绝缘子铁脚、金具应接地，靠近建筑物的电杆的冲击接地电阻不应大于10Ω，其余两基电杆不应大于20Ω。

4）当低压电源采用全长架空线转为埋地电缆从户外引入时，应在电源引入处的总配电箱装设电涌保护器。

5）设在建筑物内、外的配电变压器，宜在高压侧装设避雷器、低压侧装设电涌保护器。

（4）防雷电反击

1）在金属框架或主要钢筋可靠连接的钢筋混凝土框架的建筑中，防雷引下线与金属物或线路之间的间隔距离可无要求。在其他情况下，防雷引下线与金属物或线路之间的间隔距离应符合下式要求：

$$S_{al} \geqslant 0.06K_cL_x \tag{5.2-1}$$

式中 $S_{al}$——引下线与金属物或线路之间的空气中距离，m；

$K_c$——分流系数，单根引下线应为1，两根引下线及接闪器不成闭合环的多根引下线应为0.66，接闪器成闭合环或网状的多根引下线应为0.44；

$L_x$——引下线计算点到连接点长度，m，连接点即金属物或线路与防雷装置之间直接连接或者通过电涌保护器相连之点。

2）当引下线与金属物或线路之间有自然接地或人工接地的钢筋混凝土构件、金属板、金属网等静电屏蔽物隔开时，其距离可不受限制。

3）当引下线与金属物或线路之间有混凝土墙、砖墙隔开时，混凝土墙、砖墙的击穿强度应为空气击穿强度的1/2。当引下线与金属物或线路之间距离不能满足上述要求时，金属物或线路应与引下线直接相连或通过过电压保护器相连。

（5）当整个建筑物全部为钢筋混凝土结构或为砖混结构但有钢筋混凝土组合柱和圈梁时，应利用钢筋混凝土结构内的钢筋设置局部等电位联结端子板。

（6）当防雷接地网符合本书5.2.2的要求时，应优先利用建筑物钢筋混凝土基础内的钢筋作为接地网，建筑物的防雷接地、保护接地、设备的工作接地等应共用接地网。当专设防雷接地网时，接地网应围绕建筑物敷设成一个闭合环路，其冲击接地电阻不应大于10Ω。

### 2. 第三类防雷建筑物的防雷措施

第三类防雷建筑物外部防雷应采取防直击雷、防侧击雷的措施，内部防雷应采取防闪电电涌侵入、防反击的措施。

（1）防直击雷

1）接闪器宜采用接闪带（网）、接闪杆或由其混合组成。接闪带应装设在建筑物易受雷击的屋角、屋脊、女儿墙及屋檐等部位，建筑物女儿墙外角应在接闪器保护范围之内，并应在整个屋面上装设不大于20m×20m或24m×16m的网格。外圈的接闪带及作为接闪带的金属栏杆等应设在外墙外表面或屋檐边垂直面上或垂直面外。

2）所有接闪杆应采用接闪带或金属导体与防雷装置连接。

3）引出屋面的金属物体可不装接闪器，但应和屋面防雷装置相连。

4）当利用金属物体或金属屋面作为接闪器时，应符合本书5.2.2的要求。

5）防直击雷的引下线应优先利用建筑物钢筋混凝土中的钢筋或钢结构柱，当利用建筑物钢筋混凝土中的钢筋作为引下线时，应符合本书5.2.2的要求。

6）防直击雷装置引下线的数械和间距应符合下列规定：

① 当利用建筑物钢筋混凝土中的钢筋或钢结构柱作为防雷装置的引下线时，引下线根数可不限，其中专用引下线的间距不应大于25m，但建筑外廓易受雷击的各个角上的柱子的钢筋或钢柱应被利用做专用引下线。当其垂直支柱均起到引下线的作用时，引下线的根数、间距及冲击接地电阻均可不做要求。

② 当无建筑物钢筋混凝土中的钢筋或钢结构柱可作为防雷装置的引下线时，应专设引下线，其根数不应少于两根，并应沿建筑物四周和内庭院四周均匀对称布置，其间距不应大于25m，每根引下线的冲击接地电阻不应大于25Ω。对年预计雷击次数大于或等于0.01d/a且小于或等于0.05d/a的部、省级办公建筑物及其他重要或人员密集的公共建筑物，则不宜大于10Ω。

7）防直击雷的接地网应符合本书5.2.2的规定。

（2）防侧击雷

当建筑物高度超过60m时，应采取下列防侧击措施：

1）建筑物内钢构架和钢筋混凝土中的钢筋及金属管道等的连接措施，应符合本小节1.第二类防雷建筑物的防雷措施（2）防侧击雷1）、4）的规定；

2）应将60m及以上外墙上的栏杆、门窗等较大的金属物直接或通过预埋件与防雷装置相连。

（3）防闪电电涌侵入

防闪电电涌侵入的措施应符合下列规定：

1）对电缆进出线，应在进出端将电缆的金属外皮、金属导管等与电气设备接地相连。架空线转换为电缆时，电缆长度不宜小于15m，并应在转换处装设避雷器或电涌保护器。避雷器或电涌保护器、电缆金属外皮和绝缘子铁脚、金具应连在一起接地，其冲击接地电阻不宜大于30Ω。

2）对低压架空进出线，应在进出处装设电涌保护器，并应与绝缘子铁脚、金具连在一起接到电气设备的接地装置上；当多回路进出线时，可仅在母线或总配电箱处装设电涌保护器，但绝缘子铁脚、金具仍应接到接地装置上。

3）进出建筑物的架空金属管道，在进出处应就近接到防雷或电气设备的接地网上或独自接地，其冲击接地电阻不宜大于 30Ω。

（4）防雷电反击

防止雷电流流经引下线和接地网时产生的高电位对附近金属物体、电气线路、电气设备和电子信息设备的反击的措施，应符合下列要求：

1）在金属框架的建筑物中，或在主要钢筋可靠连接的钢筋混凝土框架的建筑中，防雷引下线与金属物或线路之间的间隔距离可无要求。在其他情况下，防雷引下线与金属物或线路之间的间隔距离应符合式（5.2-2）要求：

$$S_{al} \geqslant 0.04 K_c L_x \tag{5.2-2}$$

式中 $S_{al}$——引下线与金属物或线路之间的空气中距离，m；

$K_c$——分流系数，单根引下线应为 1，两根引下线及接闪器不成闭合环的多根引下线应为 0.66，接闪器成闭合环或网状的多根引下线应为 0.44；

$L_x$——引下线计算点到连接点长度，m，连接点即金属物或线路与防雷装置之间直接连接或者通过电涌保护器相连之点。

2）当利用建筑物的钢筋体或钢结构作为引下线，同时建筑物的钢筋、钢结构等金属物与被利用的部分连成整体时，其距离可不受限制。

3）当引下线与金属物或线路之间有自然接地或人工接地的钢筋混凝土构件、金属板、金属网等静电屏蔽物隔开时，其距离可不受限制。

5.2-3 滚球法介绍

## 5.2.2 知识点一建筑物防雷装置

1. 外部防雷装置

（1）接闪器

1）相关要求

① 建筑物防雷装置可采用接闪杆、接闪带（网）、屋顶上的永久性金属物及金属屋面作为接闪器。

② 接闪杆宜采用热浸镀锌圆钢或钢管制成，其直径应符合表 5.2-1 的规定，钢管壁厚不应小于 2.5mm。

接闪杆的直径 表 5.2-1

| 针长、部位<br>材料规格 | 圆钢直径(mm) | 钢管直径(mm) |
|---|---|---|
| 1m 以下 | ≥12 | ≥20 |
| 1～2m | ≥16 | ≥25 |
| 烟囱顶上 | ≥20 | ≥40 |

③ 接闪网和接闪带宜采用热浸镀锌圆钢或扁钢，其尺寸应符合表 5.2-2 的规定。

④ 明敷接闪导体和引下线支架的间距不宜大于表 5.2-3 的规定，固定支架的高度不宜小于 150mm。

⑤ 接闪器的布置及保护范围应符合下列规定：

接闪器应由下列各形式之一或任意组合而成：

接闪网、接闪带及烟囱顶上的接闪环规格　表 5.2-2

| 类别<br>材料规格 | 圆钢直径(mm) | 扁钢截面积($mm^2$) | 扁钢厚度(mm) |
|---|---|---|---|
| 接闪网、接闪带 | ≥8 | ≥50 | ≥2.5 |
| 烟囱上接闪环 | ≥12 | ≥100 | ≥4 |

明敷接闪导体和引下线固定支架的间距　表 5.2-3

| 布置方式 | 扁形导体和绞线固定支架的间距(mm) | 单根圆形导体固定支架的间距(mm) |
|---|---|---|
| 水平安装的导体 | 500 | 1000 |
| 垂直安装于从地面至 20m 高的导体 | 1000 | 1000 |
| 垂直安装于 20m 高以上的导体 | 500 | 1000 |

A. 独立接闪杆；

B. 直接装设在建筑物上的接闪杆、接闪带或接闪网。

布置接闪器时应优先采用接闪网、接闪带或采用接闪杆，并应按表 5.2-4 规定的不同建筑防雷类别的滚球半径 $h_r$，采用滚球法计算接闪器的保护范围。

按建筑物的防雷类别布置接闪器　表 5.2-4

| 建筑物防雷类别 | 滚球半径 $h_r$(m) | 接闪网尺寸(m) |
|---|---|---|
| 第二类防雷建筑物 | 45 | ≤10×10 或≤12×8 |
| 第三类防雷建筑物 | 60 | ≤20×20 或≤24×16 |

2）采用滚球法对接闪杆（避雷针）进行保护范围计算

① 单支接闪杆的保护范围

单支接闪杆的保护范围应按下列方法确定，如图 5.2-1 所示。

A. 当接闪杆高度 $h$ 小于或等于 $h_r$ 时：

第 1 步：距地面 $h_r$ 处作一平行于地面的平行线。

第 2 步：以杆尖为圆心，$h_r$ 为半径作弧线交于平行线的 $A$、$B$ 两点。

第 3 步：以 $A$、$B$ 为圆心，$h_r$ 为半径作弧线，弧线与杆尖相交并与地面相切。弧线到地面为其保护范围。保护范围为一个对称的锥体。

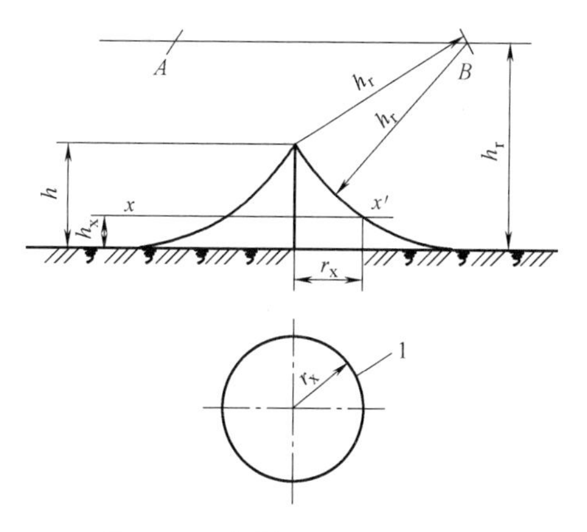

图 5.2-1　单支接闪杆的保护范围
1—$xx'$平面上保护范围的截面

第 4 步：接闪杆在 $h_x$ 高度的平面上和地面上的保护半径，应按式（5.2-3）、式（5.2-4）计算：

$$r_x=\sqrt{h(2h_r-h)}-\sqrt{h_x(2h_r-h_x)} \quad (5.2\text{-}3)$$

$$r_0=\sqrt{h(2h_r-h)} \quad (5.2\text{-}4)$$

式中　$r_x$——接闪杆在 $h_x$ 高度的平面上的保护半径，m；

$h_r$——滚球半径，按表 5.2-4 的规定取值，m；

$h_x$——被保护物的高度，m；

$r_0$——接闪杆在地面上的保护半径，m。

B. 当接闪杆高度 $h$ 大于 $h_r$ 时，在接闪杆上取高度等于 $h_r$ 的一点代替单支接闪杆杆尖作为圆心。其余的做法与 A 相同。式（5.2-3）和式（5.2-4）中的 $h$ 用 $h_r$ 代替。

② 案例分析

**例 5.2-1**　某厂一座 30m 高的水塔旁边，建有一水泵房（属第三类防雷建筑物），尺寸如图 5.2-2 所示。水塔上面装有一支高 2m 的接闪杆。试问此接闪杆能否保护这一水泵房。

**解：** 查表 5.2-4，知滚球半径 $h_r=60\text{m}$，而 $h=30\text{m}+2\text{m}=32\text{m}$，$h_x=8\text{m}$。

因此由式（5.2-3）得保护半径

$$r_x=\sqrt{h(2h_r-h)}-\sqrt{h_x(2h_r-h_x)}$$
$$=\sqrt{32(2\times60-32)}-\sqrt{8(2\times60-8)}$$
$$=23.13\text{m}$$

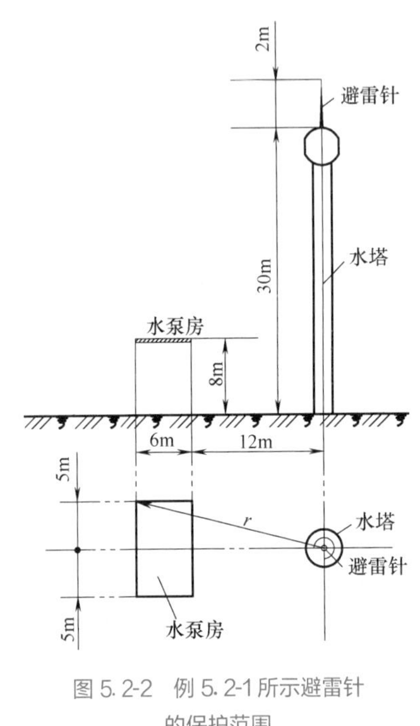


图 5.2-2　例 5.2-1 所示避雷针的保护范围

现水泵房在 $h_x=8\text{m}$ 高度上最远一角距离接闪杆的水平距离为

$$r=\sqrt{(12+6)^2+5^2}=18.7\text{m}<r_x$$

可见水塔上的接闪杆完全能保护这一水泵房。

有关多支（等高或不等高）支接闪杆及接闪线的保护范围，请查阅《建筑物防雷设计规范》GB 50057—2010 附录 D。

（2）引下线

1）建筑物防雷装置宜利用建筑物钢结构或结构柱的钢筋作为引下线。敷设在混凝土结构柱中作引下线的钢筋仅为一根时，其直径不应小于 10mm。当利用构造柱内钢筋时，其截面积总和不应小于一根直径 10mm 钢筋的截面积，且多根钢筋应通过箍筋绑扎或焊接连通。作为专用防雷引下线的钢筋应上端与接闪器、下端与防雷接地装置可靠连接，结构施工时做明显标记。

2）当专设引下线时，宜采用圆钢或扁钢。当采用圆钢时，直径不应小于 8mm。当采用扁钢时，截面积不应小于 $50\text{mm}^2$，厚度不应小于 2.5mm。

对于装设在烟囱上的引下线，圆钢直径不应小于 $12\text{mm}^2$，扁钢截面积不应小于 $100\text{mm}^2$，且扁钢厚度不应小于 4mm。

3）除利用混凝土中钢筋做引下线外，引下线应热浸镀锌，焊接处应涂防腐漆。在腐蚀性较强的场所，还应加大截面积或采取其他的防腐措施。

4）专设引下线宜沿建筑物外墙明敷设，并应以较短路径接地，建筑艺术要求较高者也可暗敷，但截面积应加大一级，圆钢直径不应小于 10mm，扁钢截面积不应小

于 $80mm^2$。

5）建筑物的钢梁、钢柱、消防梯等金属构件，以及幕墙的金属立柱等宜作为引下线，其所有部件之间均应连成电气通路，各金属构件可覆有绝缘材料。

6）采用专设引下线时，宜在各专设引下线距地面0.3～1.8m处设置断接卡。当利用钢筋混凝土中的钢筋、钢柱做引下线并同时利用基础钢筋做接地网时，可不设断接卡。当利用钢筋做引下线时，应在室内外适当地点设置连接板，供测量接地、接人工接地体和等电位联结用。

当仅利用钢筋混凝土中钢筋作引下线并采用埋于土壤中的人工接地体时，应在每根专用引下线的距地面不低于0.5m处设接地体连接板。采用埋于土壤中的人工接地体时，应设断接卡，其上端应与连接板或钢柱焊接。连接板处应有明显标志。

（3）接地装置

1）民用建筑宜优先利用钢筋混凝土基础中的钢筋作为防雷接地网。当需要增设人工接地体时，若敷设于土壤中的接地体连接到混凝土基础内钢筋或钢材，则土壤中的接地体宜采用铜质、镀铜或不锈钢导体。

2）单独设置的人工接地体，其垂直埋设的接地极，宜采用圆钢、钢管、角钢等。水平埋设的接地极及其连接导体宜采用扁钢、圆钢等。人工接地体的最小尺寸应符合表5.2-5的规定。

接地体的材料、结构和最小尺寸　　表5.2-5

| 材料 | 结构 | 最小尺寸 | | | 备注 |
|---|---|---|---|---|---|
| | | 垂直接地体直径(mm) | 水平接地体($mm^2$) | 接地板(mm) | |
| 铜、镀锡铜 | 铜绞线 | — | 50 | — | 每股直径1.7mm |
| | 单根圆铜 | 15 | 50 | — | |
| | 单根扁铜 | — | 50 | — | 厚度2mm |
| | 铜管 | 20 | — | — | 壁厚2mm |
| | 整块铜板 | — | — | 500×500 | 厚度2mm |
| | 网格铜板 | — | — | 600×600 | 各网格边截面积25mm×2mm，网格网边总长度不少于4.8m |
| 热镀锌钢 | 圆钢 | 14 | 78 | — | |
| | 钢管 | 25 | — | — | 壁厚2mm |
| | 扁钢 | — | 90 | — | 厚度3mm |
| | 钢板 | — | — | 500×500 | 厚度3mm |
| | 网格钢板 | — | — | 600×600 | 各网格边截面积30mm×3mm，网格网边总长度不少于4.8m |
| | 型钢 | 不同截面积的型钢，其截面积不小于$290mm^2$，最小厚度3mm，可采用50mm×50mm×3mm角钢 | — | — | — |

续表

| 材料 | 结构 | 最小尺寸 | | | 备注 |
|---|---|---|---|---|---|
| | | 垂直接地体直径(mm) | 水平接地体($mm^2$) | 接地板(mm) | |
| 裸钢 | 钢绞线 | — | 70 | — | 每股直径 1.7mm |
| | 圆钢 | — | 78 | — | — |
| | 扁钢 | — | 75 | — | 厚度 3mm |
| 外表镀铜的钢 | 圆钢 | 14 | 50 | — | 镀铜厚度至少 250μm,铜纯度 99.9% |
| | 扁钢 | — | 90(厚 3mm) | — | |
| 不锈钢 | 圆形导体 | 15 | 78 | — | — |
| | 扁形导体 | — | 100 | — | 厚度 2mm |

3）接地极及其连接导体应热浸镀锌，焊接处应涂防腐漆。在腐蚀性较强的土壤中，还应适当加大其截面积或采取其他防腐措施。

4）垂直接地体的长度宜为 2.5m。垂直接地极间的距离及水平接地极间的距离均宜为 5m，当设置受到限制时可减小。

5）接地极埋设深度不宜小于 0.6m，并应敷设在当地冻土层以下，其距墙或基础不宜小于 1m。接地极应远离由于高温影响使土壤电阻率升高的地方。

6）当采用敷设在钢筋混凝土中的单根钢筋作为防雷装置时，钢筋的直径不应小于 10mm。

7）沿建筑物外面四周敷设成闭合环状的水平接地体，可埋设在建筑物散水以外的基础槽边。

## 2. 内部防雷装置

(1) 避雷器

避雷器是一种过电压保护设备，用来防止雷电所产生的大气过电压沿架空线路侵入变电所或其他建筑物内，以免危及被保护设备的绝缘。避雷器也可用来限制内部过电压。避雷器与保护设备并联且位于电源侧，其放电电压低于被保护设备的绝缘耐压值。如图 5.2-3 所示，沿线路侵入的过电压，将首先使避雷器击穿并对地放电，从而保护了它后面的设备的绝缘。

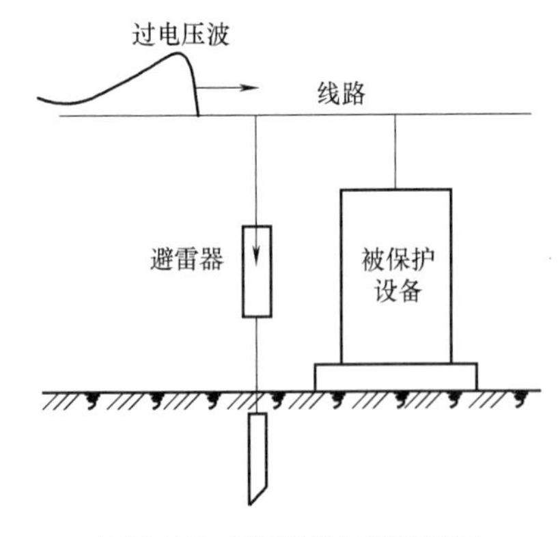

图 5.2-3 避雷器的原理接线图

避雷器的主要类型有管式避雷器、阀式避雷器和金属氧化物避雷器等。

1）管式避雷器

管式避雷器亦称排气式避雷器，它由产气管、内部间隙和外部间隙 3 部分组成，如图 5.2-4 所示。产气管由纤维、有机玻璃或塑料制成，它们在电弧高温的作用下能产生大量气体用于加速灭弧。

当线路发生过电压时，外部间隙和内部间隙都被击穿，将雷电流泄入大地。随之而来

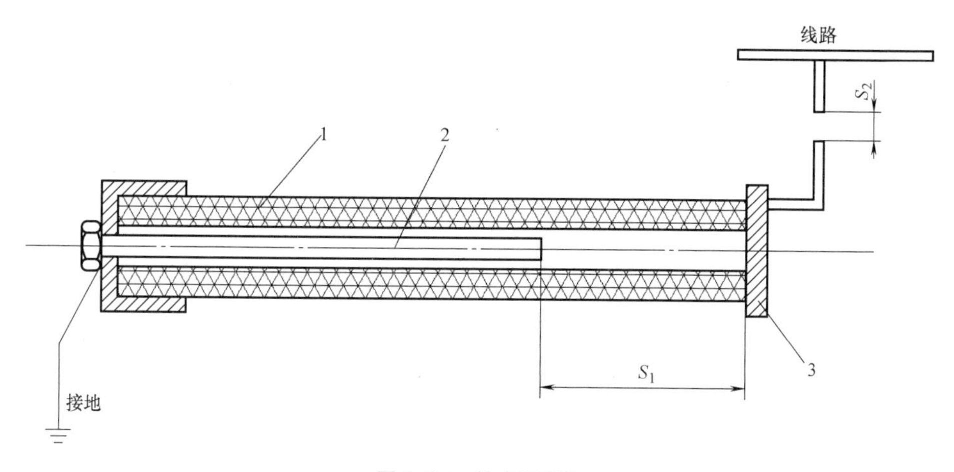


图 5.2-4　管式避雷器

1—产气管；2—内部电极；3—外部电极；$S_1$—内部间隙；$S_2$—外部间隙

的工频续流也在管内产生电弧，使产气管内产生高压气体并从环形管口喷出，强烈吹弧，在电流第一次过零时，电弧即可熄灭。这时外部间隙的空气恢复了绝缘，使避雷器与系统隔离，恢复正常运行。

排气式避雷器具有残压小的突出优点，且简单经济，但动作时有气体吹出，因此一般只用于户外线路，变配电所内则一般采用阀式避雷器。

2）阀式避雷器

阀式避雷器由火花间隙和阀片串联组成，装在密封的瓷套管内。火花间隙由铜片冲制而成，每对间隙用厚 0.5～1mm 的云母垫圈隔开，如图 5.2-5（a）所示。正常情况下，火花间隙可阻止线路上的工频电流通过；但在雷电过电压作用下，火花间隙被击穿放电。阀片是用陶料黏固起来的电工用金钢砂（碳化硅）颗粒组成的，如图 5.2-5（b）所示。这种阀片具有非线性特性，正常电压时，阀片电阻很大，过电压时，阀片电阻变得很小，如图 5.2-5（c）所示。因此，当线路上出现过电压时，火花间隙被击穿，阀片能使雷电流顺畅地向大地泄放。而当过电压消失后，线路上恢复工频电压时，阀片则呈现很大的电阻，使火花间隙绝缘迅速恢复而切断工频续流，从而保证线路恢复正常运行。必须注意：雷电流流过阀片电阻时要形成电压降，这就是残余的过电压，称为残压。残压要加在被保

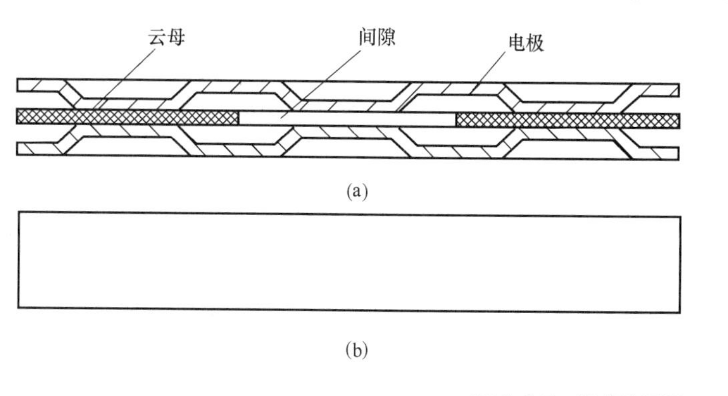


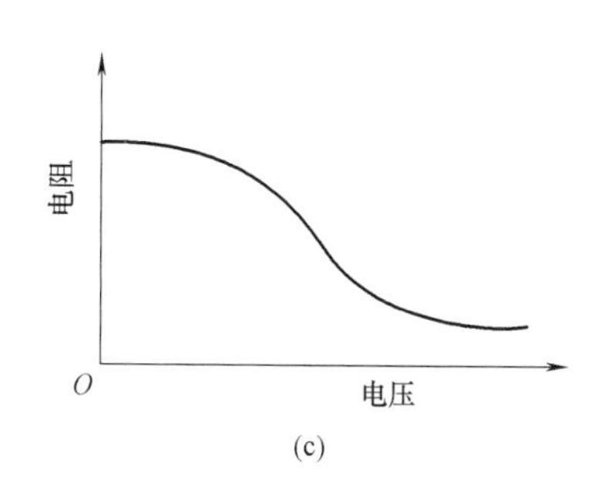


图 5.2-5　阀式避雷器

（a）单元火花间隙；（b）阀片；（c）阀片电阻的伏安特性曲线

护设备上，因此残压不能超过设备绝缘允许的耐压值，否则设备绝缘仍可能被击穿。

阀式避雷器的选择，如表 5.2-6 所示。

阀式避雷器的选择 表 5.2-6

<table>
<tr><th>序号</th><th>选择项目</th><th colspan="2">技术要求</th></tr>
<tr><td>1</td><td>形式</td><td colspan="2">(1)低电阻接地系统宜采用金属氧化物避雷器；<br>(2)不接地、消弧线圈接地和高电阻接地系统，根据系统中谐振过电压和间歇性电弧接地过电压等发生的可能性及其严重程度，可任选金属氧化物避雷器或碳化硅普通阀式避雷器</td></tr>
<tr><td rowspan="2">2</td><td rowspan="2">持续运行电压与额定电压</td><td>串联间隙金属氧化物避雷器和碳化硅阀式避雷器的额定电压</td><td>对 10(6)kV 和 35kV 系统分别不低于 $1.1U_{m}$ 和 $U_{m}$($U_{m}$ 为系统最高运行电压，对 6kV 系统为 6.9kV；对 10kV 系统为 11.5kV；对 35kV 系统为 40.5kV)</td></tr>
<tr><td>无间隙金属氧化物避雷器的相对地持续运行电压和额定电压</td><td>1)对不接地的 10(6)kV 系统分别不低于 $1.1U_{m}$ 和 $1.38U_{m}$；<br>2)对不接地的 35kV 系统分别不低于 $U_{m}$ 和 $1.25U_{m}$；<br>3)对经消弧线圈接地系统分别不低于 $U_{m}$ 和 $1.25U_{m}$；<br>4)对经低电阻接地系统分别不低于 $0.8U_{m}$ 和 $U_{m}$；<br>5)对经高电阻接地系统分别不低于 $1.1_{m}U$ 和 $1.38U_{m}$</td></tr>
<tr><td>3</td><td>标称放电电流下的残压</td><td colspan="2">不应大于被保护电气设备(旋转电机除外)标准雷电冲击全波耐受电压的 71%</td></tr>
</table>

3）金属氧化物避雷器

金属氧化物避雷器又称压敏避雷器。它是一种由压敏电阻片构成的新型避雷器。压敏电阻片以氧化锌（ZnO）为主要原料，附加少量其他金属氧化物，经高温焙烧而成为多晶半导体陶瓷元件。它具有优良的阀特性，在工频电压下，它呈现极大的电阻，能迅速有效地抑制工频续流。而在过电压下，其电阻又变得很小，能很好地泄放雷电流。金属氧化物避雷器体积小、重量轻、结构简单、残压低、响应快，是一种很有发展前途的过电压保护设备。

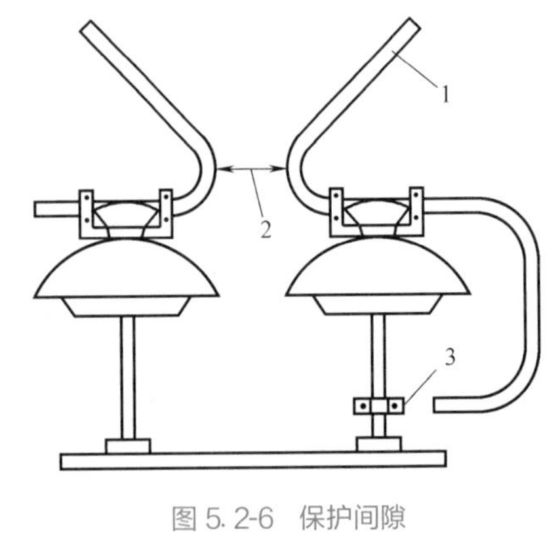


图 5.2-6 保护间隙

1—圆钢；2—主间隙；3—辅助间隙

4）保护间隙

保护间隙又称角式避雷器，其结构如图 5.2-6 所示。它简单经济，维护方便，但保护性能差，灭弧能力小，且容易造成接地或短路故障。因此对于装有保护间隙的线路，一般要求装设 ARD（自动重合闸装置）与之配合，以提高供电可靠性。保护间隙是一种最简单的过电压保护设备。排气式避雷器实质上就是具有较高灭弧能力的保护间隙。

（2）电涌保护器

电通保护器（SPD），又称浪涌保护器，实际上也就是一种防雷击电磁脉冲的防雷装置。目前应用最广泛的是氧化锌压敏电阻型电涌保护器。根据 IEC（国际电工委员会）规定，电涌保护器是一种抑制过电压和过电流的保护装置。它具有快速响应的特点，通过自身优良的非线性特性来实现对过电压和过电流的抑制作用。

1）电涌保护器的作用

电涌保护器的作用是将电气系统、信息系统中作等电位联结的带电导体（例如电源线、信号线等）经过电涌保护器与接地系统联结。利用电涌保护器的非线性特性来限制瞬时过电压和分流瞬时过电流，从而形成准等电位联结，以达到保护电气系统和信息系统的目的。

电涌保护器（SPD）一般并联在电源线路上。在正常工作条件下，快速响应模块呈现高电阻特性，泄漏电流很小，当电源线路上出现过电压时，流过快速响应模块上的电流迅速增加，快速响应模块呈现低电阻特性，使过电压的能量迅速经 SPD 泄放到大地，从而抑制了电源线路的过电压。

2）电涌保护器的分类

按其工作原理分类，SPD 可以分为电压开关型、限压型及组合型。

① 电压开关型 SPD

在没有瞬时过电压时，呈现高阻抗，一旦响应雷电瞬时过电压，其阻抗就突变为低阻抗，允许雷电流通过，也被称为“短路开关型 SPD”，主要泄放的是 $10\mu s/350\mu s$ 电流波。

② 限压型 SPD

当没有瞬时过电压时，为高阻抗，但随电涌电流和电压的增加，其阻抗会不断减小，其电流电压特性为强烈非线性，有时被称为“钳压型 SPD”，主要泄放的是 $8\mu s/20\mu s$ 电流波。

③ 组合型 SPD

由电压开关型组件和限压型组件组合而成，兼有电压开关型或限压型或两者兼有的特性，这决定于所加电压的特性。

3）电涌保护器的主要技术参数

① 冲击电流 $I_{imp}$：它反映了 SPD 耐受雷电流的能力，包括幅值电流和电荷，其值可根据建筑物的防雷等级和进入建筑物的各种设施进行分流计算而获得。

② 标称放电电流 $I_n$：流过 SPD 的 $8\mu s/20\mu s$ 电流波的峰值电流，用于对 SPD 做Ⅱ级分类实验的预处理。对于Ⅰ级分类实验 $I_n$ 不小于 15kA，对于Ⅱ级分类实验 $I_n$ 不小于 5kA。

③ 最高保护水平 $U_p$：在标称放电电流下的残压，又称 SPD 的最大钳压，对于电源保护而言，可分为一、二、三级保护，保护级别决定其安装位置，在信息系统中保护级别需与被保护系统和设备的耐压能力相匹配。

④ 残压 $U_r$：放电电流通过 ZnO 阀片时在 SPD 端子间产生的电压峰值。它充分反映了设备的性能和保护水平。选用防雷设备时，首要考虑的就是将残压限制在一定的水平。

⑤ 响应时间 $t_A$：这是 SPD 的一个重要的参数，SPD 响应时间通常被认为是从施加一个浪涌波形起到该组件动作止的时间。

电涌保护器的接线形式见《建筑物防雷设计规范》GB 50057—2010 附录 J. 1。

### 5.2.3　知识点—电气装置电压保护设计

1. 高压电气装置过电压保护

高压电气装置的过电压保护设计，主要依据《交流电气装置的过电压保护和绝缘配合》DL/T 620—1997 设置雷电过电压保护和内部过电压保护措施。

(1) 雷电过电压保护

1) 变配电所的雷电过电压保护

① 直击雷过电压保护

A. 35kV 变电所的户外配电装置应装设避雷针保护，但不宜装设在高压配电装置架构或房顶上。独立避雷针的装设要求见表 5.2-7。

独立避雷针的装设要求 表 5.2-7

| 序号 | 项目 | 技术要求 |
|---|---|---|
| 1 | 接地装置 | 独立避雷针宜设独立的接地装置。在非高土壤电阻率地区，其接地电阻不宜超过 10Ω。当有困难时，该接地装置可与主接地网连接，但避雷针与主接地网的地下连接点至 35kV 及以下设备与主接地网的地下连接点之间，沿接地体的长度不得小于 15m |
| 2 | 装设位置 | 独立避雷针不应设在人经常通行的地方，避雷针及其接地装置与道路或出入口等的距离不宜小于 3m，否则应采取均压措施，或铺设砾石或沥青地面，也可铺设混凝土地面 |
| 3 | 安全距离 | (1)独立避雷针与配电装置带电部分、变电所电气设备接地部分、架构接地部分之间的空气中距离，应符合下式的要求：<br>$S_a \geqslant 0.2R_i + 0.1h$<br>式中 $S_a$——空气中距离，m；$R_i$——避雷针的冲击接地电阻，Ω；$h$——避雷针校验点的高度，m。<br>(2)独立避雷针的接地装置与变电所接地网间的地中距离，应符合下式的要求：<br>$S_e \geqslant 0.3R_i$<br>式中 $S_e$——地中距离，m。<br>(3)除上述要求外，对避雷针，$S_a$ 不宜小于 5m，$S_e$ 不宜小于 3m。<br>对 35kV 及以下配电装置，包括组合导线、母线廊道等，应尽量降低感应过电压，当条件许可时，$S_a$ 应尽量增大 |

B. 全户内独立 35kV 及以下变电所根据年预计雷击次数确定防雷等级并设置防雷装置。屋顶上直击雷保护装置的接地引下线应与主接地网连接，并在连接线处加装集中接地装置（为加强对雷电流的散流作用，降低对地电位而附加敷设 3～5 根垂直接地极）。已在相邻高建筑物保护范围内的建筑物或设备，可不装设直击雷保护装置。

② 雷电波侵入过电压保护

A. 变电所进线段的雷电波侵入过电压保护技术要求

如图 5.2-7 (a) 所示，未沿全线架设避雷线的 35kV 架空送电线路，应在变电所 1～2km 的进线段架设避雷线。避雷线保护角不宜超过 20°，最大不应超过 30°。在雷雨季节，如变电所 35kV 进线的隔离开关或断路器可能经常断路运行，同时线路侧又带电，必须在靠近隔离开关或断路器处装设一组排气式避雷器 FE 或用阀式避雷器代替。

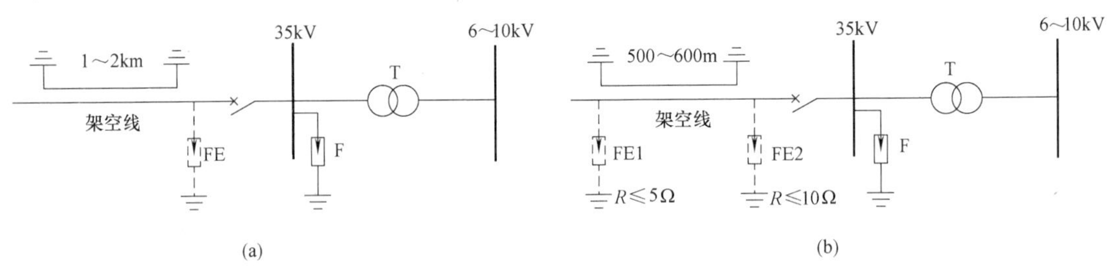


图 5.2-7 变电所 35kV 架空线路进线段的保护

3150～5000kVA 的变电所 35kV 侧，可根据负荷的重要性及雷电活动的强弱等条件适当简化保护接线，进线段的避雷线长度可减少到 500～600m，但其首端排气式避雷器或保护间隙的接地电阻不应超过 5Ω。

如图 5.2-8 所示，变电所的 35kV 及以上电缆进线段，在电缆与架空线的连接处应装设阀式避雷器，其接地端应与电缆金属外皮连接。对三芯电缆，末端的金属外皮应直接接地。

如电缆长度超过 50m，且断路器在雷季可能经常断路运行，应在电缆末端装设排气式避雷器或阀式避雷器。连接电缆段的 1km 架空线路应架设避雷线。

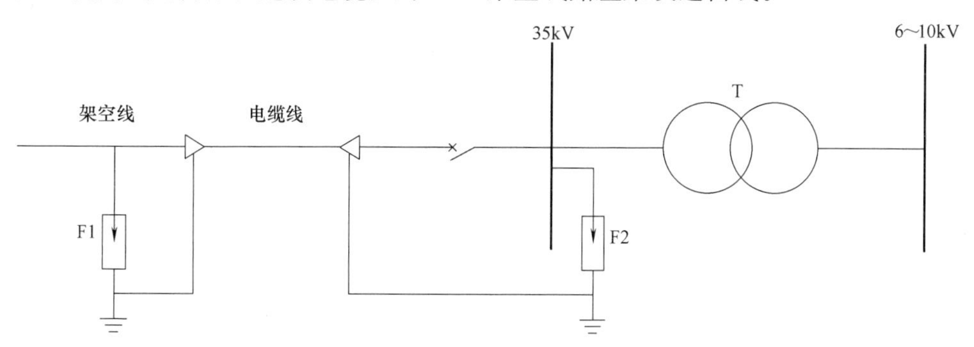


图 5.2-8 变电所 35kV 电缆线路进线段的保护

如图 5.2-9 所示，35kV 变电所的 10（6）kV 配电装置（包括电力变压器），应在每组母线和架空进线上应装设阀式避雷器（分别采用电站和配电阀式避雷器）。

架空进线全部在厂区内，且受到其他建筑物屏蔽时，可只在母线上装设阀式避雷器。

有电缆段的架空线路，阀式避雷器应装设在电缆头附近，其接地端应和电缆金属外皮相连。

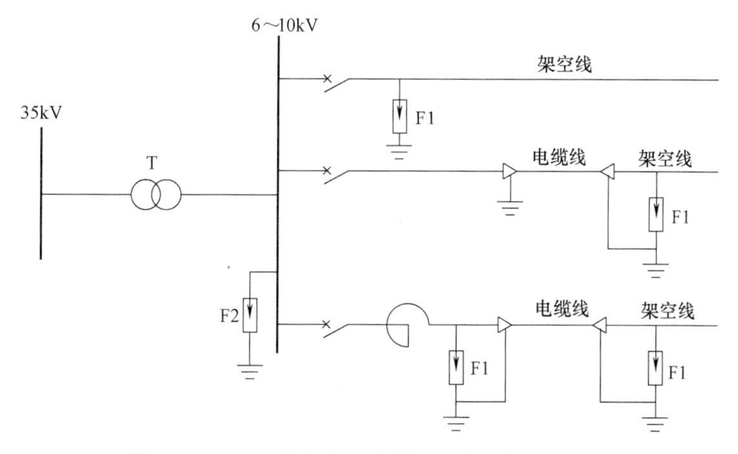


图 5.2-9 35kV 变电所 10（6） kV 配电装置的保护

10（6）kV 配电所当无所用变压器时，可仅在每路架空进线上装设阀式避雷器。

B. 变电所的母线上阀式避雷器（电站型）与主变压器及其他被保护设备的电气距离不宜大于表 5.2-8 所列数值。

C. 阀式避雷器应以最短的接地线与变配电的主接地网连接（包括通过电缆金属外皮连接）。同时应在其附近装设集中接地装置。

阀式避雷器到主变压器间的最大电气距离 表 5.2-8

| 系统标称电压（kV） | 进线段避雷线长度（km） | 雷季经常运行的进线路数 | | | |
|---|---|---|---|---|---|
| | | 1 | 2 | 3 | 4 |
| 10(6) | 0 | 15 | 20 | 25 | 30 |
| 35 | 1 | 25 | 40 | 50 | 55 |
| | 1.5 | 40 | 55 | 65 | 75 |
| | 2 | 50 | 75 | 90 | 105 |

D. 10（6）kV/0.4kV 配电变压器应装设阀式避雷器保护。阀式避雷器应尽量靠近变压器装设，其接地线应与变压器低压侧中性点（中性点不接地时则为中性点的击穿保险器的接地端）以及金属外壳等连在一起接地。

E. 10（6）kV Yyn 和 Yy（低压侧中性点接地和不接地）联结的配电变压器，宜在低压侧装设一组阀式避雷器或击穿保险器，以防止反变换波和低压侧雷电侵入波击穿高压侧绝缘。

F. 35kV/0.4kV 配电变压器，其高低压侧均应装设阀式避雷器保护。

2）高压架空线路的雷电过电压保护

① 35kV 及以下线路，一般不沿全线架设避雷线。

② 除少雷区外，10（6）kV 钢筋混凝土杆配电线路，宜采用瓷或其他绝缘材料的横担；如果用铁横担，对供电可靠性要求高的线路宜采用高一电压等级的绝缘子，并应尽量以较短的时间切除故障，以减少雷击跳闸和断线事故。

（2）暂时过电压和操作过电压保护

1）暂时过电压保护

暂时过电压包括工频过电压和谐振过电压。35kV 及以下电力网一般不需要采取专门措施限制工频过电压。对于 6～35kV 不接地系统或消弧线圈接地系统的谐振过电压保护，重点是做好电磁式电压互感器过饱和产生的铁磁谐振过电压的限制措施，如选用励磁特性饱和点较高的电磁式电压互感器，必要时可装设消谐器。

2）操作过电压保护

对于 35kV 及以下系统的操作过电压保护，主要是选择性能良好的真空断路器或 $SF_6$ 断路器；必要时装设金属氧化物避雷器，作为限制操作过电压的后备保护装置。

### 2. 低压电气装置过电压保护

低压电气装置中可能出现两种危及设备安全或人身安全的过电压，一种是 10（6）kV/0.4kV 变电所高压侧接地故障在低压电气装置内引起的暂态工频对地过电压，另一种是雷电在低压电气装置中引起的瞬态脉冲过电压。雷电在低压电气装置内引起的瞬态脉冲过电压又有两种情况：一种是远处对地雷击时地面瞬变电磁场在架空电源线路上感应产生的脉冲过电压，当其沿电源线路进入建筑物电气装置内，可能导致电气设备绝缘击穿事故；另一种为建筑物直接被雷击或建筑物附近落雷时，强大的瞬变电磁场直接在电气装置内感应产生的雷击电磁脉冲，严重威胁到建筑物电子信息系统的安全。

（1）防暂态工频对地过电压

10（6）kV/0.4kV 变电所高压侧接地故障时，故障电流会在变压器中性点接地电阻

$R_B$ 上产生故障电压，此故障电压传导到低压系统会引起暂态工频对地过电压，视不同的低压系统接地形式，有的可能会危及人身安全，有的可能危及设备安全。因此，必须按表5.2-9的要求进行防护。

防暂态工频对地过电压　　表 5.2-9

| 序号 | 高压系统接地形式 | | 防护措施 |
|---|---|---|---|
| 1 | 10(6)kV/0.4kV 电网为不接地系统或消弧线圈接地 | | 变电所低压系统无需采取措施防范幅值不大的工频过电压的危害 |
| 2 | 10(6)kV/0.4kV 电网为低电阻接地系统 | 变电所和低压用户不在同一建筑物内 | 最有效的防护措施是在变电所分设两个接地极，即高低压系统的保护接地与变压器中性点接地分开设置（两者间距大于10m）。否则，应采取下列措施：<br>(1)TN 系统：建筑物内电气装置应实施总等电位联结，其户外部分应采用局部 TT 系统，以防人身电击事故的发生；<br>(2)TT 系统：应降低 10(6)kV/0.4kV 变电所保护接地的接地电阻 $R_B$，并限制高压侧接地故障电流 $I_d$，使与 $R_B$ 的乘积小于1200V，以防低压电气装置内绝缘击穿事故的发生；<br>(3)任何系统接地形式，只要变电所保护接地电阻不超过1Ω，或带有已接地金属护层的高低压电缆长度超过1km时，可认为符合防电击和绝缘配合的要求 |
| | | 变电所和低压用户在同一建筑物内 | 由于总等电位联结的作用，无需采取措施防范低压电气装置内这一工频暂态过电压的危害 |

（2）防电源线路引入的雷电脉冲过电压

1）当自电网引来的低压电源线路全部为埋地电缆或架空的屏蔽层接地的电缆时，如果建筑物低压电气装置内的设备已具有符合规范要求的耐冲击过电压水平，只要采取等电位联结与保护接地措施，一般无需装设防此类脉冲过电压的电涌保护器（SPD）。

2）当低压电源线路全部或部分为架空线路时，除采取等电位联结与保护接地措施，还需在电源进线处装设Ⅰ级试验（10μs/350μs 波形）的电涌保护器来防范沿电源线路侵入的雷电脉冲过电压（即雷电波侵入）。

3）当 Yyn0 或 Dyn11 联结的配电变压器设在本建筑物内或附设于外墙处时，应在变压器高压侧装设避雷器；在低压侧的配电屏上，当有线路引出本建筑物时，应在母线上装设Ⅰ级试验的电涌保护器；当无线路引出本建筑物时，可在母线上装设Ⅱ级试验（8μs/20μs 波形）的电涌保护器。

（3）防雷击电磁脉冲

1）一般规定

① 防雷击电磁脉冲除遵守建筑物防雷设计一般规定外，尚应符合本任务所规定的基本要求。

② 在工程的设计阶段不知道电子信息系统的规模和具体位置的情况下，若预计将来会有需要防雷击电磁脉冲的电子信息系统，应在设计时将建筑物的金属支撑物、金属框架或钢筋混凝土的钢筋等自然构件、金属管道、配电的保护接地系统等与防雷装置组成一个接地系统，并应在一些合适的地方预埋等电位联结板。

③ 当电源采用 TN 系统时，从建筑物内总配电盘（箱）开始引出的配电线路和分支

线路必须采用 TN-S 系统。

2）防雷区及防雷击电磁脉冲的典型方案

① 防雷区是指雷击时，在建筑物或装置内、外空间形成的闪电电磁环境需要限定和控制的那些区域。划分防雷区是为了限定各部分空间不同的雷击电磁脉冲强度，以界定各空间内被保护设备相应的防雷击电磁干扰水平，并界定等电位联结点及保护器件（SPD）的安装位置。防雷区的划分是以在各区交界处的雷电电磁环境有明显变化作为特征来确定的。

各防雷区的定义及划分原则见表 5.2-10。

防雷区（LPZ）的定义及划分原则　　表 5.2-10

| 防雷区 | 定义及划分原则 | 举例 |
| --- | --- | --- |
| $LPZ0_A$ 区 | 本区内的各物体都可能遭到直接雷击并导走全部雷电流，以及本区内的雷击电磁场强度没有衰减时 | 建筑物屋顶接闪器保护范围以外的空间区域 |
| $LPZ0_B$ 区 | 本区内的各物体不可能遭到大于所选滚球半径对应的雷电流直接雷击，以及本区内的雷击电磁场强度仍没有衰减时 | 接闪器保护范围以内的室外空间区域或没有采取电磁屏蔽措施的空间 |
| LPZ1 区 | 本区内的各物体不可能遭到直接雷击，且由于在界面处的分流，流经各导体的电涌电流比 $LPZ0_B$ 区内的更小，以及本区内的雷击电磁场强度可能衰减，衰减程度取决于屏蔽措施时 | 具有直击雷防护的建筑物内部空间，其外墙可能有钢筋或金属壁板等屏蔽措施 |
| LPZ$n$＋1 区（$n$＝1、2……）后续防护区 | 需要进一步减小流入的电涌电流和雷击电磁场强度时，增设的后续防雷区 | 建筑物内装有电子系统设备的房间，该房间设置有电磁屏蔽；设置于电磁屏蔽室内且具有屏蔽外壳的设备内部空间 |

② 安装磁场屏蔽后续防雷区、安装协调配合好的多组电涌保护器，宜按需要保护的设备的数量、类型和耐压水平及其所要求的磁场环境选择。

采用防雷电磁脉冲措施的典型方案如图 5.2-10 所示。

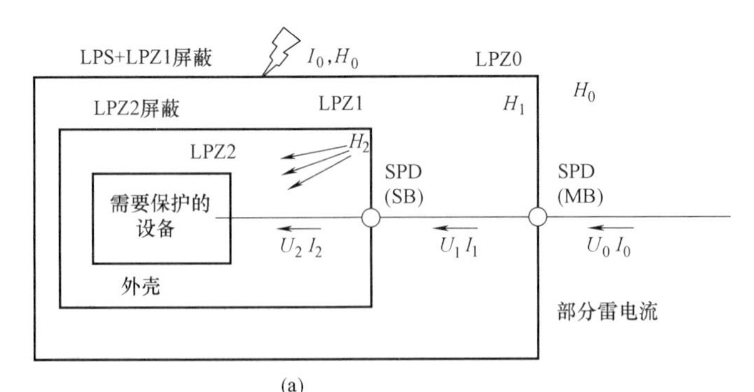


(a)

注：设备得到良好的防导入电涌的保护，$U_2 \ll U_0$ 和 $I_2 \ll I_0$，以及 $H_2 \ll H_0$ 防辐射磁场的保护。

图 5.2-10　采用防雷电磁脉冲措施的典型方案（一）

（a）采用大空间屏蔽和协调配合好的电涌保护器保护

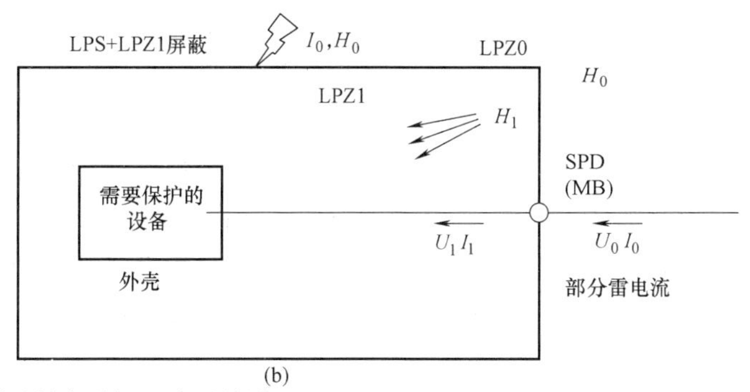


(b)

注：设备得到防导入电涌的保护，$U_1 < U_0$ 和 $I_1 < I_0$，以及 $H_1 < H_0$ 防辐射磁场的保护。

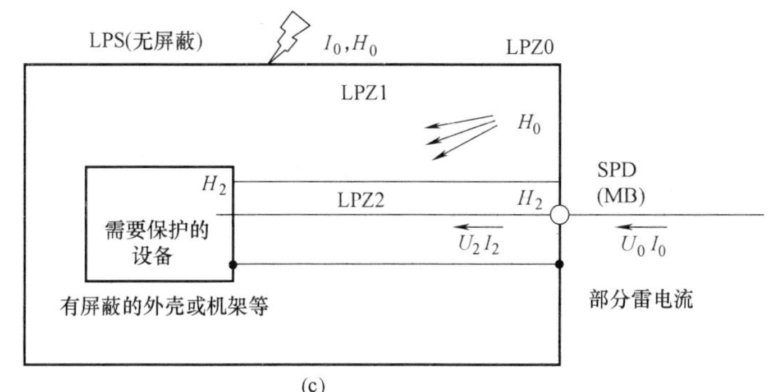


(c)

注：设备得到防线路导入电涌的保护，$U_2 < U_0$ 和 $I_2 < I_0$，以及 $H_2 < H_0$ 防辐射磁场的保护。

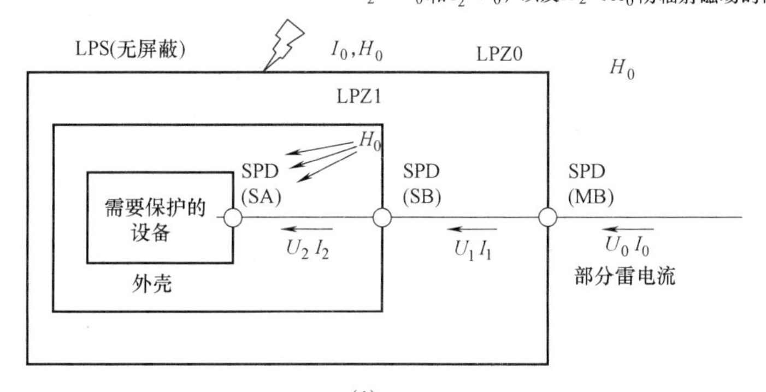


(d)

注：设备得到防线路导入电涌的保护，$U_2 \ll U_0$ 和 $I_2 \ll I_0$，但不需要防 $H_0$ 辐射磁场的保护。

图 5.2-10　采用防雷电磁脉冲措施的典型方案（二）

（b）采用 LPZ1 的大空间屏蔽和进户处安装电涌保护器的保护；（c）采用内部线路屏蔽和在进入 LPZ1 处安装电涌保护器的保护；（d）仅采用协调配合好的电涌保护器保护

③ 在两个防雷区的界面上宜将所有通过界面的金属物做等电位联结。由于工艺要求或其他原因，被保护设备的安装位置不正好设在界面处而是设在其附近，在这种情况下，当线路能承受所发生的电涌电压时，电涌保护器可安装在被保护设备处，而线路的金属保护层或屏蔽层宜首先于界面处做一等电位联结（注：$LPZ0_A$ 与 $LPZ0_B$ 区之间无实物界面）。

3）屏蔽、接地和等电位联结的要求

① 屏蔽

A. 所有与建筑物组合在一起的大尺寸金属件都应等电位联结在一起，并应与防雷装置相连。但第一类防雷建筑物的独立接闪器及其接地装置应除外。

B. 在需要保护的空间内，采用屏蔽电缆时其屏蔽层应至少在两端，并宜在防雷区交界处做等电位联结，系统要求只在一端做等电位联结时，应采用两层屏蔽或穿钢管敷设，外层屏蔽或钢管应至少在两端，并宜在防雷区交界处做等电位联结。

C. 分开的建筑物之间的连接线路，若无屏蔽层，线路应敷设在金属管、金属格栅或钢筋成格栅形的混凝土管道内。金属管、金属格栅或钢筋格栅从一端到另一端应是导电贯通，并应在两端分别连到建筑物的等电位联结带上。若有屏蔽层，屏蔽层的两端应连到建筑物的等电位联结带上。

D. 对由金属物、金属框架或钢筋混凝土钢筋等自然构件构成建筑物或房间的格栅形大空间屏蔽，应将穿入大空间屏蔽的导电金属物就近与其做等电位联结。

② 接地

A. 每幢建筑物本身应采用一个接地系统，如图 5.2-11 所示。

B. 当互相邻近的建筑物之间有电气和电子系统的线路连通时，宜将其接地装置互相连接，可通过接地线、PE 线、屏蔽层、穿线钢管、电缆沟的钢筋、金属管道等连接。

③ 等电位联结

穿过各防雷区界面的金属物和建筑物内系统，以及在一个防雷区内部的金属物和建筑物内系统，均应在界面处附近做符合下列要求的等电位联结：

A. 所有进入建筑物的外来导电物均应在 $LPZ0_A$ 或 $LPZ0_B$ 与 LPZ1 区的界面处做等电位联结。当外来导电物、电气和电子系统的线路在不同地点进入建筑物时，宜设若干等电位联结带，并应将其就近连到环形接地体、内部环形导体或在电气上贯通并连通到接地体或基础接地体的钢筋上。环形接地体和内部环形导体应连到钢筋或金属立面等其他屏蔽构件上，宜每隔 5m 联结一次。

B. 穿过防雷区界面的所有导电物、电气和电子系统的线路均应在界面处做等电位联结。宜采用一局部等电位联结带做等电位联结，各种屏蔽结构或设备外壳等其他局部金属物也连到局部等电位联结带。

C. 所有电梯轨道、起重机、金属地板、金属门框架、设施管道、电缆桥架等大尺寸的内部导电物，其等电位联结应以最短路径连到最近的等电位联结带或其他已做了等电位联结的金属物或等电位联结网络，各导电物之间宜附加多次互相联结。

4）配电线路用电涌保护器的选择与配合

① 类型选择

A. 在 $LPZ0_A$ 或 $LPZ0_B$ 区与 LPZ1 区交界处，在从室外引来的线路上安装的 SPD，应选用符合Ⅰ级分类试验的 SPD。

B. 在 LPZ1 与 LPZ2 区及后续防雷区界面处，当需要时，应选用符合Ⅱ级或Ⅲ级分类试验的 SPD。

C. 使用直流电源的信息设备，视其工作电压要求，宜安装适配的 SPD。

② 电压保护水平 $U_p$ 选择

SPD 的电压保护水平 $U_p$ 加上其两端引线（至保护对象前）的感应电压之和，应小于所在系统和设备的绝缘耐冲击电压值，并宜大于被保护设备耐压水平的 80%。通常，当被保护设备距电涌保护器的距离沿线路的长度大于 5m 且小于或等于 10m 时，配电线路

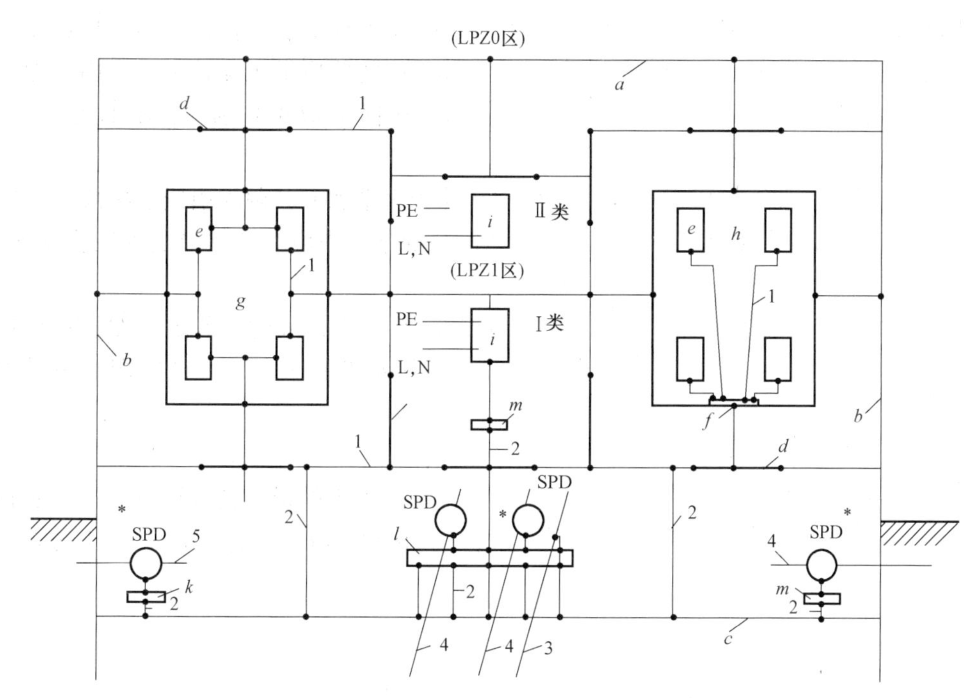


图 5.2-11 接地、等电位联结和共用接地系统的构成

*a*—防雷装置的接闪器及可能是建筑物空间屏蔽的一部分；

*b*—防雷装置的引下线及可能是建筑物空间屏蔽的一部分；

*c*—防雷装置的接地装置（接地体网络、共用接地体网络）以及可能是建筑物空间屏蔽的一部分，如基础内钢筋和基础接地体；

*d*—内部导电物体，在建筑物内及其上不包括电气装置的金属装置，如电梯轨道，起重机，金属地面，金属门框架，各种服务性设施的金属管道，金属电缆桥架，地面、墙和顶棚的钢筋；

*e*—局部电子系统的金属组件；

*f*—代表局部等电位联结带单点联结的接地基准点（ERP）；

*g*—局部电子系统的网形等电位联结结构；

*h*—局部电子系统的星形等电位联结结构；

*i*—固定安装有PE线的Ⅰ类设备和无PE线的Ⅱ类设备；

*k*—主要供电气系统等电位联结用的总接地带、总接地母线、总等电位联结带，也可用作共用等电位联结带；

*l*—主要供电子系统等电位联结用的环形等电位联结带、水平等电位联结导体，在特定情况下采用金属板，也可用作共用等电位联结带，用接地线多次接到接地系统上做等电位联结，宜每隔5m连一次；

*m*—局部等电位联结带；

1—等电位联结导体；2—接地线；3—服务性设施的金属管道；4—电子系统的线路或电缆；5—电气系统的线路或电缆；

*—进入LPZ1区处，用于管道、电气和电子系统的线路或电缆等外来服务性设施的等电位联结。

SPD的$U_p$值应小于或等于2.5kV，当被保护设备距电涌保护器的距离沿线路的长度大于10m时，配电线路SPD的$U_p$值应降为被保护设备耐压水平的50%。

③ 安装位置与标称放电电流$I_n$的选择

电源线路SPD的标称放电电流$I_n$值应根据其安装位置遭受雷电威胁的强度和出现的概率来定：

A. 户外线路进入建筑物处，即$LPZ0_A$或$LPZ0_B$进入LPZ1区，例如在配电线路的总配电箱 MB 处安装第一级 SPD，其标称放电电流 $I_n$ 不宜小于 10μs/350μs，15kA。

B. 若第一级 SPD 的电压保护水平加上其两端引线的感应电压保护不了室内分配电箱 SB 内的设备时，应在该箱内安装第二级 SPD，其标称放电电流 $I_n$ 不宜小于 8μs/20μs，5kA。

C. 当按上述要求安装的 SPD 所得到的电压保护水平加上其两端引线的感应电压以及反射波效应不足以保护距其较远处的被保设备的情况下，尚应在被保护设备处装设 SPD，其标称放电电流 $I_n$ 不宜小于 8μs/20μs，3kA。

当被保护设备沿线路距分配电箱处安装的 SPD 不大于 10m 时，若该 SPD 的电压保护水平加上其两端引线的感应电压小于被保护设备耐压水平的 80%，一般情况在被保护设备处可不装 SPD。

④ 最大持续运行电压 $U_c$ 的选择

SPD 的最大持续运行电压 $U_c$ 应不低于系统中可能出现的最大持续运行电压。选择低压 220V/380V 三相系统中的 SPD 时，其最大持续运行电压 $U_c$ 应符合表 5.2-11 的规定。

**电源线路 SPD 最大持续工作电压　　表 5.2-11**

| 低压系统制式 | | SPD 接线 | 最大持续工作电压 $U_c$ |
|---|---|---|---|
| TN | TN-C | SPD 接于 L—PEN 之间(采用 3 极) | $U_c \geq 1.15U_0$ ($U_0$=220V) |
| | TN-S | SPD 可接于 L—PE 和 N—PE 之间(采用 4 极)，也可接于 L—N 及 N—PE 之间(采用 3+1 极) | |
| TT | | SPD 安装在 RCD 的负荷侧时，SPD 接于 L—PE 和 N—PE 之间(采用 4 极) | $U_c \geq 1.55U_0$ |
| | | SPD 安装在 RCD 的电源侧时，SPD 接于 L—N 及 N—PE 之间(采用 3+1 极) | $U_c \geq 1.15U_0$ |
| IT | | 一般不引出中性线，SPD 接于 L—PE 之间(采用 3 极) | $U_c \geq 1.05U_0$ ($U_0$=380V) |

⑤ SPD 连接导线选择

SPD 连接导线应平直，其长度不宜大于 0.5m。SPD 连接导线截面不宜小于表 5.2-12 的规定。

**电源线路 SPD 最小连接导线截面积　　表 5.2-12**

| SPD 级数 | SPD 的类型 | 导线截面积($mm^2$) | |
|---|---|---|---|
| | | SPD 连接相线铜导线 | SPD 接地端连接铜导线 |
| 第一级 | 开关型或限压型 | 6 | 10 |
| 第二级 | 限压型 | 4 | 6 |
| 第三级 | 限压型 | 2.5 | 4 |
| 第四级 | 限压型 | 2.5 | 4 |

⑥ SPD 过电流保护电器选择

为防止 SPD 老化造成短路，SPD 安装线路上应设置过电流保护电器。其额定电流应根据 SPD 产品说明书推荐的过电流保护电器最大额定值选择（不应大于该值），并应按安装处的短路电流大小校验过电流保护电器的分断能力。

⑦ SPD级间配合

在一般情况下，当在线路上多处安装SPD且无准确数据时，电压开关型SPD与限压型SPD之间的线路长度不宜小于10m，限压型SPD之间的线路长度不宜小于5m。当不能满足要求时，应加装退耦装置。

5）TN-S系统的配电线路电涌保护器安装位置

TN-S系统的配电线路电涌保护器安装位置示意图如图5.2-12所示。

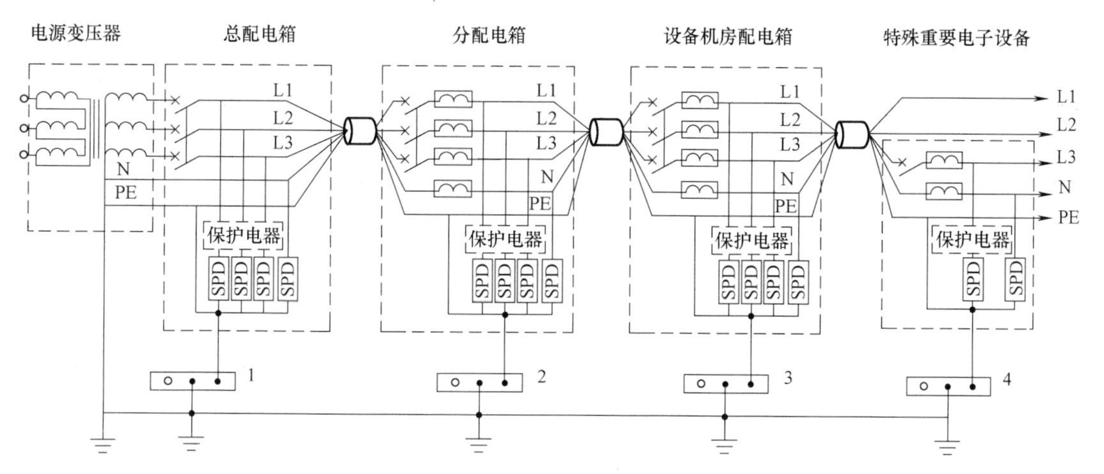


图5.2-12 TN-S系统的配电线路电涌保护器安装位置示意图

### 5.2.4 知识点—电气装置接地与等电位联结

#### 1. 电气装置接地

交流电气装置的接地，包括配电变压器中性点的系统接地和电气装置或设备的保护接地。

（1）保护接地的范围

交流电气装置或设备的外露可导电部分的下列部分应接地：

1）配电变压器的中性点和变压器、低电阻接地系统的中性点所接设备的外露可导电部分；

2）电机、配电变压器和高压电器等的底座和外壳；

3）发电机中性点柜的外壳、发电机出线柜、母线槽的外壳等；

4）配电、控制和保护用的柜（箱）等的金属框架；

5）预装式变电站、干式变压器和环网柜的金属箱体等；

6）电缆沟和电缆隧道内，以及地上各种电缆金属支架等；

7）电缆接线盒、终端盒的外壳，电力电缆的金属护套或屏蔽层，穿线的钢管和电缆桥架等；

8）高压电气装置以及传动装置的外露可导电部分；

9）附属于高压电气装置的互感器的二次绕组和控制电缆的金属外皮。

（2）电气装置接地电阻的要求

1）35kV/10（6）kV独立变电所的接地电阻

35kV/10（6）kV 独立变电所的接地电阻要求见表 5.2-13。

变电所电气装置的接地电阻　　表 5.2-13

<table>
<tr><th>接地类别</th><th colspan="2">接地的电气装置特点</th><th>接地电阻要求(Ω)</th></tr>
<tr><td rowspan="3">安全保护接地</td><td colspan="2">低电阻系统中的变电所电气装置保护接地的接地电阻</td><td>$R \leqslant 2000/I$，且$\leqslant 4$</td></tr>
<tr><td rowspan="2">不接地、消弧线圈接地和高电阻接地系统中变电所电气装置保护接地的接地电阻</td><td>与变电所低压电气装置共用</td><td>$R \leqslant 120/I$，且$\leqslant 4$</td></tr>
<tr><td>仅用于高压电气装置</td><td>$R \leqslant 250/I$，且$\leqslant 10$</td></tr>
<tr><td rowspan="2">雷电保护接地</td><td colspan="2">独立避雷针(含悬挂独立避雷线的架构)的接地电阻</td><td>$R_i \leqslant 10$(冲击电阻)</td></tr>
<tr><td colspan="2">在变压器门型架构上装设避雷针时，变电所接地电阻(不包括架构基础的接地电阻)</td><td>$R \leqslant 4$(工频电阻)</td></tr>
</table>

2）建筑物电气装置的接地电阻

建筑物电气装置的接地电阻要求见表 5.2-14。

变电所电气装置的接地电阻　　表 5.2-14

<table>
<tr><th colspan="2">接地类别</th><th colspan="2">接地的电气装置特点</th><th>接地电阻要求(Ω)</th></tr>
<tr><td colspan="2">低压系统中性点接地</td><td colspan="2">低压 TN 系统、TT 系统的电源中性点的接地电阻</td><td>$R \leqslant 4$</td></tr>
<tr><td rowspan="5">安全保护接地</td><td rowspan="3">配电变压器位于所供电建筑物之外</td><td rowspan="2">高压侧工作于低电阻接地系统</td><td>变压器保护接地不应与低压系统中性点接地不共用接地装置</td><td>$R \leqslant 250/I$，且$\leqslant 10$</td></tr>
<tr><td>变压器保护接地无法与低压系统中性点接地分开时</td><td>$R \leqslant 1200/I$</td></tr>
<tr><td colspan="2">高压侧工作于不接地、消弧线圈接地和高电阻接地系统，保护接地与低压系统中性点接地共用接地装置</td><td>$R \leqslant 50/I$，且$\leqslant 4$</td></tr>
<tr><td rowspan="2">配电变压器位于所供电建筑物之内</td><td colspan="2">高压侧工作于低电阻接地系统，保护接地应与低压系统中性点接地共用接地装置，并做等电位联结</td><td>$R \leqslant 4$</td></tr>
<tr><td colspan="2">高压侧工作于不接地、消弧线圈接地和高电阻接地系统，保护接地应与低压系统中性点接地共用接地装置，并做等电位联结</td><td>$R \leqslant 4$</td></tr>
<tr><td colspan="2" rowspan="4">雷电保护接地</td><td colspan="2">第一类防雷建筑物防直击雷接地装置电阻</td><td>$R_i \leqslant 10$(冲击电阻)</td></tr>
<tr><td colspan="2">第一、二类防雷建筑物防感应雷接地装置电阻</td><td>$R \leqslant 10$(工频电阻)</td></tr>
<tr><td colspan="2">第二类防雷建筑物防直击雷接地装置电阻</td><td>$R_i \leqslant 10$(冲击电阻)</td></tr>
<tr><td colspan="2">第三类防雷建筑物防直击雷接地装置电阻</td><td>$R_i \leqslant 30$(冲击电阻)</td></tr>
<tr><td colspan="2">共用接地装置<br>(有电子信息系统时)</td><td colspan="2">接入设备中要求的最小值确定</td><td>$R \leqslant 1$</td></tr>
</table>

（3）接地装置的设计

1）接地装置的布置

① 6～35kV 独立变电所的接地装置，除应利用自然接地极外，应敷设以水平接地极为主的人工接地网，并应符合下列要求：

A. 人工接地网的外缘应闭合，外缘各角应做成圆弧形，圆弧的半径不宜小于均压带间距的 1/2，接地网内应敷设水平均压带，接地网的埋设深度不宜小于 0.8m。

B. 接地网均压带可采用等间距或不等间距布置。

C. 变电所接地网边缘经常有人出入的走道处，应铺设沥青路面或在地下装设 2 条与接地网相连的均压带。在现场有操作需要的设备处，应铺设沥青、绝缘水泥或鹅卵石。

D. 10kV 变电站和配电站，当采用建筑物的基础做接地极，且接地电阻满足规定值时，可不另设人工接地。

② 建筑物电气装置的接地装置应优先利用建筑物钢筋混凝土基础内的钢筋。有钢筋混凝土地梁时，宜将地梁内的钢筋焊接成环形接地装置，当无钢筋混凝土地梁时，可在建筑物周边的无钢筋的闭合条形混凝土基础内，用 40mm×4mm 镀锌扁钢直接敷设在槽坑外沿，形成环形接地。

③ 当利用建筑物钢筋混凝土基础内的钢筋、金属管道等做自然接地体时，应估算或实测其接地电阻。如大于规定值时，还应补设人工接地体。人工接地体宜采用以水平接地体为主的闭合环形接地网。

④ 户外柱上配电变压器、箱式变电站等电气装置的接地装置，宜围绕变压器台、箱式变电站敷设成闭合环形。

⑤ 引入配电装置室的每条架空线路安装的阀式避雷器的接地线，应与配电装置室的接地装置连接，但在入地处应敷设集中接地装置。

⑥ 电气装置应设置总接地端子板或母线，并应与接地线、保护线、等电位联结干线相连接。总接地端子或母线采用不少于两根导体在不同地点与接地网相连接。连接处采用焊接并做防腐。

⑦ 保护接地与中性点接地共用接地装置，为防止杂散电流，低压系统的中性点应在进线配电屏 PE 或 PEN 母线上一点接地，接至变电所总接地端子板。

⑧ 电气装置的每个接地部分应以单独的地线与接地母线相连接，严禁在一个接地线中串接几个需要接地的部分。

2）人工接地装置的规格尺寸

① 人工接地极，水平敷设时可采用圆钢、扁钢；垂直敷设时可采用角钢或钢管。腐蚀较重地区采用铜或铜覆钢材时，水平敷设的人工接地极可采用圆铜、扁铜、铜绞线、铜覆钢绞线、铜覆圆钢或铜覆扁钢；垂直敷设的人工接地极可采用圆铜或铜覆圆钢等。

② 接地网采用钢材时，按机械强度要求的钢接地材料的最小尺寸，应符合表 5.2-15 的要求。接地网采用铜或铜覆钢材时，按机械强度要求的铜或铜覆钢材料的最小尺寸，应符合表 5.2-16 的要求。

钢接地材料的最小尺寸　　表 5.2-15

| 种类 | 规格及单位 | 地上 | 地下 |
|---|---|---|---|
| 圆钢 | 直径(mm) | 8 | 8/10 |
| 扁钢 | 宽度(mm) | 48 | 48 |
| | 厚度(mm) | 4 | 4 |
| 角钢 | 厚度(mm) | 2.5 | 4 |
| 钢管 | 管壁厚(mm) | 2.5 | 3.5/2.5 |

注：1. 地下部分圆钢的直径，其分子、分母数据分别对应于架空线路和发电厂、变电站的接地网。
2. 地下部分钢管的壁厚，其分子、分母数据分别对应于埋于土壤和埋于室内混凝土地坪中。
3. 架空线路杆塔的接地极引出线，其截面不应小于 $50mm^2$，并应热镀锌。

铜或铜覆钢接地材料的最小尺寸　　表 5.2-16

| 种类 | 规格及单位 | 地上 | 地下 |
|---|---|---|---|
| 铜棒 | 直径(mm) | 8 | 水平接地极为 8 |
| | | | 垂直接地极为 15 |
| 扁铜 | 宽度(mm) | 50 | 50 |
| | 厚度(mm) | 2 | 2 |
| 铜绞线 | 厚度(mm) | 50 | 50 |
| 铜覆圆钢 | 直径(mm) | 8 | 10 |
| 铜覆钢绞线 | 直径(mm) | 8 | 10 |
| 铜覆扁钢 | 宽度(mm) | 48 | 48 |
| | 厚度(mm) | 4 | 4 |

注：1. 铜绞线单股直径不小于 1.7mm。
2. 各类铜覆钢材的尺寸为钢材的尺寸，铜层厚度不应小于 0.25mm。

③ 当设计无要求时，接地装置顶面埋设深度不应小于 0.6m，且应在冻土层以下。圆钢、角钢、铜管、铜棒、铜管等接地极应垂直埋入地下，间距不应小于 5m。人工接地体与建筑物的外墙或基础之间的水平距离不宜小于 1m。

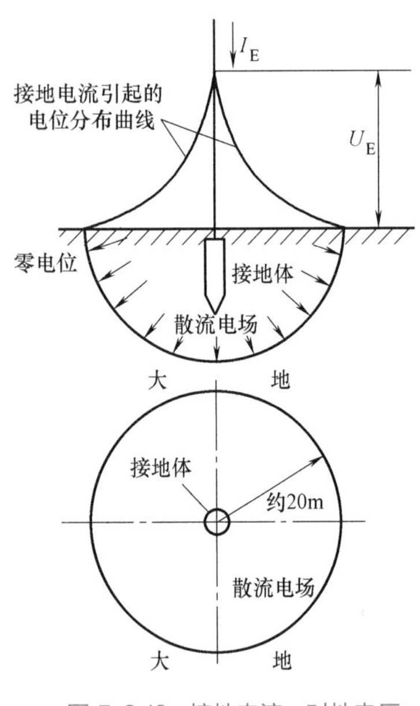

图 5.2-13　接地电流、对地电压及接地电流电位分布曲线

3）接地电阻的计算

① 接地电流和对地电压

当电气设备发生接地故障时，电流就通过接地体向大地作半球形散开，这一电流，称为接地电流，用 $I_E$ 表示。由于这半球形的球面，在距接地体越远的地方球面越大，所以距接地体越远的地方散流电阻越小，其电位分布如图 5.2-13 所示的曲线。

试验证明，在距单根接地体或接地故障点 20m 左右的地方，实际上散流电阻已趋近于零，也就是这里的电位已趋近于零。该电位为零的地方，称为电气上的“地”或“大地”。

电气设备的接地部分，如接地的外壳和接地体等，与零电位的“大地”之间的电位差，就称为接地部分的对地电压，如图 5.2-13 所示。

② 接地电阻的计算

A. 人工接地体工频接地电阻的计算

不同类型的接地体的接地电阻各不相同，其相应计算公式可查阅有关的设计手册。对几种特定的人工接地体工频接地电阻可按如下公式计算：

（A）单根垂直管式接地体的接地电阻

$$R_{E(1)}=\rho/L \tag{5.2-5}$$

式中　$\rho$——土壤电阻率（Ω·m），其值可参考表 5.2-17 所示；

$L$——接地体长度（m），最常见为 2.5m 垂直敷设。

土壤电阻率参考值 表5.2-17

| 土壤名称 | 电阻率 $\rho$(Ω·m) | 土壤名称 | 电阻率 $\rho$(Ω·m) |
|---|---|---|---|
| 陶黏土 | 10 | 砂质黏土、可耕地 | 100 |
| 泥炭、泥灰岩、沼泽地 | 20 | 黄土 | 200 |
| 捣碎的木炭 | 40 | 含砂黏土、砂土 | 300 |
| 黑土、田园土、陶土 | 50 | 多石土壤 | 400 |
| 黏土 | 60 | 砂、沙砾 | 1000 |

(B) 多根垂直管式接地体的接地电阻

$n$ 根垂直接地体并联时，由于接地体间屏蔽效应的影响，使得总的接地电阻 $R_E < R_E/n$。实际总的接地电阻（Ω）：

$$R_{Eg}=R_{E(1)}/n\cdot\eta_E \tag{5.2-6}$$

式中 $\eta_E$——接地体的利用系数，垂直管式接地体的利用系数如表5.2-18所示，利用管间距离 $a$ 与管长 $l$ 之比及管数 $n$ 去查；由于该表所列 $\eta_E$ 未计连接扁钢的影响，所以实际的利用系数比表列数值略高。

垂直管式接地体的利用系数值 表5.2-18

| 序号 | 敷设方式 | 管间距离与管子长度之比 $a/l$ | 管子根数 $n$ | 利用系数 $\eta_E$ | 管间距离与管子长度之比 $a/l$ | 管子根数 $n$ | 利用系数 $\eta_E$ |
|---|---|---|---|---|---|---|---|
| 1 | 敷设成一排时（未计入连接扁钢的影响） | 1<br>2<br>3 | 2 | 0.83～0.87<br>0.90～0.92<br>0.93～0.95 | 1<br>2<br>3 | 5 | 0.67～0.72<br>0.79～0.83<br>0.85～0.88 |
| | | 1<br>2<br>3 | 3 | 0.76～0.80<br>0.85～0.88<br>0.90～0.92 | 1<br>2<br>3 | 10 | 0.56～0.62<br>0.72～0.77<br>0.79～0.83 |
| 2 | 敷设成环形时（未计入连接扁钢的影响） | 1<br>2<br>3 | 4 | 0.66～0.72<br>0.76～0.80<br>0.82～0.86 | 1<br>2<br>3 | 20 | 0.44～0.50<br>0.61～0.66<br>0.68～0.73 |
| | | 1<br>2<br>3 | 6 | 0.58～0.65<br>0.71～0.75<br>0.78～0.82 | 1<br>2<br>3 | 30 | 0.41～0.47<br>0.58～0.63<br>0.66～0.71 |
| | | 1<br>2<br>3 | 10 | 0.52～0.58<br>0.66～0.71<br>0.74～0.78 | 1<br>2<br>3 | 40 | 0.38～0.44<br>0.56～0.61<br>0.64～0.69 |

(C) 单根水平带形接地体的接地电阻

$$R_{E(1)}=2\rho/L \tag{5.2-7}$$

式中 $\rho$——土壤电阻率，Ω·m；

$L$——接地体长度，m。

(D) $n$ 根放射形水平接地带（$n\leqslant12$），每根长度 $l\approx60$m 的接地电阻

$$R_E\approx0.062\rho/(n+1.2) \tag{5.2-8}$$

式中 $\rho$——土壤电阻率，Ω·m。

（E）环形接地带的接地电阻

$$R_{E} \approx 0.6\rho/\sqrt{A} \tag{5.2-9}$$

式中 $\rho$——土壤电阻率，Ω·m；

$A$——环形接地带所包围的面积，$m^2$。

（F）考虑水平接地体时组合接地体的总接地电阻

组合接地体是用水平接地体（扁钢）连接的，考虑到扁钢与接地体间也有屏蔽作用，设扁钢的利用系数为 $\eta_b$，扁钢长度为 $l$，则其电阻为：

$$R_{Eb} = R'_{Eb}/\eta_b \tag{5.2-10}$$

式中 $R_{Eb}$——长度为 $L$ 的扁钢考虑利用数时的电阻值，Ω；

$R'_{Eb}$——长度为 $l$ 的扁钢，未考虑利用系数前的电阻值，Ω；

$\eta_b$——水平接地体（扁钢）的利用系数。

由垂直接地体及水平接地体所组成的组合式接地体总的人工接地电阻 $R_{E(man)}$ 为：

$$R_{E(man)} = R_{Eg} \cdot R_{Eb}/(R_{Eg} + R_{Eb}) \tag{5.2-11}$$

一般以垂直接地体为主的组合式接地装置，在计算时可不单独计算水平接地体的接地电阻，但考虑到它的作用，垂直接地体电阻值可减少 10%左右，这样从供电系统对接地电阻的要求值 $R_E$，直接求出垂直组合接地体的数目 $n$：

$$n = 0.9R_{E(1)}/R_E \cdot \eta_E \tag{5.2-12}$$

设计时根据已知条件可查出 $R_E$ 的要求值，只要算出单根接地体接地电阻 $R_{E(1)}$，再查出多根接地体的屏蔽系数 $\eta_E$，可初步决定垂直组合接地体的数目 $n$，简单方便。

如能初步算出自然接地体的散流电阻 $R_{E(nat)}$，又知道接地电阻的要求值 $R_E$，而自然接地体达不到要求时，必须考虑装设人工接地体，其接地电阻 $R_{E(man)}$ 可由下式确定：

$$R_{E(man)} = R_{E(nat)} \cdot R_E/(R_{E(nat)} - R_E) \tag{5.2-13}$$

这种计算方法是工程设计中一般所采用的。

B. 自然接地体工频接地电阻的计算

（A）电缆金属外皮及水管等的接地电阻

$$R_E = 2\rho/l \tag{5.2-14}$$

式中 $\rho$——土壤电阻率，Ω·m；

$l$——电缆及水管等的埋地长度，m。

（B）钢筋混凝土基础的接地电阻

$$R_E = 0.2\rho/\sqrt[3]{V} \tag{5.2-15}$$

式中 $\rho$——土壤电阻率，Ω·m；

$V$——钢筋混凝土基础的体积，$m^3$。

C. 冲击接地电阻的计算

冲击接地电阻是指雷电流经接地装置泄放入地时的接地电阻，包括接地线电阻和地中散流电阻。一方面，由于强大的雷电流泄放入地时，地土层实际上被击穿并产生火花，相当于使接地电阻截面增大，使散流电阻显著降低。另一方面，由于雷电流具有高频特性，同时会使接地线的感抗增大。但接地线阻抗比起散流电阻来毕竟小得多，因此冲击接地电阻一般是小于工频接地电阻的。按《建筑物防雷设计规范》GB 50057—2010 规定，冲击

接地电阻 $R_{sh}$ 可按式（5.2-16）计算：

$$R_{sh}=R_E/\alpha \qquad (5.2\text{-}16)$$

式中　$R_E$——工频接地电阻；

$\alpha$——换算系数，为 $R_E$ 与 $R_{sh}$ 的比值，由图 5.2-14 确定。

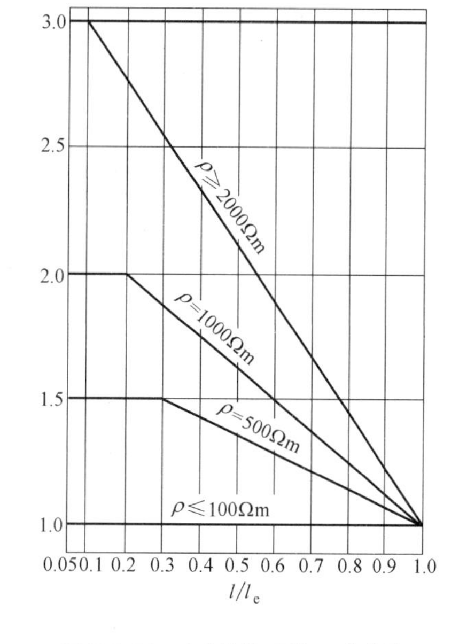


图 5.2-14　确定换算系数 α 的曲线

图 5.2-14 中的 $l_e$ 为接地体的有效长度，按式（5.2-17）计算（单位为“m”）

$$l_e=2\sqrt{\rho} \qquad (5.2\text{-}17)$$

式中　$\rho$——土壤电阻率，Ω·m。

图 5.2-14 中的 $l$ 为接地体的实际长度，按图 5.2-15 所示方法计算，详见《建筑物防雷设计规范》GB 50057—2010 附录 C。

D. 接地装置的计算程序

第一步：按设计规范要求确定允许的接地电阻值 $R_E$；

第二步：实测或估算可以利用的自然接地体接地电阻 $R_{E(nat)}$；

第三步：计算需要补充的人工接地体接地电阻。

$$R_{E(man)}=R_{E(nat)}\cdot R_E/(R_{E(nat)}-R_E)$$

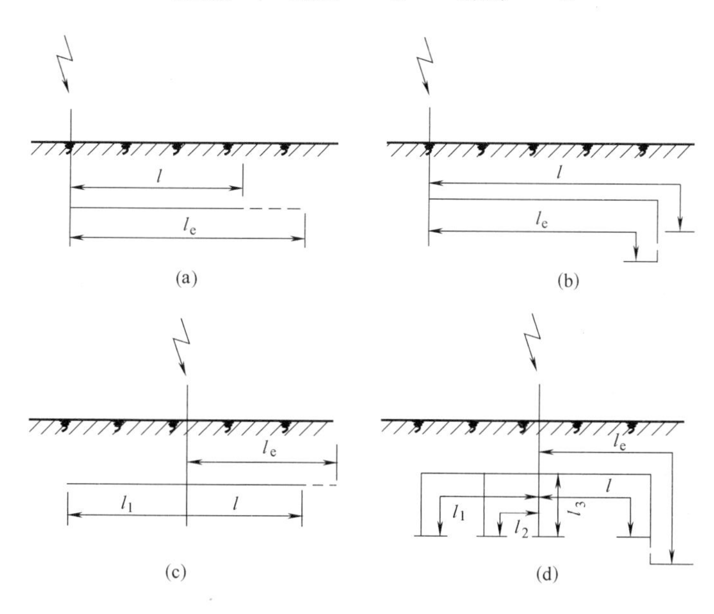


图 5.2-15　接地实际长度的计量

（a）单根水平接地体；（b）末端接垂直接地体的单根水平接地体；（c）多根水平接地体，$l_1\leqslant l$；（d）接多根垂直接地体的多根水平接地体，$l_1\leqslant l$、$l_2\leqslant l$、$l_3\leqslant l$

如不计自然接地体接地电阻，则 $R_{E(man)}=R_E$。

第四步：在装设接地体的区域内初步安排接地体的布置，并按一般经验试选，初步确定接地体和连接导线的尺寸；

第五步：计算单根接地体的接地电阻 $R_{E(1)}$；

第六步：用逐步渐近法计算接地体的数量。

$$n=R_{E(1)}/\eta_E R_{E(man)} \tag{5.2-18}$$

第七步：校验短路热稳定度：

对于大电流接地系统中的接地装置，可进行单相短路热稳定度校验。由于钢线的热稳定系数 $c=70$（$A\sqrt{s}/mm^2$），因此，计算满足单相短路热稳定度的钢线的最小允许截面（$mm^2$）为：

$$A_{min}=I_{k(1)}\sqrt{t_k}/70 \tag{5.2-19}$$

式中 $I_{k(1)}$——单相接地短路电流，为计算简便，可取为 $I''^{(3)}$，A；

$t_k$——短路电流持续时间，s。

E. 安全分析

5.2-6 案例分析3

**例 5.2-2** 某车间变电所的主变压器容量为500kVA，电压为10kV/0.4kV，联结方式为Yyn0。试确定此变电所公共接地装置的垂直接地钢管和连接扁钢的规格和数量。已知装设地点的土质为砂质黏土，10kV侧有电联系的架空线路长150km，电缆线路长10km。

**解：** 第1步：确定接地电阻

按表5.2-13所示，此变电所公共接地装置的接地电阻应满足以下两个条件：

$$R_E\leqslant 120V/I_E \tag{5.2-20}$$

$$R_E\leqslant 4\Omega \tag{5.2-21}$$

式（5.2-20）中的 $I_E$ 为

$$I_E=I_c=10\times(150+35\times10)/350=14.3A$$

故由式（5.2-20）

$$R_E\leqslant 120/14.3=8.4\Omega \tag{5.2-22}$$

比较式（5.2-21）和式（5.2-22）可知，此变电所总的接地电阻应为 $R_E\leqslant 4\Omega$。

第2步：接地装置初步方案

现初步考虑围绕变电所建筑物四周，距变电所墙脚2～3m，打入一圈直径50mm、长2.5m的钢管接地体，每隔5m打入一根，管间用40mm×4mm的扁钢焊接。

第3步：计算单根钢管接地电阻，查表5.2-17，得砂质黏土的 $\rho=100\Omega\cdot m$。

按式（5.2-5）得单根钢管接地电阻：

$$R_{E(1)}\approx 100/2.5=40\Omega$$

第4步：确定接地钢管和最后方案

根据 $R_{E(1)}/R_E=40/4=10$，考虑到管间屏蔽效应，初选15根直径50mm、长2.5m的钢管做接地体，以 $n=15$ 和 $\alpha/l=2$ 查表5.2-18，按 $n=10$ 和 $n=20$ 在 $\alpha/l=2$ 时的 $\eta_E$ 值取中间值，因此可取 $\eta_E=0.66$，故由式（5.2-18）可得

$$n=R_{E(1)}/\eta_E R_E=40/(0.66\times4)\approx 15$$

考虑到接地体的均匀对称布置，选16根直径50mm、长2.5m的钢管作接地体，用

40mm×4mm的扁钢连接，环形布置。

注：一般采用经验公式来计算电源中性点不接地系统的单相接地电容电流。此经验公式为

$$I_c=\frac{U_N(L_k+35L_1)}{350} \tag{5.2-23}$$

式中 $I_c$——电源中性点不接地系统的单相接地电容电流，A；

$U_N$——系统的额定电压，kV；

$L_k$——同一电压$U_N$的具有电的联系的架空线路总长度，km；

$L_1$——同一电压$U_N$的具有电的联系的电缆线路总长度，km。

2. 保护等电位联结

保护等电位联结可以更有效地降低接触电压值，还可以防止由建筑物外传入的故障电压对人身造成危害，提高电气安全水平。

(1) 保护等电位联结类别及要求

1) 保护等电位联结类别

保护等电位联结就其等电位联结的范围分为三类：总等电位联结、辅助等电位联结和局部等电位联结。

① 总等电位联结（MEB）

总等电位联结作用于全建筑物，其在一定程度上可降低建筑物内间接接触电击的接触电压和不同金属部件间的电位差，并消除自建筑物外经电气线路和各种金属管道引入的危险故障电压的危害。

② 局部等电位联结（LEB）

局部等电位联结可视为局部范围内的“总等电位联结”，但它与总等电位联结的关系并非总配电箱与分配电箱之间上下级的关系，局部等电位联结可使发生接地故障的预期接触电压降低到接触电压限值以下，如图5.2-16（a）所示。

③ 辅助等电位联结（SEB）

辅助等电位联结是2.5m伸臂范围内可同时触及的导电部分之间的联结。辅助等电位联结可使2.5m伸臂范围内可能出现的电位差降低至零伏或接近零伏，如图5.2-16（b）所示。

2) 保护等电位联结要求

① 每个建筑物中的下列可导电部分，应在建筑物内距离引入点最近的地方做总等电位联结：

A. 进线配电箱的PE（PEN）母排；

B. 建筑物内的水管、燃气管、供暖和空调管道等各种金属干管；

C. 建筑物金属结构；

D. 建筑物接地装置。

建筑物每一电源进线处都应做总等电位联结，各个总等电位联结端子板间应互相导通。

② 局部等电位联结

在局部范围内设置的等电位联结，通过局部等电位联结端子板将PE母线（干线）、金属管道、建筑物金属体等相互连通。

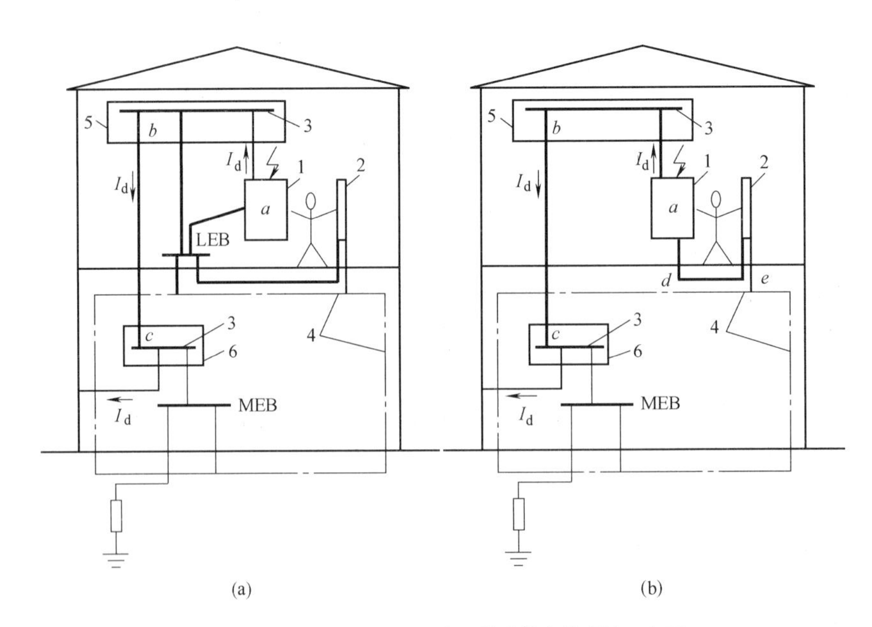


图 5.2-16　局部等电位联结和辅助等电位联结示意图

（a）局部等电位联结；（b）辅助等电位联结

1—电气设备；2—散热器；3—保护接地导体（PE）；4—结构钢筋；

5—末端配电箱；6—进线配电箱；$I_d$—故障电流

下列情况需做局部等电位联结：

A. 当配电线路阻抗过大，接地故障保护动作时间不满足防电击要求时；

B. 由 TN 系统同一配电箱供电给固定式和手式、移动式两种设备，而固定式设备保护电器切断时间不能满足手持式、移动式设备防电击要求时；

C. 为满足浴室、游泳池、医院手术室等特定场所对防电击的特殊要求时；

D. 为满足防雷和信息系统抗电磁兼容性要求时。

③ 辅助等电位联结

在伸臂范围内的外露可导电部分与装置外可导电部分之间，用导线直接连接，以使其间的电位相等或更接近。

（2）保护等电位联结的做法

1）金属管道上的阀门、仪表等装置需加跨接线连成电气通路。

2）燃气管入户处应插入一绝缘段（如在法兰间插入绝缘板），并在此绝缘段两段应跨接火花放电间隙，由燃气公司实施。

3）导体间的连接线可根据实际情况采用焊接或螺栓连接，要求连接可靠。

4）在具体工程设计与施工时，应参照国家建筑标准设计图集《等电位联结安装》15D502。

（3）等电位联结线的截面

1）保护等电位联结线的截面

① 总等电位联结用保护联结导体的截面积，不应小于配电线路的最大保护导体截面积的 1/2，保护联结导体截面积的最小值和最大值应符合表 5.2-19 的规定。

保护联结导体截面积的最小值和最大值（$mm^2$）　　表 5.2-19

| 导体材料 | 最小值 | 最大值 |
| --- | --- | --- |
| 铜 | 6 | 25 |
| 铝 | 16 | 按载流量与 25mm² 铜导体的载流量相同确定 |
| 钢 | 50 | |

② 局部等电位联结的截面

局部等电位联结用保护联结导体截面积的选择，应符合下列规定：

A. 保护联结导体的电导不应小于局部场所内最大保护导体截面积 1/2 的导体所具有的电导；

B. 保护联结导体采用铜导体时，其截面积最大值为 $25mm^2$。保护联结导体为其他金属导体时，其截面积最大值应按其与 $25mm^2$ 铜导体的载流量相同确定；

C. 单独敷设的保护联结导体，其截面积应符合下列规定：

有机械损伤防护时，铜导体不应小于 $2.5mm^2$，铝导体不应小于 $16mm^2$，无机械损伤防护时，铜导体不应小于 $4mm^2$，铝导体不应小于 $16mm^2$。

③ 辅助等电位联结的截面

辅助等电位联结用保护联结导体截面积的选择，应符合下列规定：

A. 联结两个外露可导电部分的保护联结导体，其电导不应小于接到外露可导电部分的较小的保护导体的电导；

B. 联结外露可导电部分和装置外可导电部分的保护联结导体，其电导不应小于相应保护导体截面积的 1/2 的导体所具有的电导；

C. 单独敷设的保护联结导体，其截面积应符合下列规定：

有机械损伤防护时，铜导体不应小于 $2.5mm^2$，铝导体不应小于 $16mm^2$，无机械损伤防护时，铜导体不应小于 $4mm^2$，铝导体不应小于 $16mm^2$。

2）防雷等电位联结线的截面

① 铜导体：总等电位联结处为 $16mm^2$，局部等电位联结处 $6mm^2$；

② 钢导体：总等电位联结处为 $50mm^2$，局部等电位联结处 $16mm^2$。

## 问题思考

1. 什么叫接地？什么叫接地体和接地装置？

2. 什么叫人工接地体和自然接地体？

3. 什么叫接地电阻？什么叫工频接地电阻？什么叫冲击接地电阻？

4. 有一台 50kVA 的变压器中性点需进行接地，可利用的自然接地体为 25Ω，而接地电阻要求不得大于 10Ω。试选择垂直埋地的钢管和连接扁钢的规格和数量。已知接地处的土壤电阻率测定为 150Ω·m，单相短路电流可达 2.5kA，短路电流持续时间为 1.1s。

# 任务 5.3 建筑物防雷系统设计

本工程为某学院卫生所，建筑面积为 1226.96m$^2$，建筑物总高度为 9.396m。在建筑物接地系统设计时，应根据建筑物的防雷类别确定建筑物的防雷措施、电气装置接地与等电位联结等内容。

【教学目标】

| 知识目标 | 能力目标 | 素养目标 | 思政目标 |
|---|---|---|---|
| 1. 掌握建筑物防雷类别的确定方法；<br>2. 掌握建筑物的防雷设计；<br>3. 掌握建筑物内电气装置接地与等电位联结设计。 | 1. 能正确计算建筑物（构筑物）年预计雷击次数；<br>2. 能根据建筑物防雷类别确定建筑物的防雷措施；<br>3. 能依据规范确定建筑物的外部防雷装置；<br>4. 能依据规范确定电气装置接地与等电位联结设计。 | 1. 养成依据规范、标准设计的意识；<br>2. 具备将"四新"应用于设计的意识；<br>3. 养成持续学习和自主学习的习惯。 | 1. 培养安全意识，提升社会责任感；<br>2. 培养团队协作的精神，增强职业责任感；<br>3. 激发求知欲望，提升服务社会本领。 |

思维导图 5.3 建筑物防雷系统设计

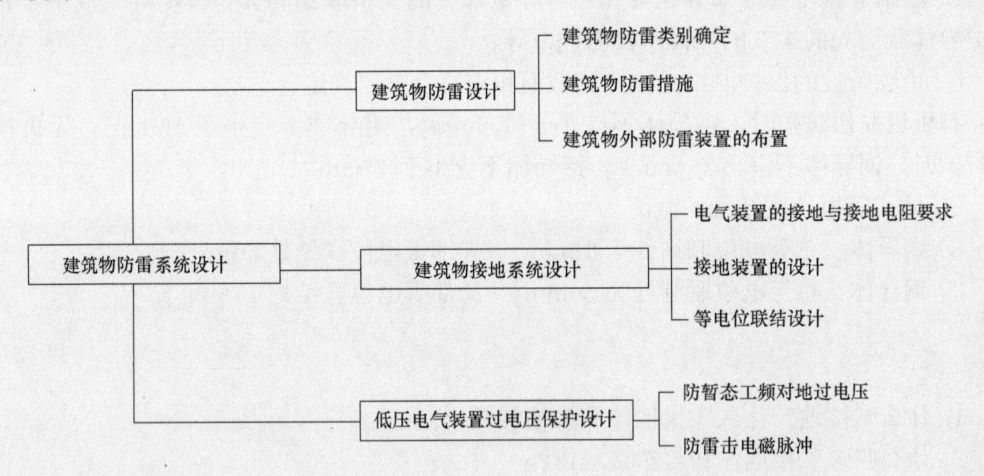

# 学习任务单5.3　建筑物防雷系统设计

<table>
<tr><td>任务名称</td><td colspan="3">建筑物防雷系统设计</td></tr>
<tr><td>学生姓名</td><td></td><td>班级学号</td><td></td></tr>
<tr><td>同组成员</td><td colspan="3"></td></tr>
<tr><td>负责任务</td><td colspan="3"></td></tr>
<tr><td>完成日期</td><td></td><td>完成效果</td><td></td></tr>
</table>

<table>
<tr><td colspan="2">任务描述</td><td colspan="4">完成3号学生公寓防雷系统设计。具体要求：1.绘制屋顶防雷平面图；2.绘制基础接地平面图；3.绘制等电位联结大样图。</td></tr>
<tr><td rowspan="7">课前</td><td rowspan="7">自主探学</td><td rowspan="6">任务分工</td><td colspan="3">□ 合作完成　　　　□ 独立完成</td></tr>
<tr><td>任务明细</td><td>完成人</td><td>完成时间</td></tr>
<tr><td></td><td></td><td></td></tr>
<tr><td></td><td></td><td></td></tr>
<tr><td></td><td></td><td></td></tr>
<tr><td></td><td></td><td></td></tr>
<tr><td>参考资料</td><td colspan="3"></td></tr>
<tr><td>课中</td><td>互动研学</td><td>完成步骤（用流程图表达）</td><td colspan="3"></td></tr>
</table>

<table>
<tr><td rowspan="14">课中</td><td colspan="2">本人任务</td><td colspan="6"></td></tr>
<tr><td colspan="2">角色扮演</td><td colspan="6">□有角色 ____________ □无角色</td></tr>
<tr><td colspan="2">岗位职责</td><td colspan="6"></td></tr>
<tr><td colspan="2">提交成果</td><td colspan="6"></td></tr>
<tr><td rowspan="8">任务实施</td><td rowspan="5">完成步骤</td><td colspan="2">第 1 步</td><td colspan="4"></td></tr>
<tr><td colspan="2">第 2 步</td><td colspan="4"></td></tr>
<tr><td colspan="2">第 3 步</td><td colspan="4"></td></tr>
<tr><td colspan="2">第 4 步</td><td colspan="4"></td></tr>
<tr><td colspan="2">第 5 步</td><td colspan="4"></td></tr>
<tr><td>问题求助</td><td colspan="6"></td></tr>
<tr><td>难点解决</td><td colspan="6"></td></tr>
<tr><td>重点记录</td><td colspan="6"></td></tr>
<tr><td rowspan="2">学习反思</td><td>不足之处</td><td colspan="6"></td></tr>
<tr><td>待解问题</td><td colspan="6"></td></tr>
<tr><td>课后</td><td>拓展学习</td><td>能力进阶</td><td colspan="6">如果 3 号学生公寓按第二类防雷建筑物处理，请完成该建筑物防雷系统设计。具体要求：①绘制屋顶防雷平面图；②绘制基础接地平面图；③绘制等电位联结大样图。</td></tr>
<tr><td colspan="2" rowspan="5">过程评价</td><td rowspan="2">自我评价<br>（5 分）</td><td>课前学习</td><td>时间观念</td><td>实施方法</td><td>职业素养</td><td>成果质量</td><td>分值</td></tr>
<tr><td></td><td></td><td></td><td></td><td></td><td></td></tr>
<tr><td rowspan="2">小组评价<br>（5 分）</td><td>任务承担</td><td>时间观念</td><td>团队合作</td><td>能力素养</td><td>成果质量</td><td>分值</td></tr>
<tr><td></td><td></td><td></td><td></td><td></td><td></td></tr>
<tr><td>综合打分</td><td colspan="6">自我评价分值＋小组评价分值：</td></tr>
</table>

# 知识与技能5.3　建筑物防雷系统设计

5.3-1　任务课件

## 5.3.1　技能点—建筑物防雷设计案例分析

### 1. 建筑物防雷类别确定

工程为某学院卫生所，建筑物的长度为59.8m，建筑物的宽度为10.6m，建筑物的高度为9.396m。

当不考虑周边建筑影响时，由于建筑物的高度$H<100$m，其每边的扩大宽度和等效面积应按式（5.1-3）及式（5.1-4）计算确定：

$$D=\sqrt{H(200-H)}=\sqrt{9.396(200-9.396)}=42.32\text{m}。$$

$$\begin{aligned}A_e&=[LW+2(L+W)\sqrt{H(200-H)}+\pi H(200-H)]\times10^{-6}\\&=[59.8\times10.6+2(59.8+10.6)\times42.32+3.14\times42.32^2]\times10^{-6}\\&=0.0122\text{km}^2\end{aligned}$$

查《工业与民用供配电设计手册（第四版）》表17.6-3，知项目所在地哈尔滨市的年平均雷暴日数为27.7d/a，依据式（5.1-2）得建筑物所处地区雷击大地的年平均密度为：

$N_g=0.1T_d=0.1\times27.7=2.77$次/(km$^2$·a)。

根据项目所在地（市区）的地质情况，取校正系数为$k=1$，依据式（5.1-1）得建筑物年预计雷击次数为：

$N=k\times N_g\times A_e=1\times2.77\times0.0122=0.0338$次/a。

属于"预计雷击次数大于或等于0.01次/a，且小于或等于0.05次/a的部、省级办公建筑和其他重要或人员密集的公共建筑物，以及火灾危险场所。"因此，该建筑为第三类防雷建筑物。

### 2. 建筑物防雷措施

作为第三类防雷建筑物，本工程应有防直击雷和防雷电波侵入的措施，另外本工程安装有电子信息系统，还应有防雷击电磁脉冲的措施。

### 3. 建筑物外部防雷装置的布置

（1）接闪器

如屋面防雷平面图所示，屋面接闪线沿屋面做明敷设，采用$\phi10$热镀锌圆钢作为接闪器，支持卡间距为直线段1m，转角处不大于0.5m，支架高0.15m。在屋面上组成不大于20m×20m或24m×16m避雷网格。

屋顶上所有凸起的构筑物、管道均与接闪线连接，屋面防雷装置做法详见《建筑物防雷设施安装图集》15D501。

（2）引下线

利用柱子内两根$\phi16$以上主筋通长焊接作为引下线，平均间距不大于25m，引下线上端与避雷带焊接，下端与基础内的钢筋焊接，每根引下线的冲击电阻不大于30Ω。

（3）接地装置

本工程利用建筑物基础钢筋网作防雷接地装置，在与防雷引下线相对应的室外埋深0.8m处，预留人工接地连接板，连接板为$\phi12$热镀锌钢筋，此钢筋伸向室外，至墙皮的距离不小于1m。此外，引下线在每处距地0.5m处设测试点，预埋连接板，连接板为

40mm×4mm 热镀锌扁钢。

为防雷电波侵入，将所有电源进户端电缆金属外皮与接地装置采用一根 $\phi16$ 铜芯导线可靠联结。

### 5.3.2 技能点—建筑物接地系统设计

#### 1. 电气装置的接地与接地电阻要求

（1）本工程电气装置的接地有系统接地和保护接地两种。将上述接地与建筑物电子信息系统接地采用共用的接地系统，并实施等电位联结措施。

（2）共用接地装置的接地电阻按接入设备要求的最小值确定，取不大于 1Ω。

#### 2. 接地装置的设计

（1）本工程利用建筑物钢筋混凝土基础内的钢筋做自然接地体，将基础梁内上下两层主筋沿建筑物外圈焊接成环形。

（2）接地装置施工完毕后，应实测其接地电阻。如大于 1Ω 时，还应补设人工接地极。引下线在每处距地－0.8m 处设接地连接板作为加接人工接地极，以满足接地电阻不大于 1Ω 的要求。

#### 3. 等电位联结设计

（1）本工程采用总等电位联结，其总等电位联结线必须与楼内所有可导电部分相互连接，如保护干线、接地干线、建筑物的输送管道的金属件（如水暖管、电管等）导电体。总等电位联结端子板与总配电箱 PE 线采用 40mm×4mm 热镀锌扁钢可靠联结，总等电位联结端子板与接地装置采用两根 $\phi16$ 热镀锌钢筋可靠联结。具体做法如图纸所示。

（2）本工程在卫生间、DR 室等部位设置局部等电位联结。

卫生间局部等电位联结施工安装详见图集《等电位联结安装》15D502 第 18 页，DR 室部等电位联结施工安装详见图集《等电位联结安装》15D502 第 22 页。

### 5.3.3 技能点—低压电气装置过电压保护设计

#### 1. 防暂态工频对地过电压

对于 10kV 电网为低电阻接地系统，当变电所和低压用户不在同一建筑物内时，如果采用 TN 系统（本工程），电气装置应在建筑物内实施等电位联结。

#### 2. 防雷击电磁脉冲

（1）从变电所到建筑物总配电箱，采用 TN-C 接地形式，进户后采用 TN-S 接地形式，即在进户处做重复接地。

（2）为降低雷击电磁脉冲对电子信息系统的感应干扰，采取下列基本措施：

1）对建筑物和房间根据不同的防雷区的电磁环境要求在其外部设置屏蔽措施；

2）以合适的路径敷设线路及线路屏蔽措施；

3）共用接地系统；

4）建筑物及系统内部等电位联结及接地措施；

5）装设电涌保护器（SPD）。

本工程在总配电箱内设置Ⅰ级试验（10μs/350μs）的开关型电涌保护器（SPD），极数为 3P，电压保护水平 $U_{p} \leqslant 2.5kV$，冲击电流 $I_{imp} > 12.5kA$。

问题思考

1. 雷电感应或雷击电磁脉冲是怎样产生的？要防止其损害主要采取哪些措施？
2. 电涌保护器应用于信息系统时主要考虑几方面的因素？
3. 防雷系统中屏蔽、接地、等电位联结分别起什么作用？
4. 综合防雷措施一般是由哪两部分组成？其各部分又主要包括哪些内容？

# 参考文献


[1] 中华人民共和国住房和城乡建设部. 民用建筑电气设计标准：GB 51348—2019 [S]. 北京：中国建筑工业出版社，2019.

[2] 中华人民共和国住房和城乡建设部. 建筑照明设计标准：GB 50034—2013 [S]. 北京：中国建筑工业出版社，2013.

[3] 中华人民共和国住房和城乡建设部. 建筑设计防火规范（2018 年版）：GB 50016—2014 [S]. 北京：中国计划出版社，2018.

[4] 中华人民共和国住房和城乡建设部. 建筑物电子信息系统防雷技术规范：GB 50343—2012 [S]. 北京：中国建筑工业出版社，2012.

[5] 中华人民共和国住房和城乡建设部. 20kV 及以下变电所设计规范：GB 50053—2013 [S]. 北京：中国计划出版社，2013.

[6] 中华人民共和国住房和城乡建设部. 消防应急照明和疏散指示系统技术标准：GB 51309—2018 [S]. 北京：中国计划出版社，2018.

[7] 中华人民共和国住房和城乡建设部. 柴油发电机组设计与安装：15D202-2 [S]. 北京：中国计划出版社，2015.

[8] 中国建筑标准设计研究院. 干式变压器安装：99D201-2 [S]. 北京：中国计划出版社，2009.

[9] 中国航空规划设计研究总院有限公司. 工业与民用供配电设计手册 [M]. 4 版. 北京：中国电力出版社，2016.

[10] 戴瑜兴，黄铁兵，梁志超. 民用建筑电气设计数据手册 [M]. 2 版. 北京：中国建筑工业出版社，2010.

[11] 北京照明学会照明设计专业委员会. 照明设计手册 [M]. 3 版. 北京：中国电力出版社，2016.

[12] 李梅芳，李庆武，王宏玉. 建筑供电与照明工程 [M]. 北京：电子工业出版社，2018.

[13] 王宏玉. 建筑供电与照明 [M]. 4 版. 北京：中国建筑工业出版社，2019.

[14] 戴绍基. 建筑供配电与照明 [M]. 北京：中国电力出版社，2007.

[15] 梁月清. 绿色校园技术介绍 [EB/OL]. http：//mooc1.chaoxing.com/course/203876811.html，2019.

[16] 李英姿. 建筑电气施工技术 [M]. 2 版. 北京：机械工业出版社，2019.

[17] 汪永华. 建筑电气 [M]. 2 版. 北京：机械工业出版社，2020.